신판 처음 배우는 전자상태 계산

– DV–Xα 분자궤도법 입문 –

신판

처음 배우는 전자상태 계산

DV-Xα 분자궤도법 입문

아다치 히로히코 , 오가사와라 카즈요시 , 코와다 요시유키 , 사카네 겐타 , 미즈노 마사타카 지음
김양수 , 김영민 , 송호준 , 조덕용 옮김

전북대학교출판문화원

옮긴이 머리말

이 책에서 설명하는 DV-Xα 분자궤도법은 노스웨스턴대학 엘리스[D. E. Ellis]와 교토대학 아다치[H. Adachi]에 의해 개발된 것으로, 현재 상당수의 연구자들이 사용하고 있습니다. 기존에는 Windows 환경에서 DV-Xα법 프로그램을 실행하려면 명령 프롬프트에서 명령과 인수를 입력했었습니다. 이전에 CUI(Character User Interface)를 기반으로 한 시스템, 즉 MS-DOS PC로 DV-Xα 분자궤도법을 경험한 세대들은 이해하겠지만, DV-Xα 분자궤도 계산 프로그램은, SCAT 본체를 수행하는 일괄 프로그램인 DVSCAT, DVSCAT2를 비롯해 SCAT의 입력 파일을 준비하는 프로그램인 MAKEF05, Mulliken population을 해석하는 프로그램인 POPANL, POPANLS, 유효전하(Net Charge)를 구하는 프로그램인 NETC, 유효 공유결합 전하(Bond Overlap Population)를 구하는 프로그램인 BNDODR, 에너지 준위도(Energy Level Scheme)를 만드는 프로그램인 LVLSHM 등 다양한 프로그램으로 구성되어 있어서, CUI에서 이러한 프로그램들을 사용하기 위해서는 프로그램 이름과 함께 기동하기 전에 준비하는 파일이름, 실행 후에 출력되는 파일이름들을 모두 파악해야 했는데, 이것들은 초심자에게 있어 DV-Xα법을 배우는데 장벽이 되기도 했습니다. 또한 3차원 물리량인 파동함수, 전자밀도, 차전자밀도 등을 MAKEC04, WAVENUM, CONTR, CMAP 등을 이용하여 단면의 등고선 그림으로 plot하긴 했으나, 이 복잡한 물리량들의 공간 분포를 3차원적으로 이해하는 것이 불충분했습니다. 이와 같은 상황을 개선하기 위해 DV-Xα법을 위한 통합지원환경을 개발하게 되어 처음부터 GUI(Graphical User Interface)에 익숙한 연구자들에게 도움이 되도록 만들었습니다.

DV-Xα 연구협회는 1988년 발족한 후 매년 여름 일본각지를 돌며 개최하는 정기연구회가 있고, 국내에서는 서울(1998년 8월 2일~5일, 서울대학교 호암홀) [제1회 Korea-Japan

DV-Xα Joint Symposium 및 11회 정기연구회], 제주(2006년 8월 3일~5일, 크라운프라자호텔) [The 4th International Conference on Method(DV-Xα2006) and the 19th DV-Xα Annual Meeting; 이때 제출된 원고는 Advances in Quantum Chemistry Vol.54로 출간됨] 그리고 2010년 한국기초과학지원연구원에서 개최(이때 제출된 원고는 Springer에서 The DV-Xα Molecular Orbital Calculation Method란 제목으로 출판됨)되었습니다.

이 책은 항상 자기가 다루는 물질의 전자상태가 궁금하면서도 컴퓨터 시스템 및 이에 따른 프로그램의 운용법 습득 등의 너무나 높고 두터운 벽에 부딪혀 고민하거나 포기하였던 분들을 위하여 저술되었습니다. 빨리 그리고 쉽게 전자상태 계산을 몸에 익히는데 큰 도움이 되길 바랍니다.

이 책은 2018년 전북대학교 저술장려 지원사업에 의하여 출판되었습니다. 이에 감사를 드립니다.

2019년 역자 일동

저자 서문

『신판 처음배우는 전자상태계산』을 출판합니다. 처음 이 교재가 출판된 지 20년이 경과하였고 계산에 사용하는 컴퓨터의 발전도 매우 빠르게 되어 이전보다 더욱 다양한 물질의 전자상태를 쉽게, 누구나 계산을 할 수 있는 세상이 되었습니다. 특히 제일원리계산이라고 불리는 일전자근사, 단열근사, 비상대론적근사를 도입하여 매우 정확한 계산 방법이 연구에 이용되게 되었습니다. 그러나 이런 상황에 이르러서도 DV-Xα법은 계산시간이 짧고, 주기율표의 모든 원자를 동일한 정밀도로 취급할 수 있고, 슬레이터의 천이상태법을 이용하여 전자천이에 따른 에너지 및 천이 확률을 정확하게 구할 수 있다는 큰 장점을 가지고 있습니다.

지난 20년 동안, DV-Xα법 프로그램에 대해서도 적극적으로 개발이 계속되고 왔습니다. 예를 들어 Windows에서 실행되는 GUI를 가진 버전의 프로그램과 히데마루 편집기를 이용한 통합 지원 환경이 개발되어 지금까지와 같이 명령을 일일이 입력하지 않아도 일련의 분자궤도 계산을 수행 할 수 있도록 되어 있습니다. 또한 이전에 대응할 수 없었던 Macintosh 나 Linux의 OS에서 동작하는 프로그램도 개발했습니다. 파동함수와 전자밀도, 정전기 전위맵 등의 3D 시각화에 대한 결정구조·전자밀도의 시각화 소프트웨어인 VESTA에서 볼 수 있게 되었습니다. 2016년에 원자번호 113번 Nh, 원자번호 118번 Og 등의 정식 명칭이 결정됐는데, 이들을 포함한 모든 원소에 대응합니다. 더욱이 원자 번호가 큰 원소를 포함하는 계산에 있어서 필수적인 상대성 이론을 고려한 계산 프로그램의 정비도 실시했습니다. 기타 광전자 스펙트럼과 전자천이 스펙트럼 등 다양한 스펙트럼을 쉽게 계산할 수 있는 프로그램도 준비되었습니다.

이런 프로그램을 가능한 한 많은 분들이 이용할 수 있도록 책을 준비했습니다. 최근 이론계산방법은 실험과 동일한 수준으로 연구에 이용된다고 인식 되고 있습니다. 앞으로 학술 연구에 종사하게 될 대학생들도 이론계산에 대해 배우는 것은 매우 중요할 것입니다. 전자상태에 대해 배우고, 단지 텍스트를 읽을 뿐만 아니라, 자신이 관심을 가진 다양한 물질에 대해 실제로 계산을 실시하여 그 결과를 확인하면서 학습하는 것이 가장 효과적이며, 또한 바람직한 방법이라고 생각합니다.

이 책은 분자궤도법의 개략을 시작으로 다양한 컴퓨터를 지원하는 프로그램의 사용 방법을 습득하고, 다양한 계산 방법을 이용함으로써 물질의 본질에 대해 배울 수 있도록 구성되어 있습니다. 이 책에서 사용하는 프로그램에 대해서는 본서에 기재된 홈페이지에서 무료로 다운로드할 수 있습니다. 또한 관심의 대상이 넓어지면 부록에 있는 분자의 대칭성과 상대성 이론 버전의 프로그램, 다전자의 배열상호작용 계산을 할 수 있는 DVME법에 대해서도 학습할 수 있습니다. 이 책의 내용을 습득하면 정말 관심이 있는 물질에 대해 깊숙이 전자상태를 계산할 수 있게 됩니다. 전자상태계산에 대해 좀 더 자세히 배우고 싶은 분은 본서 8장에 있는 참고문헌을 권장합니다.

검색 등을 통해 검색 시간이 걸리던 결정 구조와 분자 구조의 데이터 등은 현재 NIMS 등의 공공 기관이 데이터베이스를 정비하여, 필요로 하는 물질의 구조를 쉽게 검색하고 입수 할 수가 있습니다. 이전보다도 실험 연구만을 하여 이론 계산에 익숙하지 않은 분들도 본인이 가지고 있는 PC를 이용하여 제일원리계산을 할 수 있는 좋은 환경이 갖추어져 있습니다. 꼭 이 기회를 놓치지 않고 DV-Xα법을 양자과학의 이해와 연구에 활용하셨으면 합니다.

2018년 저자일동

목차

제1장 전자상태계산이란?

제2장 필요한 계산 환경의 구성

제3장 DV-Xα 분자궤도법 계산의 기본 조작

제4장 각종 프로그램 해석

제5장 클러스터 법에 의한 결정의 계산

제6장 DV-Xα법을 위한 통합 지원 환경

제7장 여러 가지 계산예

부록

제1장

전자상태계산이란?

들어가기 / 전자상태계산 / 분자궤도법 / DV-Xα법 / 멀리켄 전자밀도 해석

1-1. 들어가기

컴퓨터 관련 분야에서 가장 유명한 법칙 중 하나인 무어 법칙이 있습니다. 이것은 Intel 창업자 중 한 명인 고든 무어Gordon E. Moore가 제창한 것으로, 트랜지스터의 집적도는 18~24개월마다 약 2배로 증가된다는 것이며, 이 법칙이 확장되어 지금은 CPU 속도와 HDD나 RAM 용량 발전 예측에 통용되고 있습니다. 예를 들어, Intel 프로세서는 1971년에 4004 모델이 발표 된 후 무어 법칙에 따라 꾸준히 성능이 향상되어, 2015년의 프로세서는 3,500배, 전력 효율은 9만 배 이상 증가하였고, 이에 반해 비용 단가는 6만분의 1로 줄어들었습니다. Intel 자신이 '무어 법칙' 50주년을 기념한 기자 설명회에서 만약 자동차에서 이 법칙이 성립되었다고 하면 어떻게 사회가 변화되었을지를 예시로 들어주었는데, 그 자동차의 성능은 최대 시속 482,700km/h에 이르며 주행 연비는 850,369km/L가 되어, 연료 1L당 판매 가격이 $0.04가 되는 시대가 되었을 것이라고 합니다. 이와 같은 무서운 속도로 성능이 향상되고 있는 것이 바로 컴퓨터인데, 일상생활과 연구에서는 그 어마어마한 능력이 어느 곳에 사용되는 걸까요? 연구장비를 통한 분석, 즉 과학적 컴퓨팅에 사용된다고 생각하지만, 대부분의 사람들은 웹서핑을 즐기거나 이메일 읽기, word

문서 만들기, excel에서 표 계산 등을 수행하는 단순 작업에 이용하고 있을 것입니다. 그러면 이러한 작업들을 하는 동안 컴퓨터는 실제로 무엇을 하고 있는 걸까요? 여러분이 키를 누르는 순간과 표 계산을 할 때 나름대로 CPU가 동작하고 있는데, 그 이외의 경우에는 어떤 의미에서는 아무것도 하지 않고 있는 것과 같은 상태일 겁니다. 예를 들어 대형 실험 장치라면 기계가 쉬지 않도록 가능한 한 시간을 잘 사용할 것입니다. 1초당 수천만 번의 계산을 할 수 있는 능력을 가진 CPU가 대부분의 시간을 놀고 있는 것입니다. 이를 좀 더 효율적이고 유용하게 사용할 방법 중 하나가 전자상태 계산일 것입니다.

1-2. 전자상태계산

일상생활에서 우리가 관찰하는 화학적 현상의 대부분은 전자의 행동에 기인하고 있다고 해도 과언이 아닙니다. 광흡수 및 발광, 전기전도성과 열전도성, 기계적 강도 등의 성질들을 이해하기 위해 그 근원을 따지면 물질 중의 전자들의 거동에 의해 그 물성들이 정해진다는 것을 알 수 있습니다. 그래서 이론적으로 전자의 움직임(=전자상태)을 엄밀하게 조사할 수 있다면, 물질에서 나타나는 모든 물성을 이해할 수 있을 것입니다. 하지만 그런 작업은 일반적으로 그렇게 쉬운 일은 아닙니다.

예를 들어, 진공 속에 존재하는 한 개의 수소원자에서 전자의 거동은 수학적 기법을 이용하면 매우 정확한 솔루션을 얻을 수 있습니다. 또한 원자핵 전하가 +1이 아닌 경우에 대해서도 전자가 하나만 존재하는 경우와 같이 정확한 답을 얻을 수 있습니다. 수소가 아니더라도 수소처럼 전자를 하나만 포함한 원자를 "수소모양 원자"라고 합니다. 그러나 현실에서는 우리가 취급하는 물질들은 전자를 2개 이상 포함하는 것이 대부분이며, 이러한 원자가 매우 많이 모여 이루어져 있습니다. 그래서 간단하게 2개 이상의 원자가 화학 결합에 의해 분자를 형성하는 경우를 생각해야 하는데, 불행히도 이러한 다전자원자나 분자들의 전자상태에 대한 정확한 답을 얻을 수 없습니다. 이것을 소위 **다체문제**라고 합니다. 즉, 전자를 2개 이상 포함하는 원자와 여러 원자를 포함하는 분자에 대한 전자의 움직임을 생각하는 경우에는 제대로 수식을 풀 수 없기 때문에 근사적인 방법으로 솔루션을 얻을 수 밖에 없습니다.

근사적인 방법이라는 단어를 사용했는데, 예를 들어 함수의 해를 구할 근사적인 방법으로 뉴턴법칙과 2분법 등 여러 가지 방법이 있는 것처럼 전자상태계산에 있어서도 다양한 근사 방법이 존재합니다. 그 중에서도 실험적으로 얻어진 파라미터를 사용하지 않고 계산을 하는 방법, 이른바 제일원리계산이 최근 일반적으로 행해지고 있습니다. 이 방법은 실험에 의한 데이터를 필요로 하지 않기 때문에 인간의 상상력에서 만들어 낸 물질이 어떤 물성을 가지고 있는 것인가를 조사할 수 있어, 소위 가상실험을 할 수 있습니다.

전자상태계산에 있어서 컴퓨터와 사용하는 프로그램들의 그 형태는 상당히 달라 보이나, 전자상태계산을 위해 연구자에게 필요한 기본 조건은 계산방법에 대한 기초적인 원리를 습득하여야 하고 프로그램의 구체적인 조작 방법과 함께 출력되는 결과의 의미를 이해할 수 있어야 합니다.

1-3. 분자궤도법

양자화학에서 사용되는 기본적인 원리는 무엇일까요? 여러 가지 방식이 있겠지만, 그 중 하나는 전자가 파동의 성질을 가지고 운동하고 있는 것입니다. 이에 따라 전자의 운동을 이해하기 위해서, 파동의 운동방정식, 즉 파동방정식을 풀어야 할 것입니다. 일반적으로는 슈뢰딩거가 제안한 슈뢰딩거 방정식인데, 슈뢰딩거 방정식은 어떻게 풀어야 할까요? 그 결과를 통해 무엇을 알 수 있을까요?

이 방정식의 해법에 대해 다양한 교재가 출판되어 있으므로, 여기에서 자세한 설명은 생략합니다. 불행히도 슈뢰딩거 방정식으로 엄격하게 답을 얻을 수 있는 경우는 한정되어 있는데, 1개의 핵 및 1개의 전자가 존재하는 경우만 해당됩니다. 즉, 수소 원자와 같은 경우에만 솔루션이 수식으로 표현된다는 것입니다. 이 솔루션은 여러분이 지금까지 보아왔던 1s, 2s, 2p, 3s, 3p, 3d … 로 명명된 원자궤도 함수라는 것입니다. 지금까지 왜 원자궤도 함수가 이와 같은 순서로 되어 있는지 궁금해 하신 분들도 있겠지만, 이것은 단순히 미분 방정식의 해가 이렇게 되어 있기 때문입니다. 바꾸어 말하면, 수식을 제대로 풀지 않으면 왜 원자궤도 함수를 이렇게 표현되는지는 이해하기 어렵다는 겁니다.

그러면 재료합성 및 재료물성을 연구하는 연구자는 전자상태계산을 위해 이러한 원리·법칙을 어디까지 이해할 필요가 있을까요? 다양한 의견이 있겠지만, 적어도 "원자궤도의 모습과 화학결합의 형성 등을 상상할 수 있을 정도"가 아닐까 생각합니다. 예를 들어, 그림 1-1은 교과서에서도 흔히 볼 수 있는 수소모양 원자의 원자궤도 형태와 수소분자가 형성되었을 때의 파동함수의 변화에 대해 6장에서 설명하는 VESTA를 이용하여 그린 그림입니다. 이런 그림은 궤도의 형태를 알기 위해서는 도움이 되지만, 전자는 "파동"이므로, 실제로는 이와 같이 "보이는" 것은 아니라는 점에 주의해야 합니다. 이렇게 눈에 보이지 않는 것을 머릿속에 이미지화 하기 위해서는 이러한 그림의 도움이 필요합니다. 원자궤도의 이름 중 1s, 2s, 3s…와 같이 숫자가 증가하는 것(주로 양자수가 증가)은 그 궤도의 퍼짐이 커지는 것을 의미합니다. 또한, s, p, d, f…와 같이 알파벳이 증가하는 것은 그 모양이 더 복잡하게(공간적으로 마디의 수가 증가) 변화한다는 것을 의미 합니다. 일반적인 파동의 특성을 고려할 때 중요한 요소로서 파장, 진폭, 속도인데, 전자의 경우에는 파의 퍼짐과 진폭, 그리고 파형이 화학결합의 형성에 중요한 역할을 하게 됩니다.

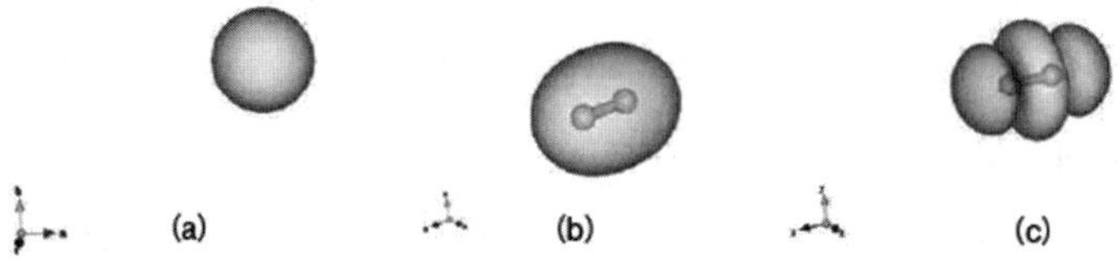

그림 1-1. 수소원자(a), 수소분자의 전자밀도분포(b)와 차전자밀도(c)

소리와 파동의 경우에 파의 진폭은 강도 또는 에너지에 대응합니다. 전자파의 경우에는 물리적인 의미가 달라집니다. 소리는 공기 등을 매체로 전달되는 파인 반면, 전자는 그 자체가 파로 존재하고 있기 때문입니다. 즉, 진폭을 나타내는 함수(파동함수)가 매우 중요한 의미를 갖게 됩니다. 파동함수를 제곱하면 전자의 존재 확률에 대응하는 물리적인 의미를 갖습니다. 1개의 전자에 주목하면 "존재확률"은 전자밀도와 동의어이기 때문에 파동함수를 알면 전자분포를 알 수 있습니다. 뒤에서 말하겠지만, 이 분포가 화학결합을 형성하는 것입니다.

우리가 관찰하는 다양한 자연현상의 대부분은 이러한 전자의 움직임에 의해 결정됩니다. 예를 들어, 광기능성 · 전자전도성 · 강도 · 경도 · 반응성 · 발광 · 형광 · 광흡수 등 다양한 현상들이 모든 전자운동에 의해 발현되는 것입니다. 그래서 분자궤도법은 전자가 분자를 궤도로 둘러싼 것 같이 운동하고, 그러한 궤도운동, 즉 분자궤도에 의해 분자가 형성된다는 것으로 전자의 운동을 해석하고 있습니다. 이 분자궤도법에도 여러 가지 방법들이 있는데 계산시간이 많이 필요한 부분에 경험적인 매개 변수를 도입한 방법과 경험적인 매개 변수를 전혀 사용하지 않고 Born-Oppenheimer 근사, 일전자 근사, 비상대론적 근사만을 도입하여 전자상태를 해석하는 방법들이 있습니다. 앞의 방법을 반경험적 분자궤도법, 후자를 비경험적 분자궤도법 또는 제일원리계산이라고 부르는데, 각각 장단점이 있습니다. 반경험적 방법은 계산할 수 있는 분자에 대해서 짧은 시간에 현실적인 해답을 얻을 수 있는 반면, 매개변수가 없는 원소를 취급할 수 없는 등 몇 가지 약점들도 가지고 있습니다. 한편, 제일원리계산법은 다룰 수 있는 원소의 종류는 반경험적인 방법에 비해 많고 매개변수에 의존하지 않고 계산을 할 수 있다는 장점이 있습니다. 그러나 일반적으로 계산 시간이 길어져 큰 분자를 취급하기 어려울 수도 있습니다. DV-Xα법은 후자의 제일원리계산법으로 분류되어 경험적인 매개변수를 사용하지 않고 분자궤도를 구할 수 있을 뿐만 아니라 뒤에 설명하겠지만 짧은 계산 시간에서도 쉽게 결과를 얻을 수 있고, 큰 분자나 결정의 일부를 잘라 낸 클러스터에 대해서도 계산을 할 수 있는 유용한 방법입니다. 그러면 좀 더 구체적으로, 어떻게 전자의 운동을 구할 수 있는지 설명하기로 합니다.

1-3-1) LCAO법

조금 더 구체적으로 분자궤도법의 내용에 대해 다뤄보고자 합니다. 원자나 전자와 같이 미세한 입자의 세계에서 그 운동은 양자역학을 가지고 이해할 필요가 있습니다. 예를 들어, 고전 역학에서 물체의 운동은

$$\frac{p^2}{2m} + V = E \tag{1-1}$$

로 표시됩니다. 여기에서 E는 전체 에너지, p는 운동량, m은 질량, V는 위치 에너지(포텐셜 에너지)를 나타냅니다. 왼쪽의 제1항은 운동에너지로, 물체가 가지는 에너지는 운동 에너지와 포텐셜 에너지의 합으로 표현됩니다.

분자내의 전자의 운동은 분자에 대한 슈뢰딩거 방정식

$$H\psi = E\psi \tag{1-2}$$

로 표현됩니다. 여기서 ψ는 전자의 파동함수, H는 해밀턴 연산자, E는 이 계의 에너지 고유값입니다. 해밀턴 연산자를 좀 더 자세히 쓰면

$$H = -\frac{\hbar^2}{2m}\nabla^2 + V$$

입니다. 우변의 제1항은 운동에너지, 제2항이 포텐셜 에너지에 해당하는 항입니다. 또한 ∇^2은

$$\nabla^2 = \frac{\partial^2}{\partial x^2} + \frac{\partial^2}{\partial y^2} + \frac{\partial^2}{\partial z^2}$$

입니다. 식 (1-2)에서 ψ는 미지 함수이며, 분자 중에 있는 전자의 궤도를 잘 나타내도록 근사함수를 사용합니다. 일반적으로 자주 사용되는 것은 LCAO(linear combination of atomic orbitals)로 불리는 분자궤도를 구성 원자들의 원자궤도를 선형으로 결합함으로

써 근사하는 방법입니다.

이 방법에 의한 분자궤도 함수 ϕ는

$$\phi(\boldsymbol{r}) = \sum_i C_i \chi_i(\boldsymbol{r}) \tag{1-3}$$

로 나타낼 수 있습니다. 여기서 χ_i는 i번째의 원자궤도 함수이며 이것이 이른바 기저함수가 되고, C_i는 기저함수의 계수로 원자궤도 χ_i의 진폭의 크기를 결정합니다. 여기서 χ_i 는 이미 알려진 함수이기 때문에, C_i를 알게 되면 분자궤도 ϕ가 구해지게 됩니다.

이 분자궤도를 운동하는 전자는 각 구성 원자 근처에서는 그 원자궤도에 가까운 행동을 하면서 분자 전체에 퍼져 있는 성실을 가지고 있습니다. 따라서 분자가 갖는 특성을 각각의 원자의 성질과 연관시켜 해석할 수 있습니다.

1-3-2) 분자궤도법을 구하는 법

분자궤도 ϕ를 구하기 위해서 식 (1-2)에 근거하여 분자에 대한 슈뢰딩거 방정식을 풀어야합니다. 이 방정식은 편미분 방정식이며, 수소원자에 대해서만 해석적으로 풀 수 있는데 실제 물질에 적용할 경우에는 근사를 이용하여야 풀 수 있습니다. 특히 분자와 고체처럼 복수 개의 원자핵을 포함하는 경우에는 문제가 매우 복잡하여 근사 방법이 필요합니다. 분자궤도법에서는 변분원리를 이용하여 슈뢰딩거 방정식을 풉니다.

변분원리는 물리학의 기초 법칙으로 "자연계에 있어서 어떤 양을 극대화·극소화하는 어떤 상태가 존재한다"라는 물리적 원리입니다. 양자역학에서는 $d\int \psi^* \psi \, dt = 0$의 조건 하에서 $d\int \psi^* H\psi \, dt = 0$에 의해 상태가 결정된다고 표현할 수 있습니다. 그림 1-2는 변분 원리를 모식적으로 나타낸 것으로, 어떤 계의 파동함수 ϕ를 유한개의 기저함수 χ_i이 선형결합

$$\phi' = \sum_i C_i \chi_i \tag{1-4}$$

로 근사하여, C_i를 변화시키면서 $\partial E'/\partial\chi_i = 0$을 찾는 방법을 사용합니다. 이것은 레일리 리츠[Rayleigh-Ritz]의 변분법이라고 합니다.

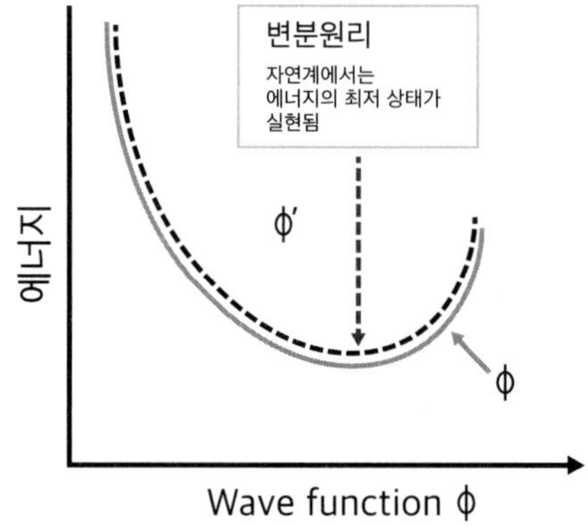

그림 1-2. 양자론에 대한 변분원리의 적용 예

이것을 분자궤도법에 적용하면 분자궤도함수 ϕ를 구하기 위해서는 위의 LCAO 방법을 사용하고 기저함수에 원자궤도함수를 사용합니다. 변분법에 의한 영년방정식

$$(\widetilde{H} - \tilde{\varepsilon}\widetilde{S})\widetilde{C} = 0 \tag{1-5}$$

를 얻을 수 있습니다. $\widetilde{H}, \widetilde{S}, \widetilde{C}$는 행렬을 나타냅니다. 행렬 $\widetilde{H}, \widetilde{S}$는

$$\widetilde{H} = \begin{pmatrix} H_{11} & H_{12} & \cdots & H_{1n} \\ H_{21} & H_{22} & \cdots & H_{2n} \\ \vdots & \vdots & \ddots & \vdots \\ H_{n1} & H_{n2} & \cdots & H_{nn} \end{pmatrix}, \quad \widetilde{S} = \begin{pmatrix} 1 & S_{12} & \cdots & S_{1n} \\ S_{21} & 1 & \cdots & S_{2n} \\ \vdots & \vdots & \ddots & \vdots \\ S_{n1} & S_{n2} & \cdots & 1 \end{pmatrix} \tag{1-5}$$

이며, 행렬 요소 H_{ij}, S_{ij}는 공명적분과 중첩적분이라고 합니다. 이들은

$$H_{ij} = \int \chi_i{}^* H \chi_j d\boldsymbol{r}, \quad S_{ij} = \int \chi_i{}^* \chi_j d\boldsymbol{r} \tag{1-7}$$

과 같이 표시됩니다. 즉, 행렬 $\widetilde{H}$와 $\widetilde{S}$는 계산으로 구할 수 있으므로, 결국 식 (1-4)을 푼다는 것은 행렬의 고유치 문제를 풀 수 있다는 것이 됩니다. 이것을 풀면 고유값(에너지) $\widetilde{\varepsilon}$와 고유벡터 $\widetilde{C}$

$$\widetilde{C}=\begin{pmatrix} C_1 \\ C_2 \\ \vdots \\ C_n \end{pmatrix} \tag{1-8}$$

를 얻을 수 있습니다. 분자궤도법에서는 이와 같은 방법으로 분자궤도 계산, 즉 분자궤도와 에너지의 계산을 수행할 수 있습니다.

1-4. DV-Xα법

DV-Xα법은 위에서 설명한 분자궤도 계산법의 하나이며, 특히 그 중에서도 제일원리계산법으로 분류되어 경험적인 매개변수를 사용하지 않고 분자궤도를 구할 수 있는 방법입니다. 또한 제일원리계산임에도 불구하고 슬레이터가 제안한 Xα 퍼텐셜을 이용합니다. 계산 기법으로 수치적분을 도입함으로써 원소의 종류에 상관없이 동일한 계산 정밀도를 유지할 수 있고 주기율표의 어떤 원소도 다룰 수 있다는 점에서 매우 유용한 장점을 갖춘 계산 방법입니다. 또한 다른 제일원리계산법에 비해 계산 시간이 짧아 큰 분자에도 적용할 수 있고, 고체의 일부를 잘라낸 클러스터에 대한 계산도 쉽게 할 수 있습니다.

DV-Xα법에 대한 내용은 이미 설명서가 출판되어 자세히 설명되어 있으므로, 여기에서는 DV-Xα법의 특징에 대해서만 간략하게 설명합니다. DV-Xα법은 1951년 J. C. 슬레이터에 의해 제창된 Hartree · Fock · Slater법, 통칭 Xα법의 하나이며, 노스웨스턴대학 엘리스[D. E. Ellis]와 교토대학 아다치[H. Adachi]에 의해 개발된 방법입니다.

일반적으로 제일원리 분자궤도 계산법인 Hartree · Fock법은 슈뢰딩거 방정식을 풀

때 필요한 적분계산인 교환적분항이 있는데 매우 긴 계산 시간이 필요한 항목 입니다. 이 적분항은 다음 식에 의해 표현됩니다.

$$V_{XC}(\boldsymbol{r}_1) = -\sum_{k,l} \frac{\int \phi_k^*(\boldsymbol{r}_1)\phi_l^*(\boldsymbol{r}_2)\frac{1}{|\boldsymbol{r}_1-\boldsymbol{r}_2|}\phi_l(\boldsymbol{r}_1)\phi_k(\boldsymbol{r}_2)d\boldsymbol{r}_2}{\phi_k^*(\boldsymbol{r}_1)\phi_k(\boldsymbol{r}_1)} \tag{1-9}$$

이 수식은 매우 복잡한 형태를 취하기 때문에 적분 계산에 시간이 걸릴 수 있습니다. 이에 대해 DV-Xα법은 교환적분항으로 슬레이터에 의해 제안된 식 (1-10)을 사용합니다.

$$V_{XC}(\boldsymbol{r}) = -3\alpha\left[\frac{3}{4\pi}\rho_{\uparrow}(\boldsymbol{r})\right]^{1/3} \tag{1-10}$$

여기서, $\rho_{\uparrow}$는 up-spin의 전자밀도, α는 이 방법에 필요한 매개변수입니다. 이 α는 자유전자의 경우 2/3, 원자의 경우에 H 원자는 0.97804, He 원자는 0.77298, Li 원자는 0.78147이 되고, 그 이후에는 원자 번호와 함께 조금씩 감소하는데, 지금까지 많은 보고에 의하면 α=0.7로 하면 어떤 원자에 대해서도 실험값을 잘 재현하는 계산 결과를 얻을 수 있습니다. 이 수식은 전자 밀도의 1/3승에 비례하는 매우 간단한 형태를 취하기 때문에 계산 시간을 대폭 단축 할 수 있습니다.

또한 DV-Xα법은 적분계산을 할 때 수치적분을 사용합니다. DV는 Discrete Variational의 약자로, 공간의 어느 지점에서도 변분원리가 이루어진다는 것을 의미합니다. 식 (1-4)에 나타낸 영년방정식의 요소를 구할 때 식 (1-11), (1-12)과 같이 실제 공간에 샘플점을 잡아서 수치적으로 적분한 결과를 이용합니다.

$$H_{ij} = \sum_{k=1}^{N}\omega(r_k)\chi_i^*(r_k)H(r_k)\chi_j(r_k) \tag{1-11}$$

$$S_{ij} = \sum_{k=1}^{N} \omega(r_k)\chi_i^*(r_k)\chi_j(r_k) \tag{1-12}$$

여기서, χ는 원자궤도(기저) 함수, H는 일전자 해밀토니안, r_k는 k번째 샘플점에서 총 N개 샘플점의 합으로 계산을 합니다. $\omega(r_k)$는 각 점에서의 가중치이며 샘플점 밀도의 역수이고, 유한 수인 샘플점 각각에 가중치를 가산하여 수치적분을 수행합니다.

위와 같은 여러 가지 방법을 사용한 DV-Xα법에는 다른 분자궤도법에서 볼 수 없는 몇 가지 특징이 있습니다.

(1) Xα 포텐셜을 사용하기 때문에 정확성을 잃지 않고 계산 시간을 크게 단축한 제일원리계산이 가능하다.

(2) 분자궤도의 기저함수로 수치적분을 사용하기 때문에 수소에서 오가네손(Og)까지 주기율표의 모든 원소에 대해 동일한 정밀도로 계산을 할 수 있다. 또한 상대론적 효과를 고려한 계산도 가능하다.

(3) 슬레이터의 천이상태법을 이용하여 각종 전자가 천이할 때의 궤도에너지를 정확하게 계산할 수 있다.

(4) DV수치적분법으로 적분을 수행하므로, 임의의 물성치에 대한 다양한 다 중심 적분을 제일원리로부터 구할 수 있다. 그 결과, 분광 스펙트럼의 피크 강도 등을 정확하게 계산할 수 있다.

이러한 특성에 대해 좀 더 자세히 설명합니다.

DV-Xα법에서 사용하는 기저함수는 각각의 원자에 대해 슈뢰딩거 방정식을 수치적으로 풀어낸 해를 사용합니다. 분자궤도 계산법에는 다양한 방법이 있으며, 기저함수도 방법에 따라 다양한 것을 이용합니다. Hartree-Fock법에서는 예를 들어 슬레이터형 함수(Slater-type-orbital : STO)와 가우시안 함수(Gauss-type-orbital : GTO) 등으로 원자궤도함수를 표현합니다. 그림 1-3은 탄소원자 2s 궤도의 동경함수에 대해서 GTO(STO-3G)와 DV-Xα법에서 이용하는 수치함수를 비교하여 보여줍니다. 수치기저함수에서는 수소 원자에 대해서 해석적으로 푼 2s 궤도처럼 원자 위치에서 극대를 취하고 1개의 절을 가진 함수임을 알 수 있습니다. 한편 GTO의 경우 절을 가지지 않고 원자 위치에서의 진폭도 해석적으로 푼 것과 다릅니다. 이 함수는 복수 개의 해석함수를 조합하여 이루어져 계산 결과의 해석이 복잡해질 수 있지만, DV-Xα법의 수치기저는 원자궤도함수 자체라고도 할 수 있으므로 훨씬 적은 기저함수를 사용하여 계산하기 때문에 그 해석도 쉽게 할 수 있습니다.

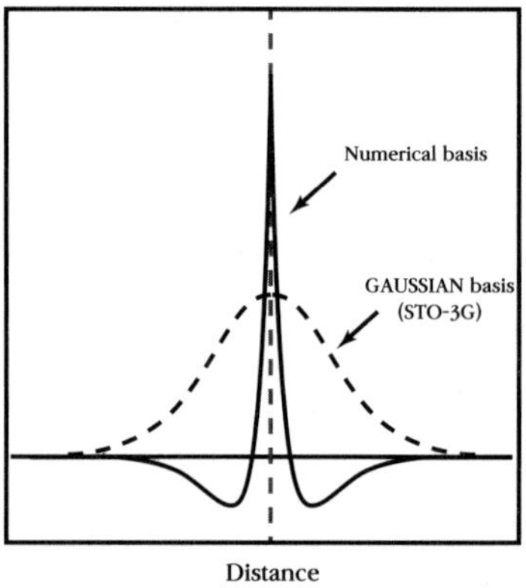

그림 1-3. C 2s의 DV-Xα법에서 이용한 수치기저함수와 GAUSSIAN(STO-3G)의 비교

한편 DV-Xα법에서는 수치기저를 구할 때 공간에 있는 점을 고려하여 그 각 점의 값을 바탕으로 적분 계산을 수행하기 때문에, 공간에 뿌려진 샘플점들의 수가 정밀도에 영향을 줄 수 있습니다. 샘플점들을 분산시키는 방법에는 여러 가지 방법들이 있으나 DV-Xα법에서는 예를 들면 $\sqrt{2}$, $\sqrt{3}$, $\sqrt{5}$의 소수부를 이용한 의사난수를 이용하여 분산시키고 있습니다. 또한 전자파의 흡수·방출 거동 등을 나타내는 스펙트럼 에너지도 4장에서 설명하는 슬레이터의 천이상태법을 이용하여 정확하게 얻을 수 있습니다.

1-5. 멀리켄 전자밀도 해석(Mulliken population analysis)

분자궤도 계산 결과로 부터 분자궤도와 그 에너지를 얻을 수 있습니다. 분자의 전자상태가 기저상태에서는 에너지의 가장 낮은 궤도에서 모든 전자를 파울리의 배타원리에 따라 채워 나감으로써 얻을 수 있습니다. 이와 같이 분자중의 전자는 다양한 형태(분자궤도)로 운동하고 있는데, 그 전자의 분포에 따라 분자를 구성하는 각 원자의 이온성 및 각 원자 사이의 공유결합성이 변화합니다. 이러한 분자궤도 계산에 의해 알고 싶은 이온성 및 결합성 정보를 얻기 위해 계산 결과로 얻어진 분자궤도에서 전자의 분포(전자밀도)를 구할 필요가 있습니다. 그 방법의 하나가 Mulliken 전자밀도 해석입니다. 그림 1-4는 Mulliken의 전자밀도 분석을 모식적으로 보여줍니다.

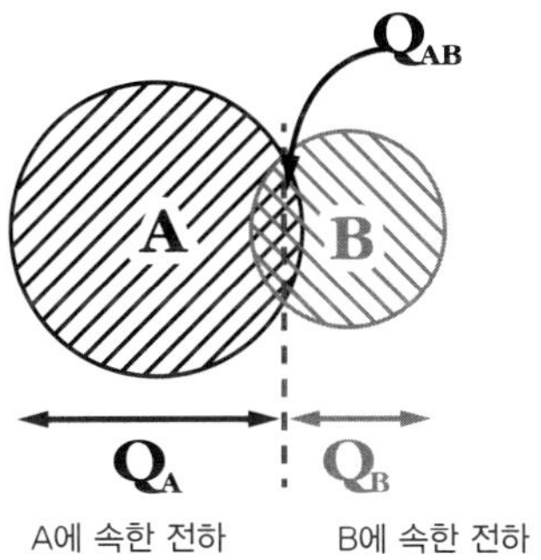

그림 1-4. 멀리켄 전자밀도 해석의 모식도

분자중의 전체 전자수를 n으로 하면

$$
\begin{aligned}
n - \sum_{\ell} f_\ell \int \psi_\ell{}^*(r)\psi_\ell(r)dr \\
&= \sum_{\ell} f_\ell \sum_i \sum_j C_{i\ell} C_{j\ell} \int \chi_i{}^*(\boldsymbol{r})\chi_j(\boldsymbol{r})d\boldsymbol{r} \\
&= \sum_{\ell} f_\ell \sum_{i,j} q_{ij}^{\ell}
\end{aligned} \tag{1-13}
$$

로 쓸 수 있습니다. 여기서 ϕ_l은 l번째 분자궤도

$$\phi_\ell = \sum_i C_{i\ell}\chi_i \tag{1-14}$$

이며, f_ℓ은 분자궤도 ℓ의 점유수 입니다. 또한 q_{ij}^ℓ는 중첩적분 S_{ij}에 분자궤도 ℓ의 LCAO 계수 $C_{i\ell} \times C_{j\ell}$을 곱한 것으로

$$q_{ij}^\ell = C_{i\ell}C_{j\ell}\int \chi_i^*(\boldsymbol{r})\chi_j(\boldsymbol{r})d\boldsymbol{r} = C_{i\ell}C_{j\ell}S_{ij} \tag{1-15}$$

이 얻어집니다. Mulliken 해석에서는 분자중의 유효원자궤도전자수(orbital population) Q_i및 유효공유결합전하(overlap population) Q_{ij}가 주어집니다. 이것들은

$$Q_i = \sum_\ell f_\ell \sum_j q_{ij}^\ell \tag{1-16}$$

$$Q_{ij} = \sum_\ell f_\ell q_{ij}^\ell \tag{1-17}$$

로 정의됩니다. Q_i는 원자궤도 i를 점유하는 전자수, Q_{ij}는 원자궤도 i와 j간의 상호작용의 크기를 나타내며, 공유결합에 관여하는 전하로 생각할 수 있습니다.

분자중의 원자의 이온성은 각 원자의 유효원자궤도 전자수를 더하면 평가할 수 있습니다. 즉 원자 A에 속하는 모든 궤도에 대한 합

$$Q_\mathrm{A} = \sum_{i\in\mathrm{A}} Q_i \tag{1-18}$$

을 원자 A의 유효전하(effective charge)라고 합니다. 원자번호 Z에서 이 값을 뺀 N_A가 순 전하(net charge)이며, 원자 A의 이온성을 나타내는 것으로 생각할 수 있습니다.
즉,

$$N_\mathrm{A} = Z_\mathrm{A} - Q_\mathrm{A} \tag{1-19}$$

입니다. 또한 원자 A와 B의 공유결합은 원자간 공유결합전하(bond overlap population)

$$Q_{\mathrm{AB}} = \sum_{i \in \mathrm{A}} \sum_{j \in \mathrm{B}} Q_{ij} \tag{1-20}$$

에 의해 평가 할 수 있습니다.

Q_i와 Q_{ij}를 쉽게 이해하기 위해 수소분자와 같은 분자궤도가 2개인 원자궤도에서 형성되는 경우를 생각해 봅시다. 분자궤도

$$\phi = C_{\mathrm{A}}\chi_{\mathrm{A}} + C_{\mathrm{B}}\chi_{\mathrm{B}}$$

가 2개의 전자에 의해 점유될 때,

$$2 = 2(q_{\mathrm{AA}} + 2q_{\mathrm{AB}} + q_{\mathrm{BB}}),\ q_{\mathrm{AA}} = C_{\mathrm{A}}^2,\ q_{\mathrm{BB}} = C_{\mathrm{B}}^2,\ q_{\mathrm{AB}} = C_{\mathrm{A}} C_{\mathrm{B}} S_{\mathrm{AB}}$$

이며, 유효원자궤도 전자수는

$$Q_{\mathrm{A}} = 2(q_{\mathrm{AA}} + q_{\mathrm{AB}}),\ Q_{\mathrm{B}} = 2(q_{\mathrm{BB}} + q_{\mathrm{AB}})$$

로 됩니다. 또한 유효공유결합전하는

$$Q_{\mathrm{AB}} = 2 \times 2q_{\mathrm{AB}}$$

입니다. 여기에서 $Q_{\mathrm{A}} + Q_{\mathrm{B}}$가 전체 전자수 2가 됩니다. 그리고 Q_{A} 및 Q_{B}의 각각에 Q_{AB}의 절반이 포함되어 있는 것을 알 수 있습니다.

제2장

필요한 계산 환경의 구성

컴퓨터의 OS와 CPU / 메모리 / 하드디스크 / VESTA와 에디터 / 그 외

DV-Xα법은 일반적으로 널리 사용되는 Windows PC와 Macintosh 환경에서 계산을 할 수 있습니다. 현재 어느 컴퓨터에서건 CPU는 Intel사 제품이 이용되고 있으며, OS의 이용 방법을 살펴보면 하드웨어는 거의 같다고 생각해도 무방한 상황에 있습니다. 또한 1장에서 쓴 것처럼 컴퓨터 기술의 발전이 매우 빨라, 10년 전에 대형 계산기와 슈퍼컴퓨터가 없으면 현실적인 시간 내에 해결이 되지 않았던 계산이 노트북에서도 실행할 수 있도록 개선되어 있습니다. 우선은 소지하고 있는 컴퓨터에서 DV-Xα법의 계산을 시도해보십시오. 설치에 필요한 정보를 아래에 간단히 정리합니다.

2-1. 컴퓨터의 OS와 CPU

이 책에서 설명하는 DV-Xα법의 프로그램은 실행파일로 되어 있으며, Intel사의 Celeron, Pentium Core-i 시스템 및 Xeon계의 CPU를 사용한 Windows(Windows 7 이상) 또는 AVX 세대의 Core-i 시스템 및 Xeon 계열 CPU를 가진 Macintosh(MacOS X 10.10 이상)에서 작동합니다. 그러나 GUI 버전 프로그램 및 통합 지원 환경은

Windows 장치에서만 사용할 수 있습니다.

2-2. 메모리(RAM)

계산을 할 모델의 크기에 따라 필요한 메모리 용량은 다르지만, 일반적으로 많이 사용되고 있는 PC에서 볼 수 있듯이 8GB 정도의 메모리가 있으면 대략적인 모델의 계산이 가능합니다. 그러나 거대한 계산을 할 경우에는 메모리뿐만 아니라 계산 시간이 비례하여 길어지기 때문에 메모리 용량과 함께 CPU 선택에 주의를 하십시오.

2-3. 하드디스크

이 책에서 사용하는 계산 프로그램은 계산 결과를 임시로 저장할 수 있는 공간을 하드디스크에 둡니다. 따라서 하드 디스크는 계산에 필요한 충분한 여유 공간이 있어야 합니다. 그러나 간단한 분자의 경우는 약 10MB정도, 이 책에서 예를 들어 계산한 경우에서도 1GB 정도의 여유 공간이면 계산이 가능합니다. 또한 거대한 모델을 사용하는 경우에는 하드 디스크의 속도가 계산 시간에 영향을 주기 때문에 가능한 한 빠른 SSD 등을 사용하는 것이 바람직합니다.

2-4 VESTA와 에디터

계산에 사용하는 모델의 그림이나, 계산 결과를 표시할 때에는 결정구조·전자밀도를 시각화할 수 있는 소프트웨어인 VESTA를 사용합니다. 프로그램은 다음 URL을 참조하여 다운로드하십시오.

http://jp-minerals.org/vesta/en/ 영어

http://jp-minerals.org/vesta/jp/ 일본어

또한 VESTA에서 만든 그림을 발표 할 때는 다음의 문헌을 인용합니다.

K. Momma and F. Izumi "VESTA 3 for three-dimensional visualization of crystal, volumetric and morphology data" J. Appl. Crystallogr., 44, 1272-1276(2011).

또한 6장 DV-Xα법에 대한 통합지원환경에서는 Windows상에서 MARUO 편집기를 사용하여 계산합니다. MARUO 에디터는 셰어웨어이므로 다음을 참조하십시오.

http://hide.maruo.co.jp/software/hidemaru.html

2-5. 그 외

계산 결과는 텍스트 형식으로 출력되는 것이 있는데 쉽게 그래프화 할 수 있습니다. 그래프를 만들 때 일반적인 그래프 작성 소프트웨어 등이 있으면 편리합니다.

그래프화 할 때 일본어로 표시되는 부분을 본 교재에서 이해를 돕기 위해 한글로 수정을 했습니다. 일본어는 프로그램 수정중에 있습니다.

제3장

DV-Xα 분자궤도법 계산의 기본 조작

프로그램 준비 / 입력파일 작성 및 프로그램 작동 방법 / 계산 결과를 보는 기본적인 방법(1) / 계산 결과를 보는 기본적인 방법(2) / 계산의 흐름 / DV-Xα 분자궤도 계산의 기본 조작

3-1. 프로그램 준비

다운로드 소프트웨어에 있는 dvxa 폴더를 사용하는 컴퓨터에 복사합니다. 데스크톱을 포함하여 어디에다 복사하여도 작동하도록 되어 있지만, 프로그램을 자신만 사용하는 경우 각 사용자 폴더인 c:\Users\사용자 이름(컴퓨터▶로컬 디스크(C:)▶사용자)에 복사하는 것이 좋습니다. 동일한 컴퓨터에서 여러 사람이 프로그램을 이용하면 **c:**에 복사하는 것이 편리하지만 보안 소프트웨어를 사용하는 경우 사용 중 경고가 나오는 경우가 있습니다. 그런 경우 보안 소프트웨어의 설정에서 **\dvxa**를 감시에서 제외하십시오. 또한 하루 종일 계산을 수행하는 경우는 OS의 자동 업데이트를 중지해야합니다.

이미 DV-Xα 분자궤도 계산이 진행되고 있어도 매번 복사한 dvxa 폴더의 프로그램이 독립적으로 작동하도록 되어 있습니다. 또한 기존의 dvxa 폴더에 복사하여 기존 환경과 통합할 수 있습니다. 그러나 각자 **\dvxa\exec**나 **\dvxa\object** 파일을 수정한 경우 덮어 쓰기를 하면 수정된 부분이 사라져 버리기 때문에 주의해야 합니다.

3-1-1) 프로그램의 시작 및 동작 확인

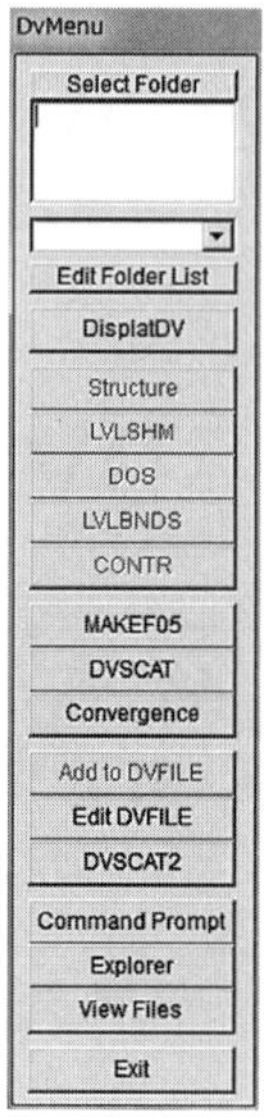

그림 3-1. DvMenu 화면

\dvxa\exec\dvmenu.exe를 더블 클릭하여 실행하면 그림 3-1과 같은 **DvMenu** 화면이 나타납니다. 모든 프로그램은 **DvMenu**에서 실행합니다. **\dvxa\exec\dvmenu.exe**를 바로가기를 만들어 바탕 화면에 두면 편리합니다. DvMenu는 VB6에서 작성되어 있기 때문에 런타임 파일 설치가 필요한 경우가 있습니다. DvMenu의 DisplatDV 및 ViewFiles를 클릭하여 오류가 나온 경우는 검색 사이트에서 "VB6 런타임"을 검색하여보십시오. 무료로 다운로드 가능한 패키지가 공개되어 있기 때문에, 런타임 파일을 설치 한 후 다시 DvMenu를 실행하고 [DisplatDV] 및 [View Files]의 기동 여부를 확인하십시오.

3-2. 입력파일 작성 및 프로그램 작동 방법

3-2-1) 입력파일 F01 만들기

CO 분자의 계산을 예로 들어 입력 데이터의 작성 방법을 설명합니다. 먼저 계산에 필요한 입력 및 출력 파일을 넣어 두는 폴더를 만듭니다. DvMenu의 [Select Folder]를 클릭하면 폴더 선택 화면이 나타납니다. 새로운 폴더를 만들려면 왼쪽 아래에서 새 폴더 만들기를 클릭하여 작성 후 폴더를 선택하십시오. 여기에서는 **\dvxa\calc**에 **co**라는 폴더를 만들었지만, 계산에 사용하는 폴더는 자유로운 위치에 만들 수 있습니다.

DV-Xα 분자궤도 계산 프로그램

F05	메인 입력파일
F03	마델룽 퍼텐셜 데이터
F25	대칭궤도 데이터

계산에 필요한 몇 가지 입력파일들이 필요한데 분자 계산의 경우, **F03**은 필요 없습니다. **F25**는 대칭궤도 데이터를 생성하는 프로그램에서 자동으로 생성할 수 있습니다. 입력파일 **F05**은 복잡한 형태로 되어 있지만, **F01** 파일과 **MAKEF05** 프로그램을 이용하면 쉽게 **F05**를 만들 수 있습니다. **\dvxa\ex\co**에는 미리 CO의 **F01**을 포함한 입력, 출력 파일이 준비되어 있습니다.

```
|  Z  ||NEQ||       XD        ||       YD        ||       ZD       |
   6      1     0.0000000000    0.0000000000     0.5640000000
   8      2     0.0000000000    0.0000000000    -0.5640000000
------------------------------------------------------------
|NEQ||  CHG  ||U/D||  RD  ||  VD  |  1
------------------------------------------------------------
   0    Unit             (0:angstrom     1:atomic)
   0    Spin             (0:non-spin     1:spin   )
   0    M.P.             (0:No           1:Yes    )
1000    Sample Point     (<100000, =0 autoset     )
```

CO 계산에 사용하는 **F01**(원자간거리 1.128Å)

F01은 점선으로 구분 된 3개의 블록으로 구성되어 있습니다. 첫 번째 블록은 좌표와 원자의 종류에 대한 설정, 두 번째 블록은 이온의 계산 등에 사용하는 초기 전하의 설정, 마지막 블록은 계산 조건에 관한 설정입니다. CO와 같이 간단한 분자의 계산은 첫 번째 블록의 좌표와 원자의 종류의 설정만으로 계산이 가능합니다. 첫 번째 줄은 각각의 데이터 항목을 나타내는 것으로, 실제 입력은 두 번째 줄에서 시작됩니다. 두 번째 행의 값은 각각

Z : 원자의 원자번호

NEQ : 원자의 종류번호

X, Y, Z : 좌표(단위는 Å)

주) 2개 원자로 이루어진 분자(2원자분자)의 경우, 일반적으로 결합방향을 z축으로 함

이 CO의 **F01**에서 원자의 종류를 나타내는 **NEQ**는 탄소를 첫 번째, 산소를 두 번째로 지정했는데, 다른 원자 계산에서도 동일한 화학적 환경에 있다고 생각되는 경우에는 같

은 종류로 간주합니다. 예를 들면 H_2O의 경우 2개의 수소는 같은 종류로 간주하여, 동일 **NEQ** 값을 사용합니다. 각각의 숫자는 1행에 나와 있는 테두리 안에 들어오도록 작성합니다.

여기에서는 먼저 **\dvxa\ex\co**의 **F01**을 그대로 이용하기로 합니다. DvMenu의 [Explorer]를 클릭하면 계산폴더를 선택한 상태에서 Windows 탐색기가 시작합니다. **\dvxa\ex\co**의 **F01**을 계산폴더에 복사하십시오. 명령 프롬프트에서 작업이 익숙한 분은 [Command Prompt]를 클릭하면 계산폴더의 디렉토리에 있는 상태에서 명령 프롬프트를 시작하기 때문에, copy 명령을 사용하여 **F01**를 복사할 수 있습니다. [View Files]를 클릭하고 **F01**을 선택하면 **F01**의 내용을 확인 할 수 있습니다. 또한 **F01**의 수정이 필요한 경우 [Open by Notepad]를 클릭하면 메모장에서 **F01** 편집 할 수 있습니다.

3-2-2) MAKEF05 실행

다음 **F01**에서 **F05**를 만들기 위해 **[MAKEF05]**을 실행합니다. **[MAKEF05]**을 클릭하면 그림 3-2과 같은 **MAKEF05** 화면이 나타납니다.

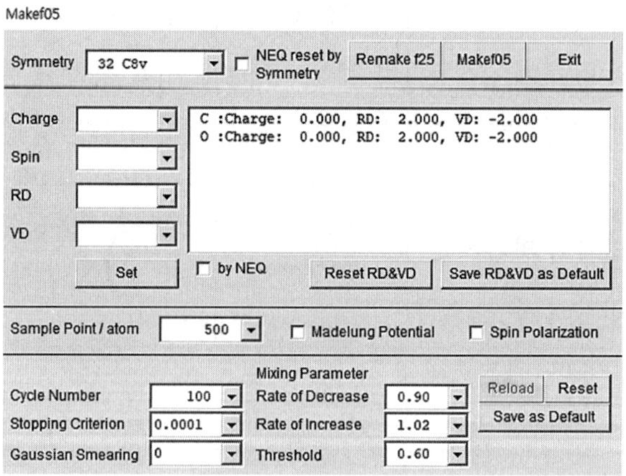

그림 3-2. MAKEF05 화면

[MAKEF05]를 실행하면 좌표에 대해 대칭 해석을 수행하여 **F01**에 있는 좌표가 가지고

있는 대칭성이 [Symmetry]에 나열됩니다. 그 중 가장 높은 대칭성이 선택되어 대칭궤도 데이터 **F25**에 자동으로 작성됩니다. 선택된 [32C8v]는 $C_{\infty v}$의 의미로 z축 주위에 무한 회전대칭이 있다는 것을 의미합니다. 다른 대칭성을 이용하고 싶은 경우나 대칭성을 이용하지 않는 계산(nonsym)을 실시하고 싶은 경우는 [Symmetry] 목록에서 사용하는 대칭성을 선택하고 [Remakef25]를 클릭합니다. 그런 다음 **[MAKEF05]**을 클릭하면 F05가 생성됩니다. **F05**를 만든 후에는 [Exit]로 종료합니다. **F05**를 수정할 필요는 없지만, 내용을 확인하려면 [View Files]를 클릭하여 **F05**을 선택합니다.

3-2-3) 분자궤도 계산의 실행과 수렴 상황의 확인

[DVSCAT] 버튼을 누르면 DV-Xα 분자궤도 계산이 실행됩니다. DV-Xα 분자궤도 계산을 비롯한 전자상태계산은 각 궤도 전자수가 계산 전과 계산 후가 동일하게 될 때(self-consistent 됨)까지 반복 계산을 수행합니다. 초기설정에는 한 번에 **DVSCAT**을 실행하면 100번 반복 계산이 이루어지도록 구성되어 있으며, 수렴 상황이 화면에 표시됩니다. CO의 경우는 다음과 같이 21번으로 수렴합니다.

PROGRAM RUN

1	1/100,	Convergence:	1.29017,	Mixing Parameter:	0.30000
2	2/100,	Convergence:	0.82874,	Mixing Parameter:	0.30000
3	3/100,	Convergence:	0.57551,	Mixing Parameter:	0.30000
4	4/100,	Convergence:	0.40070,	Mixing Parameter:	0.30600
5	5/100,	Convergence:	0.27536,	Mixing Parameter:	0.31212
6	6/100,	Convergence:	0.18791,	Mixing Parameter:	0.31836
7	7/100,	Convergence:	0.12694,	Mixing Parameter:	0.32473
8	8/100,	Convergence:	0.08498,	Mixing Parameter:	0.33122
9	9/100,	Convergence:	0.05632,	Mixing Parameter:	0.33785
10	10/100,	Convergence:	0.03695,	Mixing Parameter:	0.34461
11	11/100,	Convergence:	0.02399,	Mixing Parameter:	0.35150
12	12/100,	Convergence:	0.01541,	Mixing Parameter:	0.35853
13	13/100,	Convergence:	0.00979,	Mixing Parameter:	0.36570
14	14/100,	Convergence:	0.00614,	Mixing Parameter:	0.37301
15	15/100,	Convergence:	0.00381,	Mixing Parameter:	0.38047
16	16/100,	Convergence:	0.00234,	Mixing Parameter:	0.38808
17	17/100,	Convergence:	0.00141,	Mixing Parameter:	0.39584
18	18/100,	Convergence:	0.00084,	Mixing Parameter:	0.40376
19	19/100,	Convergence:	0.00050,	Mixing Parameter:	0.41184
20	20/100,	Convergence:	0.00029,	Mixing Parameter:	0.42007
21	21/100,	Convergence:	0.00017,	Mixing Parameter:	0.42847

"Convergence(수렴)" 다음에 나오는 숫자가 계산 전·후의 각 궤도의 전자수의 변화량의 합계를 표시하며, 이 값이 수렴 조건보다 작아지면 계산이 종료됩니다. 마지막 숫자는 "Mixing Parameter" 인데 반복 계산에서 다음 계산의 각 궤도 전자수의 값을 결정할 때 이전의 계산에서 얻은 전자수를 반영하는 비율입니다. Mixing Parameter를 크게 하면 수렴은 빨라지지만, 너무 크게 하면 계산이 발산될 수 있습니다. DV-Xα 분자궤도 계산에서는 수렴 상황을 판단하고 Mixing Parameter를 자동으로 변화시킵니다. CO의 경우 계산 시간도 매우 짧으므로 수렴 상태를 확인할 필요가 없지만 큰 클러스터 모델의 계산에선 수렴 상황의 확인이 필요할 수 있습니다.

DvMenu의 [Convergence]를 클릭하면 그림 3-3과 같은 수렴 현황 및 수렴을 위한 파라미터의 변경이 가능한 화면이 표시됩니다. 여기에서 [Plot]을 클릭하면 그림 3-4처럼 수렴 상황(Convergence Behavior)을 그래프로 확인할 수 있습니다. 이 외에 Mixing Parameter도 수렴을 향해 진행하는 궤도의 비율(Rate of Convergence)변화도 그래프로 확인할 수 있습니다. 또한 마우스로 그래프 영역을 지정하여 그래프의 일부를 확대할 수 있습니다. [Orbital Population]을 클릭하면 각 궤도의 수렴 상황이 숫자로 표시됩니다.

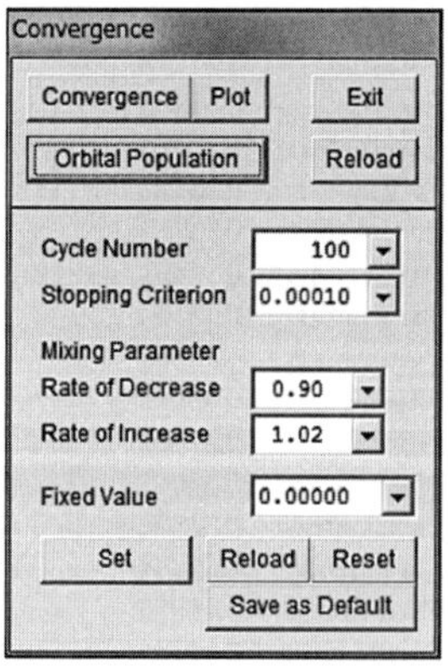

그림 3-3. 수렴관계의 조작화면

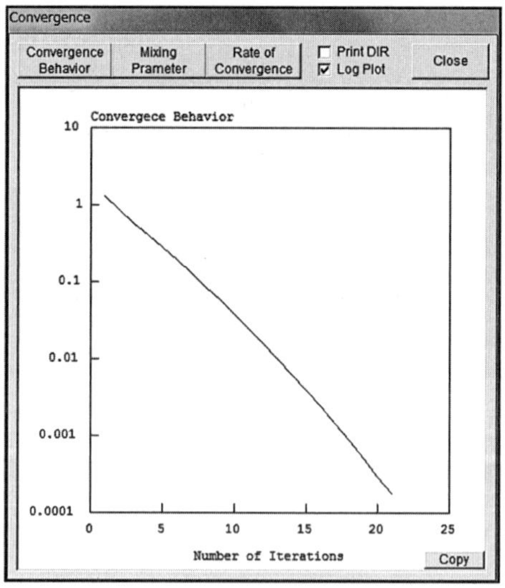

그림 3-4. 수렴관계의 그래프표시

[Convergence] 화면의 아래에 수렴에 관한 파라미터가 표시되어 있으며, DVSCAT 계산 중에도 변경할 수 있습니다. [Cycle Number]는 한번의 DVSCAT에서 실행되는 반복 계산의 횟수입니다. 예를 들면 반복 계산을 중지하려면 현재의 반복 수보다 작은 값을 입력하고 [set] 버튼으로 변경 사항을 적용시키면 계산을 중지할 수 있습니다. [Stopping Criterion]은 수렴조건에서 각 궤도 전자수의 변화가 이 값보다 작아 졌을 때 수렴으로 판정됩니다. 클러스터 모델이 큰 경우는 0.001 정도면 문제가 없습니다. 다음 두 숫자는 Mixing Parameter를 감소시킬 때, 증가시킬 때의 비율입니다. [Fixed Value]은 Mixing Parameter를 특정 값으로 고정하는 경우에 사용합니다. 0이 아닌 숫자를 입력하면 다음의 반복 계산에서 Mixing Parameter가 그 값으로 고정됩니다. 계산이 수렴 향하지 않고 진동하는 경우 Mixing Parameter가 극단적으로 작아지는 경우가 있습니다. 그와 같은 경우에는 일단 0.1 정도의 고정 값을 입력하고 Mixing Parameter를 크게 한 뒤 [Rate of Decrease](감소 비율)을 초기값 0.9보다 큰 값으로 하면 Mixing Parameter의 변화가 완만하게 됩니다. [Save as Default] 버튼을 클릭하면 현재의 파라미터 값이 초기 값으로 저장되어 다음 DVSCAT에서 기본값으로 사용됩니다.

3-2-4) 여러 가지 계산을 할 경우

DVSCAT은 선택한 계산폴더에 대한 계산만 수행할 수 있지만, 복수개의 계산폴더의 계산을 하고 싶은 경우는 **DVSCAT2**를 이용합니다. [Add to DVFILE]를 클릭하면 선택한 계산폴더의 작업이 **DVFILE**에 등록됩니다. 기본적으로 1회 계산으로 100번 반복 계산을 수행하지만, 100번을 수행해도 수렴이 되지 않을 것으로 예상되는 경우는 여러 번 클릭하면 그 늘어난 횟수만큼 작업을 등록할 수 있습니다. 다른 계산폴더의 계산을 등록하려면 [Select Folder]로 계산폴더를 선택하고 [Add to DVFILE]을 클릭합니다. 등록하려는 계산 폴더가 많은 경우 [Edit DVFILE]를 이용하면 일괄적으로 등록 할 수 있습니다. 탐색기에서 작업을 등록하는 경우, 계산폴더를 선택하고 [Edit DVFILE]를 클릭하면 나타나는 윈도우창에 드래그하면 선택한 계산폴더 작업을 등록할 수 있습니다. 그러나 사전에 **F01** 작성 및 **MAKEF05**의 실행은 준비해 놓아야 합니다. [Edit DVFILE]

은 계산 작업 이동, 복사, 삭제 등이 가능합니다. **DVFILE**에 계산 작업 등록을 하고, [DVSCAT2]를 클릭하면 **DVFILE**에 있는 순서대로 계산이 진행되고, 계산이 완료된 작업의 행은 삭제되고, [end]로 끝납니다. [end] 이후에 작업을 등록해도 실행되지 않으므로 주의하십시오.

3-3. 계산 결과를 보는 기본적인 방법(1)

여기에서는 CO를 예로 들어 주변 프로그램을 이용하여 계산 결과를 보는 법을 설명합니다. 주변 프로그램 사용에 대한 자세한 내용은 4장을 참조하십시오.

3-3-1) 유효전하와 유효공유결합전하

DvMenu에서 **[Structure]**를 클릭하면 그림 3-5와 같이 계산을 한 클러스터 모델의 좌표와 구조가 표시되는데, 전하의 이동량을 나타내는 유효전하(Net Charge) 및 공유결합성의 기준이 되는 유효공유결합전하(BOP : Bond Overlap Population)도 여기에서 확인할 수 있습니다. 그림 왼쪽 아래에 있는 윈도우에 [NEQ and Net Charge]가 표시되어 있으며, CO의 경우 다음과 같이 되어 있습니다.

첫 번째 숫자는 원자의 종류 분류(**NEQ**)를 나타내며, 괄호 안의 숫자는 그 종류에 속하는 원자의 수를 보여줍니다. 마지막 숫자가 유효전하를 나타냅니다. CO의 경우 탄소가 0.18993개 전자를 잃고, 유효전하는 0.18993되고, 산소는 0.18994개의 전자를 얻어 유효전하는 -0.18994입니다. 이 결과로부터, CO는 탄소에서 산소로 전자가 0.1896개 이동하여 탄소는 플러스 전하, 산소는 마이너스 전하를 가지고 있는 것을 알 수 있습니다. 플러스 전하를 가진 원자와 마이너스의 전하를 가진 원자 사이에는 이온적인 결합력이 작용하기 때문에, 유효전하의 크기는 이온결합성의 기준이 됩니다.

1 C (1) 0.18993

2 O (1) - 0.18994

유효공유결합전하를 알아보기 위해 [BOP를 계산]을 클릭 한 후 BOP를 조사하고 싶은 원자좌표 또는 구조표시 화면의 원자를 클릭하면 그 원자에 대한 BOP의 정보가 표시됩니다. 예를 들어, 탄소 원자를 선택하면 다음과 같이 표시됩니다.

O-C(1.1280/1) 1.21460 (2) -(1)

표시되는 1.21460이 공유결합성의 기준이 되는 유효공유결합전하의 값입니다. 또한, CO의 경우 탄소에서 보면 근접하는 원소는 산소 원자 밖에 없지만, 여러 개의 근접 원자가 있는 경우는 모든 근접 원자의 유효공유결합전하와 그 평균값이 표시됩니다.

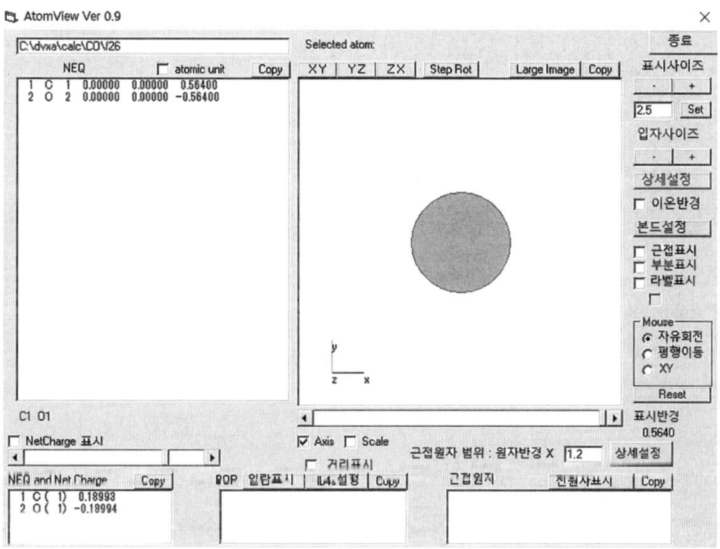

그림 3-5. Structure 화면

3-3-2) 에너지 준위

각 분자궤도 에너지 고유값, 즉 에너지준위는 **F08E**에 출력됩니다. [ViewFiles]에서 **F08E**를 선택하면 에너지 고유값은 다음과 같이 출력됩니다.

*** M.O. EIGENVALUE

		(RY)	(HR)	(EV)	
1	1 SIG	− 37.14135	− 18.57067	− 505.25343	2.00000
2	2 SIG	− 19.42267	− 9.71134	− 264.21693	2.00000
3	3 SIG	− 1.79715	− 0.89858	− 24.44761	2.00000
4	4 SIG	− 0.73119	− 0.36560	− 9.94682	2.00000
5	1 PIX	− 0.56537	− 0.28269	− 7.69109	4.00000
7	5 SIG	− 0.39072	− 0.19536	− 5.31515	2.00000
8	2 PIX	0.20242	0.10121	2.75368	0.00000
10	6 SIG	1.52377	0.76189	20.72870	0.00000

CO의 경우는 탄소(1s, 2s, $2p_x$, $2p_y$, $2p_z$)와 산소(1s, 2s, $2p_x$, $2p_y$, $2p_z$)의 10개의 원자궤도에서 10개의 CO 분자궤도가 형성되며 각각의 분자궤도 에너지 고유값이 작은 것부터 출력되어 있습니다. (RY)(HR)(EV)는 각각 Rydberg, Hartree, Electron volt는 에너지 단위로서 세 가지 단위로 출력됩니다.

일반적으로 가장 많이 사용되는 것은 Electron volt(eV)이므로 설명에서는 Electron volt를 사용합니다. 오른쪽의 숫자는 분자궤도에 점유된 전자의 점유수 입니다. 전자는 낮은 에너지 궤도 순으로 2개씩 채워집니다. 맨 왼쪽의 1~10의 숫자는 에너지 준위의 일련 번호인데, 실제로는 8개 밖에 출력되지 않습니다. 이번 CO 클러스터 모델은 탄소와 산소원자를 z축에 두고 있기 때문에, x와 y 방향의 구별이 없습니다. 즉, 3개의 2p 궤도 중 그림 3-6과 같이 x 방향을 향하고 있는 탄소와 산소 $2p_x$로 이루어진 분자궤도와 y 방향을 향하고 있는 탄소와 산소의 2py 궤도로 이루어진 분자궤도 방향이 다를 뿐 동일하기 때문입니다. DV-Xα 분자궤도 계산에서는 이러한 클러스터의 원자의 배열 방법으로부터 알 수 있는 정보, 즉 대칭의 정보를 고려하여 계산할 수 있습니다. 대칭성을 고려한 계산을 한 경우는 등가인 분자궤도 에너지 고유값은 동일한 값이 됩니다. 이것을 '축퇴하고 있다'라고 합니다. 왼쪽에서 두 번째 숫자와 알파벳은 대칭궤도의 종류와 대칭궤도 그룹의 일련 번호입니다. 여기에서 축퇴하고 있는 궤도는 5번째와 8번째 궤도이며 5번째 궤도가 그림 3-6에 그린 분자궤도입니다. 축퇴하고 있는 궤도의 경우는 오른쪽의 전자의 점유수도 축퇴를 고려한 숫자로 됩니다. 대칭성의 정보를 이용하지 않는 계산을 하면 축퇴하고 있는 5번째와 8번째 궤도도 2가지로 나뉩니다. 대칭성을 이용하지 않더라도 DV-Xα 분자궤도 계산은 에너지 고유값을 약 0.1eV 이내의 정밀도로 구할 수 있습니다.

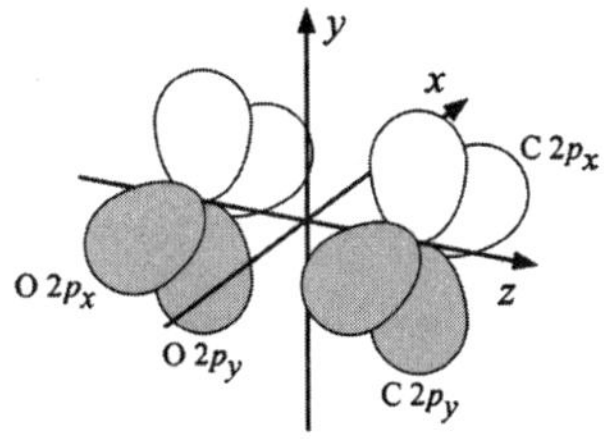

그림 3-6. CO에서 C와 O의 $2p_x$와 $2p_y$ 궤도의 모식도

3-3-3) 에너지 준위도의 작성

주변 프로그램 **LVLSHM**을 이용하면 에너지 준위 그림과 궤도성분의 비율을 그림으로 볼 수 있습니다. **DvMenu**의 **[LVLSHM]**을 클릭하면 그림 3-7과 같은 화면이 나타납니다.

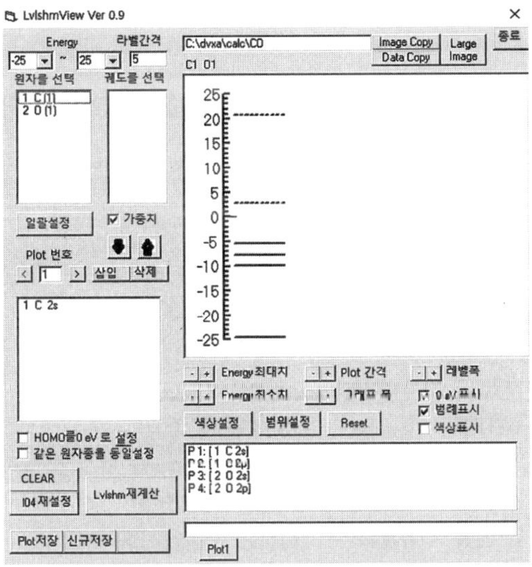

그림 3-7. LVLSHM의 메인화면

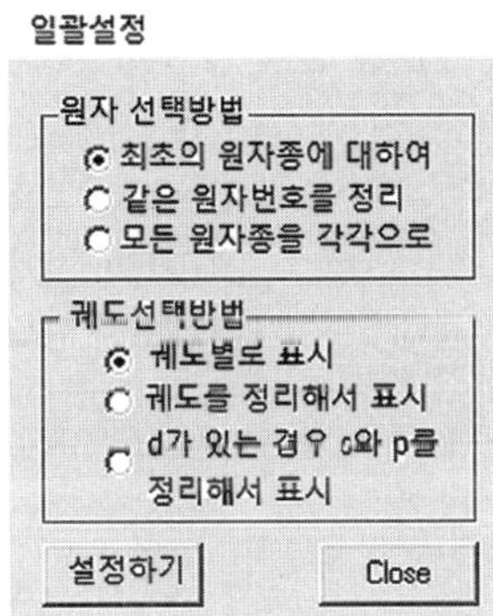

그림 3-8. 그릴 궤도의 일괄설정

그릴 궤도성분에 대한 설정 내용은 원자종류마다 출력하는 궤도를 선택할 수 있지만, 일괄 설정으로 간단하게 설정할 수 있습니다. [일괄 설정]을 클릭하면 그림 3-8과 같은 화면이 나타나 설정 조건을 선택할 수 있습니다. 여기에서는 초기설정 상태 그대로 그리기 때문에, 조건을 변경하지 않고 설정을 클릭하십시오.

초기설정에서는 HOMO(전자가 채워져 있는 가장 높은 궤도)가 0eV가 되도록 표시되어 있습니다. 여기에서는 에너지 준위 그림과 비교하기 위해, [HOMO를 0eV 설정] 및 [0eV 표시]의 체크를 해제합니다. 또한 표시하는 에너지 준위의 범위도 초기 설정보다 범위를 넓게 -25~25eV로 변경합니다.

설정이 끝난 후 [Lvlshm 계산]을 클릭하면 에너지 준위 그림이 나타나며 전자가 채워지지 않은 궤도는 점선으로 표시됩니다. 궤도 성분에 대해서는 오른쪽 아래 궤도성분의 목록을 클릭하면 선택한 궤도성분이 화면에 표시됩니다.

이번 CO의 경우는 탄소 2s, 탄소 2p, 산소 2s, 산소 2p 4개의 궤도 성분이 출력되며, 모두 선택하여 화면에 표시할 수 있지만, 궤도성분이 많아지면 모든 궤도 성분을 동시에 표시할 수 없기 때문에 목적에 따라 그리고 싶은 궤도를 선택합니다. 궤도성분은 선 길이가 그 분자궤도에 있어서 각 원자궤도 성분의 크기를 나타냅니다. 예를 들면 -10eV 부근의 분자궤도는 산소의 2p 궤도가 주성분으로 탄소 2s 와 산소의 2s 궤도가 섞여있는 것을 알 수 있습니다. 궤도성분의 값을 수치로 확인하려면 **[View Files]**에서 L08을 표시하면 다음과 같이 각 궤도의 분자궤도의 비율이 수치로 표시됩니다.

```
- 505.2534,  0.0001,    0.0002,  0.0000,  0.0000,  2.0000,
- 264.2169,  0.0000,    0.0000,  0.0000,  0.0001,  2.0000,
 - 24.4476,  0.1417,    0.1072,  0.6765,  0.0746,  2.0000,
  - 9.9468,  0.2271,  - 0.0005,  0.2197,  0.5537,  2.0000,
  - 5.3151,  0.4381,    0.4111,  0.0044,  0.1464,  2.0000,
   20.7287,  0.1929,    0.4819,  0.0994,  0.2253,  0.0000,
  - 7.6911,  0.0000,    0.2900,  0.0000,  0.7100,  2.0000,
    2.7537,  0.0000,    0.7100,  0.0000,  0.2900,  0.0000,
```

맨 왼쪽이 에너지준위 값, 그 오른쪽의 4개의 값이 그 궤도의 탄소 2s, 탄소 2p, 산소

2s, 산소의 2p의 비율로 되어 있습니다. 가장 오른쪽의 숫자는 전자의 점유수 입니다. 대칭궤도를 사용하는 경우 대칭궤도 그룹별로 에너지 순으로 출력되기 때문에 **F08E**에서 출력되는 에너지 준위의 순서와 다른 부분이 있습니다.

3-3-4) Overlap Population Diagram 작성

공유결합성의 기준이 되는 유효공유결합전하의 에너지 분포도인 Overlap Population Diagram을 작성하여, 그 결합이 어떤 궤도들의 상호작용에 의해 발생하고 있는지를 확인할 수 있습니다. 우선, CO의 계산 결과를 표시하기 전에 그림 3-9에 나타낸 가장 쉬운 2원자분자인 H_2의 궤도 사이의 상호작용을 살펴봅니다. 수소는 1s 궤도에 1개 전자를 가지고 있습니다. 각각의 수소의 1s 궤도끼리 상호작용하면 원래의 궤도보다 에너지가 낮은 결합궤도와 원래의 궤도보다 에너지가 높은 반결합궤도가 생겨 2개 전자는 결합궤도에 들어갑니다. 그림 3-10은 수소 1s 궤도의 파동 함수의 상호작용을 보여줍니다. 파동 함수는 + - 부호를 가지고 있으며 같은 부호끼리의 상호작용은 결합, 다른 부호끼리의 상호작용을 반결합이라고 합니다.

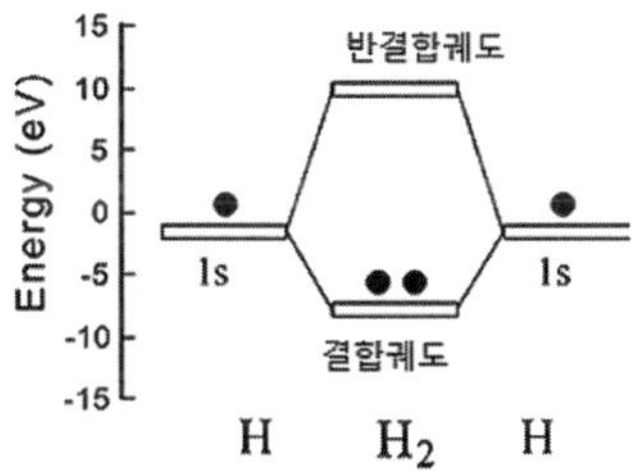

그림 3-9. H_2의 에너지 준위도

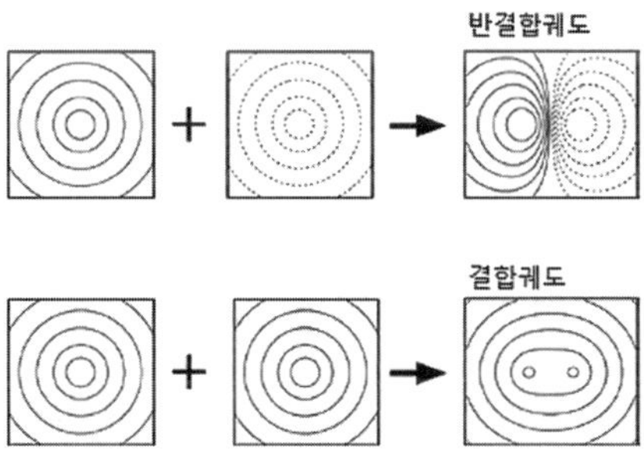

그림 3-10. H_2의 결합궤도와 반결합궤도의 등고선그림

결합적 상호작용을 포함한 분자궤도는 원래의 원자궤도보다 에너지가 낮아져 안정화하여 원자를 결합시키는 성질을 가지고 있기 때문에 결합궤도라고 불립니다. 한편, 반결합 상호작용을 포함한 궤도는 원래의 원자궤도보다 에너지가 올라 불안정하여 원자를 떨어뜨리는 성질을 가지므로 반결합궤도라고 불립니다. 이 [원자를 결합시키는] [원자를

떨어뜨리는] 것은 그 분자궤도에서 Overlap Population을 살펴보면 수치적으로 확인할 수 있습니다.

원자 사이의 공유결합성의 기준이 되는 유효공유결합전하를 확인했지만 Overlap Population은 분자궤도에 대해서 조사한 것으로, 그 값을 에너지 레벨에 맞춰 그림을 그린 것을 Overlap Population Diagram 이라고 합니다.

그림 3-11은 H_2에 대한 Overlap Population Diagram을 나타낸 것으로, 우측이 결합성분, 왼쪽이 반결합성분의 크기를 나타냅니다. 결합궤도의 Overlap Population은 0.78, 반결합궤도의 Overlap Population은 -3.52입니다. 실제 원자간 결합에 기여하는 것은 전자가 들어있는 궤도이기 때문에, H_2의 경우 원자간 유효공유결합전하는 결합궤도의 Overlap Population과 동일한 0.78입니다. 그러면 다음 2s 궤도와 2p 궤도를 가지고 원자 사이의 궤도 상호작용을 살펴보겠습니다. 그림 3-12는 2원자 사이의 2s-2s 및 2p-2p 궤도 사이에서 일어나는 상호작용을 에너지 준위 그림과 파동 함수의 모식도로 나타낸 것입니다. 여기에서는 편의상 2개의 원자는 같은 것이라고 합니다.

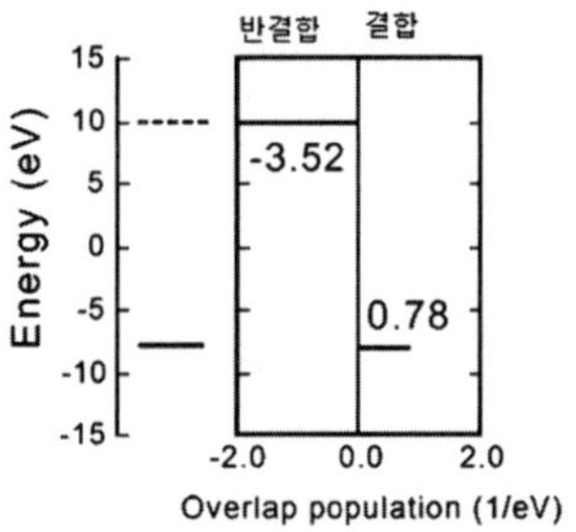

그림 3-11. H_2의 Overlap Population Diagram

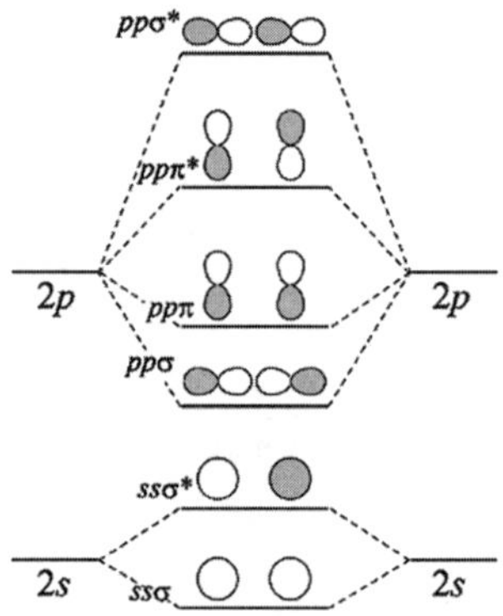

그림 3-12. H_2의 에너지 준위 그림과 파동 함수

2s 궤도끼리 상호작용을 보면 동일한 부호로 겹쳐지며 에너지가 감소하고 있는 분자궤도가 결합궤도(ssσ), 반대 부호로 겹쳐 에너지가 상승하고 있는 분자궤도가 반결합궤도(ssσ*)입니다. 2p 궤도끼리 상호작용을 하는 경우는 부호의 차이뿐만 아니라 겹치는

방식에 의해 결합방향을 향하고 있는 p 궤도끼리 상호작용하는 경우 [σ형], 결합 방향이 수직인 방향인 p 궤도끼리 상호작용하는 것은 [π형]으로 분류됩니다. [σ형]이 궤도 사이의 겹치는 방식이 크기 때문에 [π형]과 비교하면 결합궤도는 에너지가 더 감소하고, 반결합궤도는 에너지가 상승합니다. 그 결과 그림 3-11과 같은 에너지 준위가 됩니다. 또한 그림 3-12에 나타낸 바와 같이 직선 분자의 경우 결합에 수직인 방향의 2종류의 p 궤도는 방향이 다를 뿐 p 궤도 사이의 [π형]의 상호작용을 하고 2개의 분자궤도는 같은 에너지고유값을 갖습니다.

그러면 CO에서 실제로 Overlap Population Diagram을 그려봅니다. **DvMenu**의 **[LVLBNDS]**을 클릭하면 그림 3-13과 같은 화면이 나타납니다. [새 플롯]을 선택하면 아래의 윈도우에 결합 목록이 표시됩니다. CO의 경우 CO 결합 밖에 없지만 클러스터 모델에서 여러 결합이 존재하는 경우는, 해석 가능한 모든 결합의 목록이 표시됩니다. 여기서 C-O 결합을 클릭하고 에너지 레벨의 범위를 -27~25eV로 변경하고 [Ef를 0eV 표시]을 해제하고, [에너지 레벨 표시]를 확인 다음 [Lvlbnds 실행]을 클릭합니다. 계산이 완료되면 [새 플롯]에서 [플롯 선택] 으로 되고 [P 1 : C-O(1.21457) 1-2]을 클릭하면 그림 3-13과 같이 에너지 준위도와 C-O 결합의 Overlap Population Diagram이 표시됩니다. -24.4eV와 -7.7eV 분자궤도가 큰 결합성분을 가지고 있으며, -5.3eV의 분자궤도가 반결합으로 되어있는 것을 알 수 있습니다. [궤도 당 OP]를 클릭하면 각 분자궤도의 Overlap Population 값을 확인 할 수 있습니다.

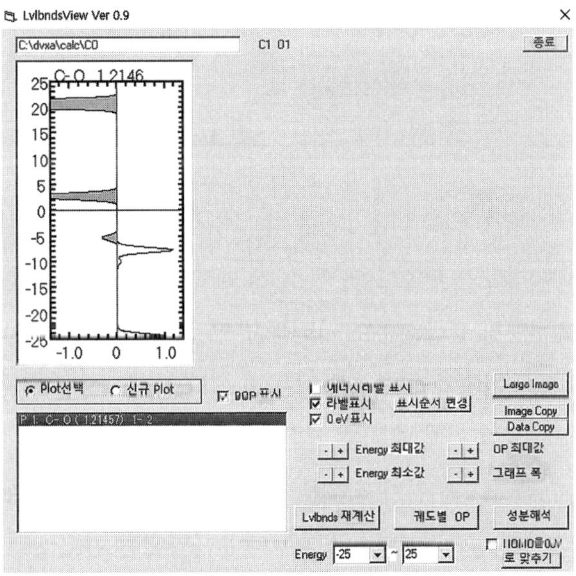

그림 3-13. LVLBNDS의 메인화면

LVLBNDS의 메인화면에서 원자간 결합에 대한 Overlap Population Diagram이 표시되었는데, 궤도성분으로 나눠 해석하고 표시할 수 있습니다. 플롯을 선택한 상태에서 오른쪽 아래의 성분 분석을 클릭하면 그림 3-14와 같은 성분분석 화면이 표시됩니다. 왼쪽에는 선택한 결합의 유효공유결합전하를 각 궤도간 상호작용으로 분해한 값이 매트릭스로 표시됩니다. 매트릭스 값을 클릭하면 해당 성분의 Overlap Population Diagram이 표시됩니다.

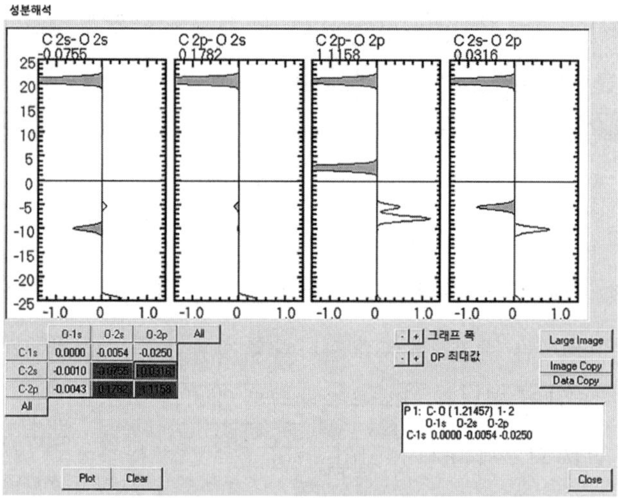

그림 3-14. LVLBNDS의 성분해석화면

그림 3-14는 탄소 2s, 2p와 산소 2s, 2p 네 가지 성분을 표시 한 것입니다. -24.4eV의 분자궤도는 탄소 2s와 산소 2s 궤도끼리 σ형 결합 성분 외에도 탄소 2p와 산소 2s 궤도간 σ형의 결합성분도 기여하고 있음을 알 수 있습니다. 또한 탄소 2s와 산소 2s 궤도간 σ형의 반결합궤도 성분은 -9.9eV의 분자궤도에 있지만 탄소 2s와 산소 2p 결합성분이 포함되어 있기 때문에, 전반적으로 약한 결합궤도로 되어 있습니다. 큰 결합성분을 가지고 -7.7eV의 분자궤도는 그림 3-6에 나타낸 탄소 2p와 산소 2p 궤도 사이의 π형의 결합궤도 성분입니다. -5.3eV의 분자궤도는 탄소 2p와 탄소 2p 궤도 사이의 σ형 결합궤도 성분을 가지고 있는데, 탄소 2s와 산소 2p 궤도 간의 반결합적인 결합성분도 포함되

어 있는 것을 알 수 있습니다. 따라서 그림 3-12에 나타낸 모식도와 달리 π형의 결합궤도 성분을 가진 -7.7eV의 분자궤도 쪽이 에너지는 낮아지고 있습니다.

3-3-5) 파동함수 그리기

에너지준위 그림과 Overlap Population Diagram을 이용한 해석을 통해 각각의 분자궤도가 어떤 원자궤도들의 상호작용으로 생기는지 알 수 있었습니다. 그러면 실제로 이러한 분자궤도는 어떤 모양을 하고 있는 걸까요? 분자궤도의 모양을 확인하기 위해 어떤 면으로 잘라냈을 때 분자궤도의 형상을 등고선으로 출력하는 프로그램을 사용합니다. 파동함수의 등고선을 그리기 위해 그리고 싶은 단면을 설정해서 그리고자 하는 분자궤도를 그립니다. DvMenu의 **[CONTR]**을 클릭하면 파동함수를 그릴 메인 화면이 나타납니다. 그 아래에 있는 [단면 설정]을 클릭하면 그림 3-15와 같은 단면 설정을 위한 화면이 나타납니다. 몇 개의 단면 설정 방법이 준비되어 있는데, 이번에 계산된 CO 분자는 Z축에 원자가 있으므로 [ZX 단면] 또는 [YZ 단면]을 선택합니다. 단면을 설정하면 왼쪽 아래에 단면 이미지가 표시됩니다. 초기설정에서는 단면의 크기가 10Å×10Å으로

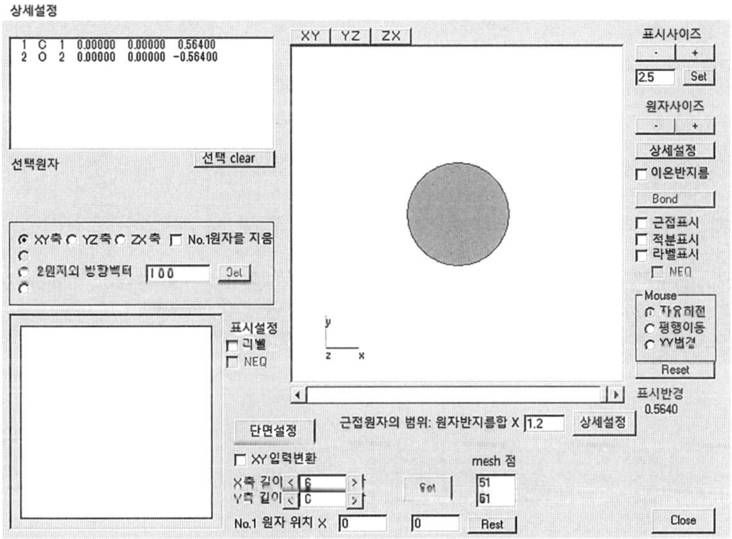

그림 3-15. CONTR의 단면 설정 화면

설정되어 있습니다. CO 분자의 파동함수를 표시하기에 약간 넓기 때문에 오른쪽에 있는 [X축 길이] 및 [Y축 길이]에서 화면 크기를 조정합니다. 여기에서는 6Å×6Å으로 다시 구성합니다. 마지막으로 [단면 결정] 버튼으로 단면을 결정한 뒤 [Close] 버튼을 눌러 화면을 닫습니다.

다음으로 그림3-16의 메인화면에서 그리고자 하는 파동함수를 선택합니다. 왼쪽의 윈도우에 모든 분자궤도 목록이 표시됩니다. 그리고자 하는 분자궤도를 클릭하여 선택합니다. 여기에서는 에너지준위도에서 -24.4~20.7eV 범위에 있는 6개의 파동함수를 선택합니다. CO 분자처럼 간단한 클러스터 모델의 경우 내각궤도를 제외한 모든 분자궤도를 선택할 수 있지만 큰 클러스터 모델의 경우 분자궤도 수가 1000개 이상이 되는 경우도 있습니다. 그런 경우는 [정렬] 버튼을 누르면 Orbital Population과 Overlap Population 값으로 분자궤도를 정렬하여 표시할 수 있기 때문에 주목하고 있는 분자궤도를 선택할 수 있습니다. 그릴 분자궤도 선택이 완료된 후 [Contr 실행] 버튼을 누르면 파동함수의 단면 데이터가 생성됩니다. 작성이 완료되면 오른쪽의 위에 선택한 분자궤도의 목록과 전자밀도를 나타내는 **CHG**가 나타나므로 그리고 싶은 것을 클릭합니다. 그림 3-17에 분자궤도의 파동함수 중 w3~w8까지의 등고선 그림을 보여줍니다. 그림 3-12의 궤도간 상호작용의 모식도과 크게 다른 것은 Overlap Population Diagram을 이용한 분석에서도 설명했듯이, 2s 궤도와 2p 궤도 사이에 상호작용이 발생기 때문입니다. 그 결과 CO 분자의 파동함수는 그림 3-12의 모식도와는 달리 다소 복잡하게 나타나게 됩니다. 예를 들어 탄소 2s와 산소 2s의 결합궤도인 -24.4eV의 w3은 H_2분자의 1s 궤도간 결합궤도인 파동함수와 달리 탄소원자의 오른쪽에 2s 궤도의 퍼짐이 없습니다. 이것은 탄소의 2p 궤도의 성분도 포함되어 있기 때문에 2s 궤도와 반대 부호의 2p 궤도 성분이 상쇄되었기 때문입니다.

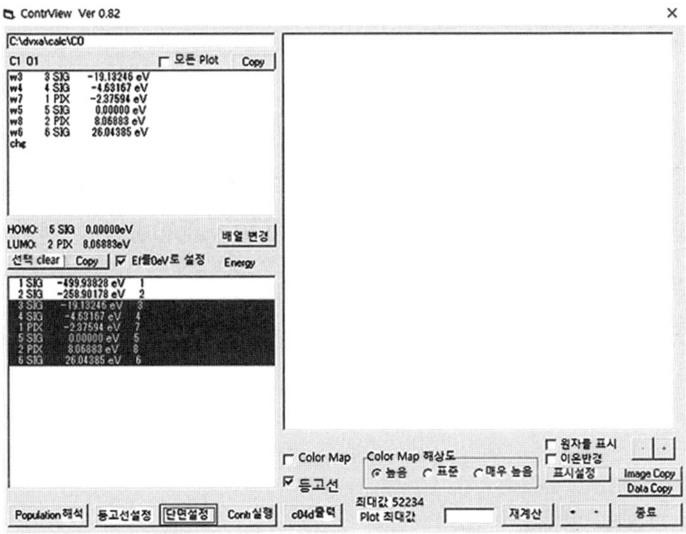

그림 3-16. CONTR의 등고선을 그린 후 메인화면

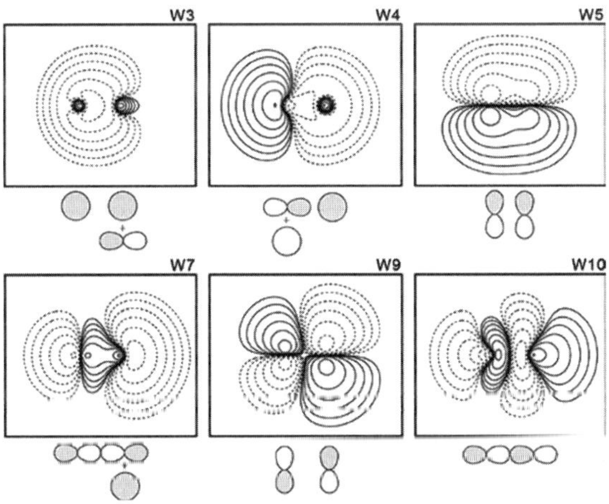

그림 3-17. CO 파동함수의 등고선 그림

3-4. 계산 결과를 보는 기본적인 방법(2)

앞 절에서는 CO 분자를 예로 들어 DV-Xα 분자궤도 계산에 의해 얻어지는 에너지준위도, 유효전하, 유효공유결합전하에 대해 알아보았습니다. 그러면 CO 분자의 전자상태라는 것은 다른 분자와 비교할 때 어떤 특징을 가지고 있다고 말할 수 있을까요? 여기서는 주기율표에서 같은 주기에 속하는 2원자 분자인 LiF와 N_2를 비교하여 그 전자상태의 차이를 살펴보겠습니다. 또한 3원자 이상의 분자인 H_2O 분자의 전자상태에 대해 알아보고자 합니다.

3-4-1) LiF 및 N_2 분자

LiF에서 원자간 거리는 1.564Å, N_2는 1.098Å입니다. 다른 분자를 계산할 때 CO 분자와 같은 순서로 새롭게 계산 폴더를 만듭니다. CO 분자에서 만든 **F01**을 바탕으로 LiF의 **F01**을 만들 경우 CO에서 이용한 **F01**을 복사하여 두 번째 및 세 번째 행의 부분을

Z	NEQ	XD	YD	ZD
3	1	0.0000000000	0.0000000000	0.7820000000
9	2	0.0000000000	0.0000000000	− 0.7820000000

로 고쳐 씁니다. 다음 순서는 CO와 같은 순서로 **MAKEF05**로 입력 데이터 **F05**을 작성하고 **DVSCAT**을 실행합니다. N_2 분자에서 **MAKEF05**을 실행하면 Symmetry는 [33D8h가 선택되는데 원자가 같은 대칭 그룹에 속하면 그 원자간 유효공유결합전하를 계산할 수 없기 때문에, [32C8v]을 선택하고 [Remake F25]에서 대칭궤도 데이터를 다시 생성 후 [MAKEF05]를 실행합니다. 계산 결과를 보도록 하겠습니다. 계산 결과를 보기 위해 사용하는 프로그램은 CO의 예와 동일하므로 프로그램의 설명은 생략합니다. 우선 이온결합성의 기준이 되는 유효전하와 공유결합성의 기준이 되는 유효공유결합전하를 알아보겠습니다. 유효전하는 전하의 이동량으로 각각 다음과 같이 되어 있습니다.

	전하의 이동량	유효공유결합전하
N_2	N으로부터 N 0.003	1.428
CO	C으로부터 O 0.190	1.214
LiF	Li으로부터 F 0.660	0.385

N_2의 경우는 본래 전하의 이동은 없을 것인데, 이번은 동등하게 비교하기 위해 2개의 질소의 종류를 다른 것으로 구분했기 때문에 다소 전하의 이동이 일어나는 것처럼 보입니다. 그러나 다른 2개와 비교하면 실질적으로는 0으로 간주할 수 있습니다. 물론 같은 종류로 계산을 하면 전하의 이동량은 0이 됩니다. 결과를 보면 N_2, CO, LiF 순으로 전하의 이동이 증가하고, 반대로 공유결합전하는 저하하고 있습니다. 즉 원자 간의 결합이 공유결합적인 것에서 이온결합적인 것으로 변화하고 있는 것을 알 수 있습니다.

그러면 이러한 결과는 에너지준위 그림에서는 어떻게 나타날까요? 그림 3-18에 N_2, 그림 3-19에 LiF의 에너지준위 그림을 보여줍니다.

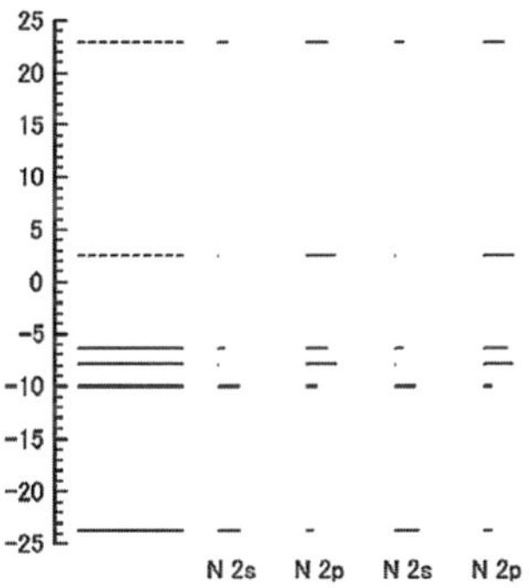

그림 3-18. N_2의 에너지 준위도

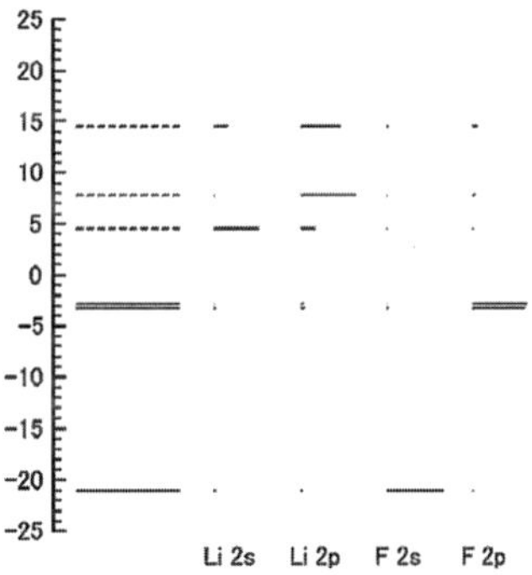

그림 3-19. LiF의 에너지 준위도

우선, N_2에 대해 각각의 분자궤도의 성분들을 살펴보겠습니다. 왼쪽부터 1번째 질소 2s, 2p, 두 번째 질소 2s, 2p 궤도의 성분을 나타냅니다. 2개의 질소 성분은 어느 쪽 분자궤도에서도 거의 같은 성분을 가지고 있습니다. 이것은 동일한 원자의 2원자 분자이므로 당연한 결과이지만, 어떤 분자궤도도 2개의 질소 성분이 동일한 만큼 섞여 있는지를 보여줍니다. 그림 3-7에 나타낸 CO를 보면, N_2 정도는 아니지만, -5~-10eV의 분자궤도에서 탄소와 산소 원자궤도가 섞여있는 것을 알 수 있습니다. 그림 3-19의 LiF를 살펴봅니다. 왼쪽에서 오른쪽으로 Li 2s, 2p, F 2s, 2p 궤도성분을 나타냅니다. LiF의 경우 N_2와 CO의 경우와 달리, 어떤 분자궤도를 봐도 Li 와 F 성분은 거의 섞여 있지 않습니다. 가전자대을 보면 -20eV 부근의 분자궤도는 거의 F 2s, -4eV 부근의 분자궤도는 거의 F 2p만으로 구성되어 있는 것을 알 수 있습니다.

이러한 결과로 부터 공유결합적인 것은 2원자간 원자궤도가 서로 섞여 있으며, 이온결합적인 것은 2원자의 원자궤도가 서로 섞여 있지 않다는 것을 알 수 있습니다.

그럼 왜 이런 결과가 되는 걸까요? 이것은 각 원자들의 원자궤도들에 대한 에너지준위들의 상대적인 위치 관계가 크게 영향을 줍니다. 그림 3-20에 2개의 원자궤도 사이의 상호작용을 모식도로 보여줍니다. 여기에서는 편의상 두 궤도 사이에서만 상호작용이 있다고 하고 각 궤도 당 하나의 전자만을 가지고 있다고 합니다.

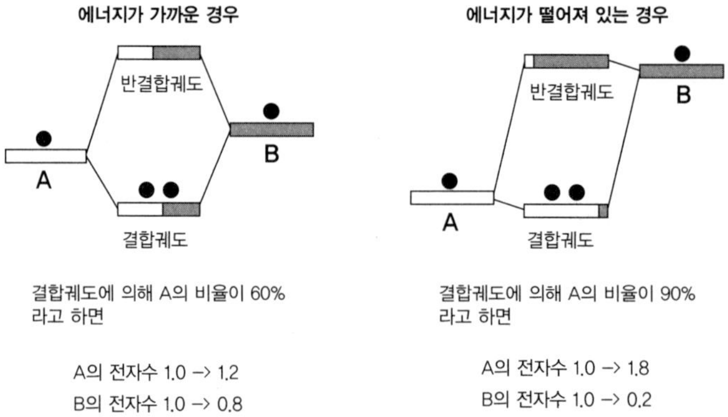

그림 3-20. 에너지 준위의 위치관계에 의한 궤도간 상호작용의 차이

우선 두 궤도의 에너지준위가 가까운 경우는 두 궤도 사이에 강한 상호작용이 일어나 원래의 궤도보다 낮은 에너지를 갖는 결합궤도와 에너지가 높은 반결합궤도가 형성됩니다. 그리고 각각의 전자는 결합궤도에 들어갑니다. 또한 에너지 준위가 가까운 원자궤도간의 상호작용이 일어나고 형성된 궤도는 각각의 원자궤도가 서로 섞여 있어 두 원자 사이에선 강한 공유결합적인 결합이 생깁니다. 다음으로 두 궤도의 에너지 준위가 떨어져

있는 경우에는 두 궤도 사이의 상호작용은 약하고, 원래의 원자궤도보다 약간 낮은 에너지의 결합궤도와 원래의 원자궤도보다 약간 에너지가 높은 반결합궤도가 형성됩니다. 그런데 이런 경우에는 각각의 궤도의 성분은 거의 섞이지 않고 두 원자 사이의 공유결합은 매우 작습니다. 그러나 전자의 이동에 주목하면 처음에는 A와 B 궤도는 하나의 전자를 가지고 있었지만, 예를 들면 결합궤도에서 A 성분의 비율을 0.9라 하면 A 원자의 전자수는 2×0.9=1.8, B 원자의 전자수 2×0.1=0.2가 되어, B 원자에서 A 원자로 0.8개의 전자가 이동합니다. 반대로 에너지 준위가 가까운 경우의 결합궤도 A 성분을 0.6으로 하면 B원자에서 A원자로 0.2개의 전자가 이동합니다. 즉 에너지 준위가 가까운 경우에는 강한 공유결합적인 상호작용이 발생하고, 전자의 이동은 작은데 반해, 반대로 에너지 준위가 떨어져있는 경우에는 공유결합적인 상호작용은 작지만, 전자의 이동이 크고, 이온결합적인 상호작용이 생기게 됩니다. 또한 에너지 준위가 완전히 동일한 경우, 즉 N_2와 같은 동일한 원자 사이에서 동일한 비율로 혼합된 분자궤도가 형성되므로 공유결합적인 상호작용이 강하고, 전자의 이동은 일어나지 않기 때문에 이온적인 상호작용은 발생하지 않습니다. 주기율표의 제2주기는 Li, Be, B, C, N, O, F, Ne 인데, 같은 주기에 속하는 경우 원자번호가 커지면, 즉 왼쪽에서 오른쪽으로 감에 따라 원자궤도의 에너지준위는 내려합니다. 따라서 주기표에서 다른 원소를 사이에 끼여 있는 CO의 경우는 상대적으로 에너지 준위가 가깝기 때문에 공유결합적인 상호작용이 강하고, 꽤 떨어져 있는 LiF의 경우 이온결합적인 상호작용이 강해집니다.

3-4-2) H_2O 분자

2원자 이상의 분자로서 H_2O 분자를 예로 다뤄봅니다. H_2O 분자의 H와 O사이의 거리는 0.957Å이고 결합각은 104.5°입니다. 이 데이터를 기반으로 좌표를 구합니다. 지금까지와 같은 방식으로 계산을 위한 폴더를 만들고 CO의 계산에 이용한 **F01**을 복사하여 좌표 부분을 다음과 같이 작성합니다.

Z	NEQ	XD	YD	ZD
8	1	0.0000000000	0.0000000000	0.0000000000
1	2	0.7566900000	0.0000000000	− 0.5858900000
1	2	− 0.7566900000	0.0000000000	− 0.5858900000

H_2O 분자에서 2개의 수소는 같은 종류로 취급합니다. 즉 수소는 **NEQ 2**로 합니다. 같은 원자인데도 다른 환경(배위수와 결합거리 등)에 있는 경우는 다른 종류로 계산합니다. 지금까지와 같은 방식으로 **MAKEF05**에서 입력데이터 **F05**을 작성하여 **DVSCAT**을 실행시킵니다.

그럼 계산 결과를 보도록 합니다. DvMenu의 [Structure]를 사용하여 유효전하를 살펴보면

```
1 O ( 1) - 0.70426
2 H ( 2)   0.35213
```

로 되어 있습니다. 유효전하는 원자 단위가 아니라 종류별로 계산됩니다. 즉, H_2O에 수소가 두 개 있지만, 같은 종류로 계산을 했기 때문에 수소는 1개만 표시됩니다. 이 결과로부터 수소에서 산소로 전자가 이동하고 있는 것을 알 수 있습니다.

다음으로 공유결합성의 기준이 되는 유효공유결합전하를 사용하여 알아보겠습니다. [Structure]에서 [BOP를 계산]을 클릭한 후 산소 원자를 선택하면 다음과 같이 표시됩니다.

```
   1   O- H ( 2  -3)  0.62110
Ave:   O- H           0.62110
```

O-H 결합은 2개가 있는데, 2개의 수소는 같은 대칭궤도 그룹에 속하기 때문에 동종결합으로 간주되어 하나의 값이 표시됩니다. 이 값은 2개의 결합에 대한 값이 아니라 1결합당 값으로 표시되어 있습니다. 유효전하와 유효공유결합전하는 소수점 이하 5자리로 표시되어 있습니다만, 유효 숫자는 대체로 소수점 이하 2~3자리로 생각하면 됩니다.

LVLSHM을 이용하여 에너지준위도를 그려봅니다. CO 분자의 계산 예와 마찬가지로 [일괄 설정]에서 그리는 궤도를 선택하고 [Lvlshm 계산]을 클릭합니다. 그림 3-21에 나

타낸 H_2O의 에너지준위의 계산 결과를 보면 -22eV 부근의 분자궤도는 산소 2s 궤도에 약간의 수소 1s 궤도가 섞여 있습니다. 또한 -10eV 부근의 분자궤도는 산소 2p 궤도와 수소 1s 궤도가 섞여 있습니다. -5eV보다 조금 더 높은 산소의 2p 궤도는 대부분 다른 궤도와 혼합하지 않고 다른 궤도와 상호작용하지 않습니다.

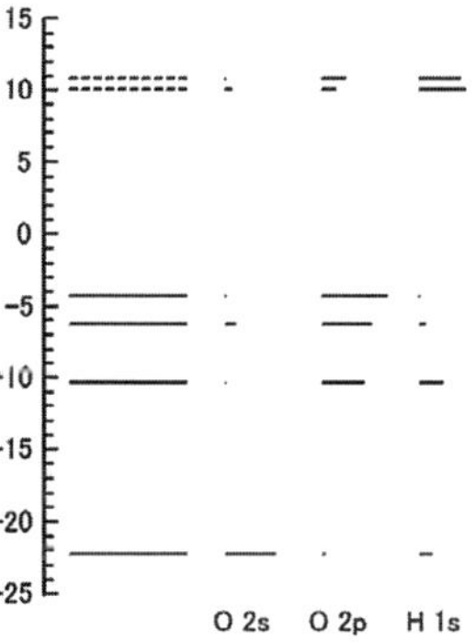

그림 3-21. H_2O 에너지준위도

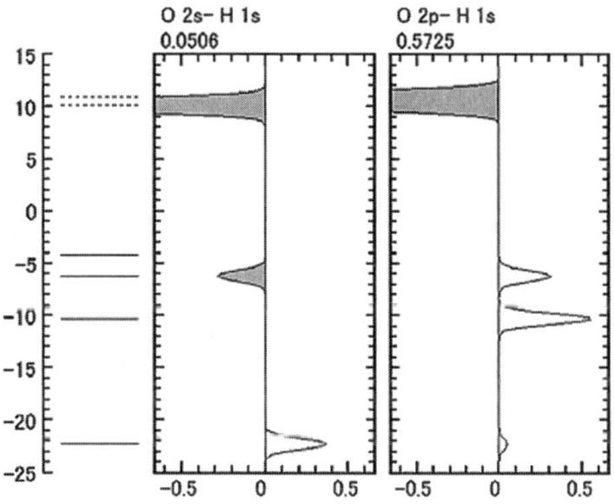

그림 3-22. H_2O에서 H-O 결합의 Overlap Population Diagram의 성분해석

이와 같은 분자궤도가 H-O 결합에 어떻게 기여하고 있는지를 **LVLBNDS**을 이용하여 Overlap Population Diagram을 작성하여 살펴보겠습니다. 그림 3-22 **LVLBNDS**의 [성분분석]을 이용하여 생성된 수소 1s와 산소 2s, 2p 궤도 간의 Overlap Population Diagram을 보여줍니다. -22eV 부근의 분자궤도는 수소 1s 궤도와 산소 2s 궤도 사이의 결합궤도임을 알 수 있습니다. -10eV 부근 및 -6eV 부근의 분자궤도는 수소 1s와 산소 2p 궤도 사이의 결합궤도 성분이 포함되어 있고, -6eV 부근의 분자궤도는 수소 1s와 산소 2s 궤도 사이의 반결합궤도 성분이 포함되어 있는 것을 알 수 있습니다. 또한 다른 궤도는 거의 섞여 있지 않은 -5eV보다 조금 더 높은 산소 2p 궤도는 H-O 결합에 기여하지 않습니다.

이러한 결과를 수치에 기반하여 정량적으로 확인하려면 명령 프롬프트에서 실행할 수 있는 **POPANL** 또는 **POPANLS**을 사용합니다. 여기에서는 각 분자궤도에 대해 더 자세히 조사할 수 있는 **POPANLS**를 이용해보십시오. **POPANL**을 실행하면 출력파일 **F08P**에는 각 분자궤도를 구성하는 원자궤도의 비율이 출력됩니다. **POPANLS**을 실행하면 출력파일 **F08P**는 자기양자수로 구분한 원자궤도의 비율과 원자궤도 사이의 공유결합성을 나타내는 Overlap Population 값이 출력됩니다. 원자 사이의 공유결합성의 기준이 되는 것은 유효공유결합전하(Bond Overlap Population)이며, 유효공유결합전하가 점유하고 있는 분자궤도의 원자궤도간 Overlap Population을 합한 것입니다.

H2O의 F08P 일부

```
   MULLIKEN POPULATION ANALYSIS OF  a1   FOR
  LEVEL
                  !
E(  2)       -22.2682 EV
 ( 1 1s) 0.0000  ( 1 2s) 0.7712  ( 1 2p) 0.0445  ( 2 1s) 0.1843   종류별 원자궤도의 비율

  1 1s 0 0.0000   1 2s 0 0.7712   1 2p 0 0.0445   2 1s 0 0.1843   원자당 원자궤도의 비율
                                                                  (자기양자수도 구별해서 표시)
        1 1s 0  1 2s 0  1 2p 0  2 1s 0
 1 1s 0  0.0003                                  원자궤도간 Overlap Population
 1 2s 0  0.0000  0.6569
 1 2p 0  0.0000 -0.0002  0.0292
 2 1s 0 -0.0003  0.1144  0.0154  0.0548

E(  3)        -6.2024 EV
 ( 1 1s)-0.0000  ( 1 2s) 0.1398  ( 1 2p) 0.7576  ( 2 1s) 0.1026

  1 1s 0-0.0000   1 2s 0 0.1398   1 2p 0 0.7576   2 1s 0 0.1026

        1 1s 0  1 2s 0  1 2p 0  2 1s 0
 1 1s 0  0.0006
 1 2s 0 -0.0000  0.2284
 1 2p 0  0.0000  0.0006  0.6603
 2 1s 0 -0.0006 -0.0891  0.0967  0.0956
                  !
   CHRG OF  a1  BLOCK

        1 1s 0  1 2s 0  1 2p 0  2 1s 0
 1 1s 0  2.0023                                 전자의 점유수와 원자궤도간 Overlap Population의 곱을
 1 2s 0 -0.0000  1.7707                         대칭궤도 그룹에 속해있는 모든 분자궤도에 대해서 더한
 1 2p 0  0.0000  0.0007  1.3792                 값
 2 1s 0 -0.0020  0.0506  0.2242  0.3007

            NO. OF ELECTRONS IN I ORBITAL OF X ATOM

 ( 1 1s 0)  2.0003  ( 1 2s 0)  1.8220  ( 1 2p 0)  1.6041  ( 2 1s 0)  0.5736

                    CHRG(X ATOM, Y ATOM)

( 1)       5.1536                      같은 원자에 속한 원자궤도간의 값을 더해서 원자간 값으
( 2)       0.5457      0.3007          로 변환시킨 수치
                  !
   MULLIKEN POPULATION ANALYSIS OF  b1   FOR
  LEVEL

E(  1)       -10.3171 EV
 ( 1 2p) 0.6389  ( 2 1s) 0.3611  (

  1 2p 1 0.6389   2 1s 0 0.3611

                  !
                    CHRG(X ATOM, Y ATOM)

( 1)       0.9296
( 2)       0.6965      0.3739


   MULLIKEN POPULATION ANALYSIS OF  b2   FOR
  LEVEL

E(  1)        -4.2459 EV
 ( 1 2p) 1.0000  (

  1 2p-1 1.0000
```

그러면 H_2O에 있어서 POPANLS의 결과를 봅니다. 이전 페이지에 있는 F08P는 그림 3-21의 에너지준위도에서 0~-25eV의 분자궤도에 대한 부분입니다. H_2O의 계산은 대칭성을 이용한 대칭궤도를 이용한 계산이기 때문에 대칭궤도 그룹마다 결과가 출력되고 있습니다.

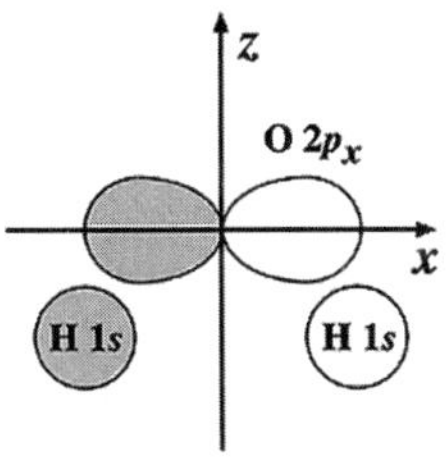

그림 3-23. H_2O에 있어서 산소 $2p_x$ 궤도와 수소 1s 궤도의 모식도

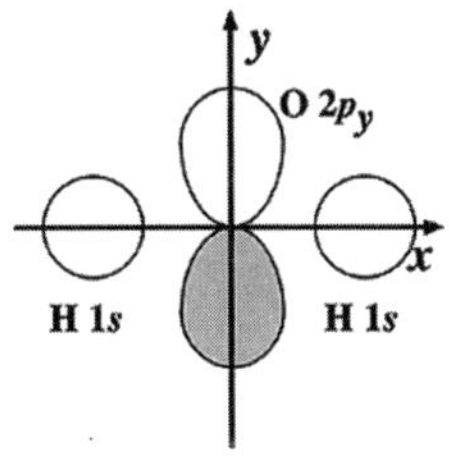

그림 3-24. H_2O에 있어서 산소 $2p_y$ 궤도와 수소 1s 궤도의 모식도

표 [H2O의 F08P의 일부]에서 먼저 -22.268eV와 -6.2024eV의 분자궤도는 a1이라는 대칭궤도 그룹에 속해 있습니다. 분자궤도의 대칭궤도 그룹은 에너지 준위가 출력되는 **F08E**에서도 확인할 수 있습니다. **F08P**의 각 분자궤도에 대해서 출력되는 값은 세 가지가 있습니다. 첫 번째가 원자종류(**NEQ**) 당 원자궤도의 비율, 두 번째가 자기양자수까지로 구분한 1원자당 원자궤도의 비율, 세 번째가 원자당 원자궤도간의 Overlap Population 입니다. -22.268eV의 분자궤도를 이용하여 구체적으로 설명하면, H_2O의 계산은 첫 번째 종류를 산소, 두 번째 종류를 수소로 계산하기 때문에 첫 번째 블록 "(1 2s) 0.7712"는 산소 2s 궤도의 비율 "(2 1s) 0.1843"는 수소의 1s 궤도의 비율을 보여줍니다. 즉 이 분자궤도는 주로 산소 2s 궤도와 수소 1s 궤도로 구성되어 있는 것을 알 수 있습니다. 두 번째 블록도 수치상으로는 같은 값이 출력되는데, 첫 번째 숫자는 유형 분류가 아니라 원자의 일련번호에 대응하고 있습니다. 수소는 2개 있지만 동일한 대칭궤도 그룹에 속한 동종의 원자는 대표 원자로 불리는 하나의 원자로 정리된 값이 표시되므로 두 번째 수소만 표시되어 있습니다. 세 번째 블록은 원자궤도간 Overlap Population이 3각 매트릭스로 표시되어 있습니다. "1 2s 0"과 "2 1s 0" Overlap Population은 0.1144

로 되어 있는데, 이 값은 첫 번째 산소와 두 번째 수소간의 overlap population만 아니라 첫 번째 산소와 세 번째 수소 간의 overlap population도 포함된 값이 됩니다.

-6.202eV의 분자궤도에 주목하면 두 번째 블록은 "1 2p 0 0.7576"으로 표시되어 있습니다. 여기서 세 번째 0은 2p 궤도의 자기양자수를 나타내며, 그림 3-25에 나타낸 바와 같이, $2p_z$ 궤도에 대응합니다. 즉, 이 분자궤도는 산소 2s 궤도가 0.1398, 산소 $2p_z$ 궤도가 0.7576, 수소의 1s 궤도가 0.1026로 구성되어 있는 것을 알 수 있습니다. 대칭궤도 그룹의 출력 마지막에는 "CHRG OF a1 BLOCK"이 표시되어 있습니다. 여기에는 각 분자궤도의 전자의 점유수와 원자궤도 간의 Overlap Population의 곱을 대칭궤도 그룹에 속하는 모든 분자궤도에 대해 더해진 값이 출력됩니다. 즉 실제로 결합에 기여하는 원자궤도 간의 Overlap Population 값을 보여줍니다. 예를 들어, "1 2s 0"과 "2 1s 0"의 값은 0.2242로 되어 있지만, 이 값은 $2\times(0.0154+0.0967)=0.2242$로 구할 수 있습니다.

그 아래에 출력되는 "NO. OF ELECTRONS IN I ORBITAL OF X ATOM"은 대칭궤도 그룹에 속하는 분자궤도 전체의 각 원자궤도의 전자 점유수를 나타내며, 마지막에 출력되는 "CHRG(X ATOM, Y ATOM)"에선 같은 원자에 속하는 원자궤도간 Overlap Population을 더해 원자간 값으로 변환된 값이 출력됩니다. 여기에 출력되는 0.5457은 원자궤도간의 Overlap Population의 마지막 열의 값들을 더해 2배 한, 즉 $(-0.0020+0.0506+0.2242)\times2=0.5457$로 되어 있습니다. 마지막 2배는 3각 매트릭스에 표시되지 않은 반대편 성분도 고려하기 때문입니다. 또한 대칭궤도 그룹의 마지막에 출력되는 원자의 Overlap Population 값을 합한 것이, 원자간 공유결합성의 기준이 되는 유효공유결합전하에 해당합니다. DvMenu의 [Structure]에서 산소와 수소간 유효공유결합전하의 값을 조사하면 0.6211인데, 이 수치는 a1 그룹과 b1 그룹 "CHRG(X ATOM, Y ATOM)"에 출력되어 있는 0.5457와 0.6965를 더해서 2로 나눈 값입니다. 2로 나눈 것은 이미 설명한 바와 같이 첫 번째 산소와 두 번째 수소 사이의 값 이외에 1번째 산소와 세 번째 수소 사이의 값도 포함되어 있기 때문입니다. [Structure]에 출력되는 유효한 공유 결합 전하의 값은 항상 1결합당 값이 됩니다. 그러면 b1 그룹에 속하는 -10.317eV의 분자궤도 대해 어떤 원자궤도로 구성되어 있는지를 살펴봅시다. 두 번째 블록에 출력되는 값을 살펴보면 산소 $2p_x$ 궤도가 0.6389, 수소 1s 궤도가 0.3611로 구성되어있는 것을 알 수 있습니다. 이 분자궤도를 모식적으로 나타내면 그림 3-23과 같이 됩니다. 한편, b2 그룹을 보면 산소 $2p_y$ 궤도성분 밖에 포함되지 않은 것을 알 수 있습니다. 이것은 그림 3-24의 산소 $2p_y$ 궤도와 수소의 1s 궤도의 모식도에서도 알 수 있듯이 산소 $2p_y$ 궤도의 +부분과 -부분이 정확히 같음으로 수소 1s 궤도와 겹쳐져 상쇄하기 때문에 결합을 할 수 없게 됩니다.

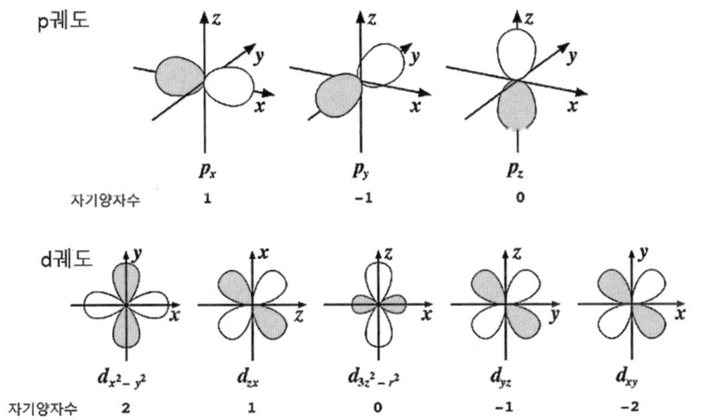

그림 3-25. p 궤도와 d 궤도에 있어서 자기양자수와 원자궤도의 관계

그러면 이러한 궤도 사이의 상호작용의 모습을 파동함수의 등고선에서 확인해 봅시다. H_2O의 **F01**를 보면, Y 좌표 값이 모두 0으로 되어 있기 때문에, ZX 단면의 등고선을 작성하면 됩니다. **CONTR**을 이용하여 ZX 단면을 설정하고 -23~-4eV 사이에 있는 4개의 분자궤도에 대해서 파동함수의 등고선을 만듭니다.

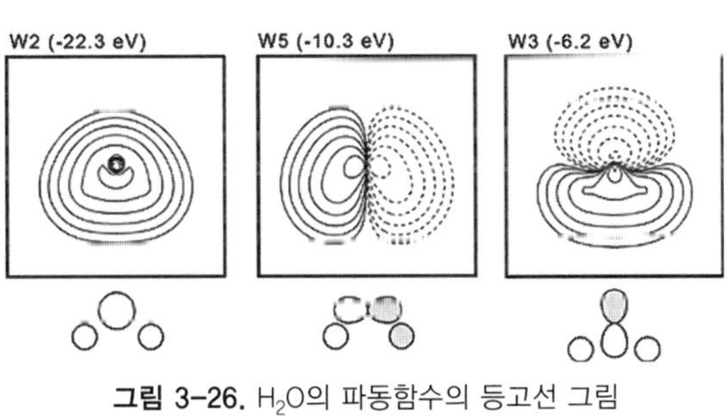

그림 3-26. H_2O의 파동함수의 등고선 그림

그림 3-26은 그 결과를 나타낸 것으로 먼저 -22.3eV의 분자궤도인 w2는 수소 1s와 산소 2s의 결합적인 상호작용을 하고 있습니다. 다음으로 -10.3eV의 분자궤도인 w5는 산소 $2p_x$ 궤도가 수소 1s 궤도가 결합적으로 상호작용하고 있는 것을 나타냅니다. 한편, -6.2eV의 분자궤도인 w3은 산소 $2p_z$와 수소 1s 궤도가 결합적 상호작용을 하고 있는데, Overlap Population Diagram으로 조사한대로 산소 2s와 수소 1s는 반결합적인 상호작용이 이 분자궤도에 포함되어 있습니다. -4.2eV의 분자궤도인 w7을 선택해도 아무것도 나타나지 않습니다. 이것은 이 분자궤도가 산소 $2p_y$ 성분인 ZX 단면이 $2p_y$ 궤도의 절(node)의 위치에 해당하기 때문입니다. $2p_y$ 궤도는 ZX면에 부호가 바뀌는 반대칭으로 되어 있기 때문에 ZX면에 있는 수소 1s 궤도와는 상호작용할 수 없습니다.

3-5. 계산의 흐름

실제로 계산할 때 계산의 흐름을 그림으로 보여줍니다. DV-Xα법 계산은 입력데이터를 만드는 것으로부터 시작됩니다.

이 경우에는 클러스터에 포함된 원자 수, 원자 종류, 원자 좌표가 필요합니다. **f01**파일이 입력 데이터입니다. 이 입력 데이터가 있다면, 계산 프로그램을 실행하여 DV-Xα법 계산을 합니다. 이 계산은 self-consistent 될 때까지 반복하게 됩니다. 수렴하기 쉬운 클러스터의 경우에는 프로그램이 자동 판정을 하여 계산이 종료되지만, 복잡하거나 불안정한 전자상태를 가지는 클러스터의 경우에는 초기 설정된 반복 횟수로는 수렴하지 않을 수 있습니다. 이때에는 계산의 수렴 상황을 보고 다시 계산합니다. 수렴한 결과를 얻은 후, 분자궤도의 에너지 레벨 구조와 전자밀도, 파동함수, 상태밀도 등을 그림 그리기용 프로그램을 사용하여 작성합니다.

자세한 계산 과정을 나타낸 흐름도를 다음 그림에 나타냅니다.

DV-Xα 분자궤도 계산 프로그램 [SCAT]

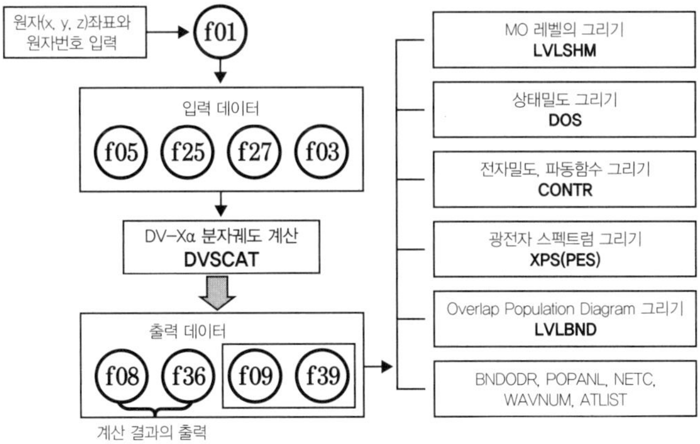

SCAT 계산 흐름

SCAT에서는 초기 데이터를 바탕으로 원자궤도함수를 구합니다. 이것을 바탕으로 분자 내에서 전자가 느끼는 정전포텐셜과 분자의 전자밀도 분포를 계산합니다. 그 후, 분자궤도를 구하기 위해선 필요한 각각의 적분항을 수치계산을 함으로서 분자궤도를 구합니다. 얻어진 분자궤도에 대해 Mulliken의 전자밀도 해석을 한 후 계산의 초기값과 비교하여 일치하지 않는 경우에는 초기값과 최종값을 혼합하여 다음 계산의 초기값으로 사용합니다. 이 계산을 반복하여, 최종적으로 각 원자의 원자궤도 점유수에 대해 계산의 초기값과 결과값이 일치할 때에 종료 판정합니다. 이 방법이 Self Consistent Charge : SCC 방법입니다.

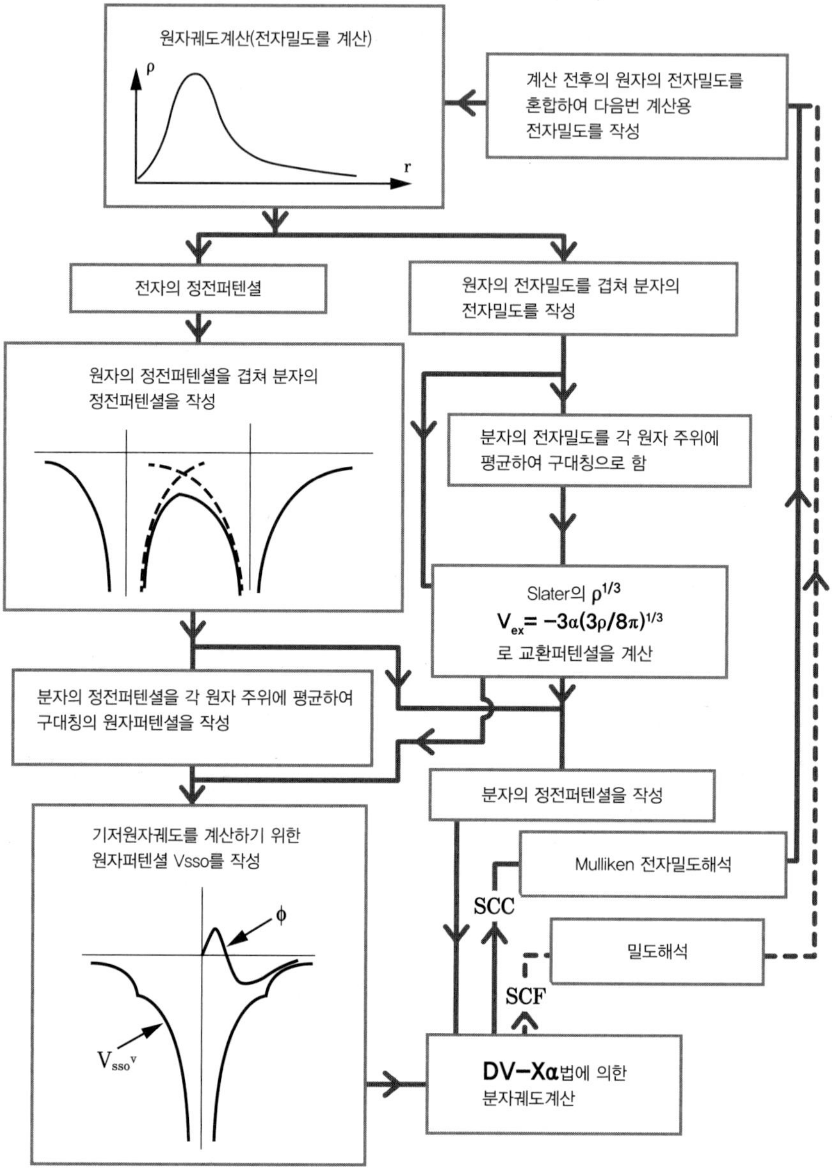

DV-Xα 수치기저법 프로그램 [SCAT] 흐름

3-6. DV-Xα 분자궤도 계산의 기본 조작

3-6-1) 입력 파일 만들기

CO분자의 계산을 위한 디렉토리를 만들었습니다. 실제로 DV-Xα 분자궤도 계산 프로그램을 실행하는 경우

F05	메인의 입력파일
F03	madelung 포텐셜의 데이터
F25	대칭궤도 데이터

의 입력파일이 필요합니다. CO와 같은 간단한 분자 계산의 경우는 **F03**과 **F25**는 준비 할 필요는 없고, **F05**만으로 계산을 할 수 있습니다.

입력파일 **F05**는 다소 복잡한 형태로 되어 있습니다만, **F01** 파일과 **MAKEF05** 프로그램을 이용하면 **F05**을 쉽게 만들 수 있습니다. 디렉토리 **~/ex/co**에는 미리 CO의 **F01**를 포함한 입력파일, 출력파일이 준비되어 있습니다.

F01은 크게 점선으로 구분된 3개의 블록으로 구성되어 있습니다. 첫 번째 블록은 좌표와 원자의 종류에 대한 설정, 두 번째 블록은 이온 계산에 사용하는 초기 전하의 설정, 마지막 블록은 계산 조건에 대한 설정입니다. CO와 같이 간단한 분자의 계산은 첫 번째 블록의 좌표와 원자 종류의 설정만으로 계산이 가능합니다. 첫 번째 줄은 각각의 데이터 항목을 나타내는 것으로, 실제 입력은 두 번째 줄에서 시작됩니다. 두 번째 행의 값은 각각 Z 원자의 원자 번호, NEQ 원자의 종류 번호, X, Y, Z 좌표(단위 Å)(주 : 2원자 분자의 경우 일반적으로 결합 방향을 z축으로 합니다)을 나타냅니다. 이 CO의 **F01**에서 원자 종류를 나타내는 NEQ는 탄소를 첫 번째, 산소를 두 번째로 하는데, 다른 원자의 경우에도 동일한 화학적 환경에 있다고 생각되는 경우에는 같은 종류로 간주합니다.

예를 들면 H_2O의 경우 2개의 수소는 같은 종류로 간주하여 동일한 NEQ 값으로 합니다. 각각의 숫자는 1행에 나와 있는 테두리 안에 들어가도록 쓰고 있습니다.(아래 데이터

형식 참조) 여기에서는 먼저 ~/ex/co의 **F01**을 그대로 이용하기로 합니다.

CO 에 있어서 **F01** (원자간거리 1.128 Å)

```
| Z ||NEQ||    X     ||    Y     ||    Z     |
    6    1   0.00000   0.00000   0.56400
    8    2   0.00000   0.00000  -0.56400
---------------------------------------------
|NEQ||  CHG   ||U/D||   RD   ||   VD   |   1
---------------------------------------------
    0     Unit      (0:angstrom  1:atomic)
    0     Spin      (0:non-spin  1:spin  )
    0     M.P.      (0:No        1:Yes   )
    0     Sample Point ( <100000, =0 autoset )
```

~/calc>cd co

~/calc/co>makef05

MAKEF05을 실행하면 계산을 위한 입력파일 **F05**와 **F25**라는 파일이 **~/calc/co**에 작성됩니다. **F05**은 수정할 필요가 없습니다. 이상과 같이 입력데이터의 준비가 완료되었다면, 여기에서는 대칭성을 고려하지 않고 계산합니다. 따라서 3-2에서 얻어진 결과와는 무시할 정도로 값이 다르게 되어 있지만, 본질적으로는 문제가 되지 않습니다. 또한 대칭성을 고려하여 계산할 경우에는 **MAKEF25**를 실행하여 대칭의 데이터를 생성하고 **MAKEF05**에서 **F05** 파일을 만듭니다.

CO의 F05 내용

```
    8
  MOLECULAR CALCULATION OF *****              2.50000   -2.00000     1
SCCSQGRN      10   300 1000     099999    0     0   -3     0     0.1000000000D-05
    2    2     6    2    2    0
    1  6.0     2  8.0
  14.00000     0    0   0.00000    0    0   0.00000    0    0   0.00000
    0
 C HFS ATOM CALC.
    1  300     3
   6.00000   0.70000  20.00000  32.00000   0.00000   0.00000
  1.0  0.0        -10.68000     2.00000
  2.0  0.0         -0.64000     2.00000
  2.0  1.0         -0.33000     2.00000
000
 O HFS ATOM CALC.
    2  300     3
   8.00000   0.70000  20.00000  32.00000   0.00000   0.00000
  1.0  0.0        -19.72000     2.00000
  2.0  0.0         -1.07000     2.00000
  2.0  1.0         -0.52000     4.00000
000
    0
    1
    1
```

```
      0.0000000000D+00     0.0000000000D+00     0.1065810000D+01     1
      0.0000000000D+00     0.0000000000D+00    -0.1065810000D+01     2
      0.7000000000D+00
      0.0000000000D+00     0.0000000000D+00     0.0000000000D+00
      0.4852813742D+00     0.1000000000D+01     0.1500000000D+01
      0.1000000000D+01     0.1000000000D+01     0.1500000000D+01
      1    1
      3  100
      0.00000    2.00000  -2.00000    0.00000    0.00000
     1.0  0.0         -10.68000     1.99987
     2.0  0.0          -0.64000     1.61453
     2.0  1.0          -0.33000     2.19602
      3  100
      0.00000    2.00000  -2.00000    0.00000    0.00000
     1.0  0.0         -19.72000     1.99926
     2.0  0.0          -1.07000     1.80122
     2.0  1.0          -0.52000     4.38909
WELLSCCS
  1000    0.3000000    0.0000000    0.0000000    0.0000000
     0     0     0     0
AAAASCCS
  1000    0.3000000    0.0000000    0.0000000    0.0000000
     0     0     0     0
```

[데이터 형식] DV-Xα 분자궤도 계산 프로그램은 FORTRAN으로 작성되어 있습니다. 일반적으로 FORTRAN의 입력과 출력시에는 [몇 번째 문자에 몇 자리로 씀]과 같은 데이터 형식이 프로그램에서 정해져 있습니다. FORTRAN에서는 정수, 실수, 문자의 형식을 다음과 같은 형식으로 나타냅니다.

[반복 횟수](출력 유형) 자릿수(실수의 경우 소수점인데 소수부분의 자릿수) 출력 유형 : 정수 I, 실수 F, 지수 표시의 실수 D, 글자 A

[예] 5자리 정수는 I5, 연속된 2개의 5자리 정수는 2I5이며 전체가 10개 자리수, 소수 5자리의 실수는 F10.5이며 전체가 20자리수, 소수 10자리의 지수표시의 실수는 D20.10이며 5자리수의 문자는 A5입니다. F01의 좌표와 원자 종의 입력 부분의 포맷은(2I5, 3F10.5)가 있습니다. 출력의 경우 자리가 남을 때 오른쪽 맞춤으로 표시되지만, 입력의 경우 전체 자릿수 속에 들어가 있으면 반드시 오른쪽으로 정렬되어 있지 않아도 괜찮습니다. 예를 들어, F01의 형식은 정확히

```
| Z || NEQ ||    X    ||    Y    ||    Z    |
   6     1    0.00000    0.00000    0.56400
   8     2    0.00000    0.00000  - 0.56400
```

이지만

```
| Z || NEQ ||    X    ||    Y    ||    Z    |
  6     1         0.00       0.000       0.564
  8     2          0.0     0.00000  - 0.56400
```

와 같이, 전체 자릿수의 테두리 안에 들어가 있으면 문제는 없습니다. 또한 실수의 소수 자릿수도 모두 쓸 필요는 없습니다(단 소수점은 생략할 수 없습니다). 그러나 가능한한 포맷대로 쓰는 것이 보기 쉽고, 입력할 때 실수를 방지할 수 있습니다. 이후 입력파일 형식의 설명은 상기와 같은(2I5, 3F10.5)라고 하는 형식을 사용합니다.

3-6-2) 분자궤도 계산을 수행

DV-Xα 분자궤도 계산을 수행하려면 **DVSCAT**이라는 프로그램을 사용합니다. 예를 들어 CO에 대한 계산을 할 경우 임의의 디렉토리에서

~>dvscat n ~/calc/co

로 입력하면 CO에 대한 계산이 시작되고 결과가 F08E과 F36에 출력됩니다.

"dvscat n ~/ calc/co"

의 "n"은 스핀을 고려할지 여부를 지정하는 것으로, 스핀을 고려하지 않는 계산의 경우 n을 선택합니다. 스핀을 고려한 계산을 할 경우 s를 지정합니다.

또한 dvscat을 계산하는 디렉토리에서 실행하는 경우에는 지정은 필요 없습니다. 즉, ~/calc/co 계산을 하는 경우에는

~/calc/co>dvscat

입력만으로 계산을 수행할 수 있습니다.

DV-Xα 분자궤도 계산은 각 궤도 전자수를 계산 전과 후가 동일할 때(Self-consistent)

까지 반복 계산을 수행합니다. 일단 DVSCAT을 실행하면 99번의 반복계산을 수행하도록 구성되어 있습니다. 이 DVSCAT 계산이 수렴할 때까지 반복해야 하지만 DVSCAT을 자동으로 반복 실행하는 것은 간단한 쉘 스크립트를 작성함으로써 가능합니다. 먼저 홈 디렉토리에 예를들어 dvfile 파일명으로 DVSCAT을 실행할 때 입력 한 것과 동일한 내용을 씁니다. ~/dvfile에는 DVSCAT의 반복횟수를 쓸 수 있으며, 다른 계산도 섞어 쓸 수도 있습니다.

예 ~/dvfile에 다음과 같이 씁니다.

```
dvscat n ~/calc/co
dvscat n ~/calc/co
dvscat n ~/calc/co
dvscat n ~/calc/co
dvscat n ~/calc/co
```

3-6-3) 수렴 여부 판단

DV-Xα 분자궤도 계산은 각 궤도에 들어 있는 전자수(orbital population)가 계산 전·후가 동일할 때까지 반복 계산을 수행합니다. 수렴, 즉 orbital population이 self-consistent되어 있는지 확인하려면 F36을 확인합니다. CO의 계산에서 계산이 수렴하면 F36은 다음과 같이 되어 있습니다.

```
 TOTAL POPULATION FOR    * TH ITERATION
M    LO KIDO        SHOKICHI          SHUCHI
1     1  100         1.99987         1.99987          1.99987
2     1  200         1.61454         1.61453          1.61453
3     1  210         2.19602         2.19602          2.19602
4     2  100         1.99926         1.99926          1.99926
5     2  200         1.80123         1.80122          1.80122
6     2  210         4.38909         4.38910          4.38910
```

F36은 각 궤도의 초기값(SHOKICHI)와 최종값(SHUCHI)이 원자 종류마다 출력되어 있

고, 일치하면 self-consistent 되어 계산이 수렴하고 있음을 나타냅니다. 1회 DVSCAT 실행에서 99회 반복 계산을 수행하도록 설정되어 있습니다. 수렴 조건(초기 값과 최종값의 차이가 0.00001 이내)을 충족하여 self-consistent된 경우에는 자동으로 계산이 종료됩니다. 간단한 분자의 경우 계산 시간이 많이 걸리지 않기 때문에 소수점 5째 자리 정도까지 self-consistent가 됩니다. 그러나 클러스터 모델이 커지면 소수점 5째 자리까지 self-consistent 되는 것은 매우 힘듭니다. 실용적으로는 소수점 이하 셋째 자리 정도까지 self-consistent되어 있으면 충분합니다.

3-6-4) 기본적인 계산 결과 보는법

DV-Xα 분자궤도 계산을 하면 전자상태에 대한 다양한 정보를 얻을 수 있습니다. 여기서는 구체적으로 분자궤도 계산에 의해 어떤 것을 알 수 있는지를 방금 계산을 수행한 CO를 예제로 설명합니다.

(1) 에너지 준위

먼저 가장 기본적인 각 분자궤도의 에너지 고유값, 즉 에너지 준위에 주목해 보십시오. 에너지 고유값은 **F08E**에 다음과 같이 출력됩니다.

```
*** M.O. EIGENVALUE

                      (RY)         (HR)          (EV)

 1    1          -37.14232    -18.57116    -505.26663    2.00000
 2    2          -19.42275     -9.71137    -264.21795    2.00000
 3    3           -1.79735     -0.89867     -24.45030    2.00000
 4    4           -0.73159     -0.36579      -9.95216    2.00000
 5    5           -0.56819     -0.28410      -7.72939    2.00000
 6    6           -0.56207     -0.28103      -7.64611    2.00000
 7    7           -0.39073     -0.19536      -5.31525    2.00000
 8    8            0.19948      0.09974       2.71357    0.00000
 9    9            0.20636      0.10318       2.80722    0.00000
10   10            1.52383      0.76191      20.72943    0.00000
```

1장에서 간단히 설명했듯이, CO의 경우는 탄소(1s, 2s, $2p_x$, $2p_y$, $2p_z$)와 산소(1s, 2s, $2p_x$, $2p_y$, $2p_z$) 10개의 원자궤도에서 10개의 CO 분자궤도가 형성되며, 각각의 분자궤도 에너지 고유값이 작은 것부터 출력됩니다.(RY)(HR)(EV)는 각각 Rydberg, Hartree, electron volt인 세 가지 에너지의 단위로 출력되어 있습니다. 일반적으로 가장 많이 사용되는 것은 electron volt(eV)이므로 다음의 설명에서는 electron volt를 사용합니다. 오른쪽의 숫자는 그 분자궤도에 있는 전자의 점유수입니다. 전자는 낮은 에너지 궤도 순으로 2개씩 들어갑니다. 1번 왼쪽으로는 1~10까지의 숫자가 2회 출력되고 있습니다. 이것은 에너지준위의 일련번호이며, 대칭궤도를 이용하면 대칭궤도의 종류가 출력됩니다. 3-2의 결과와는 약간 값이 다르지만, 이것은 대칭의 유무에 따른 차이입니다.

(2) Population 해석

F08E를 보면 각각의 분자궤도의 에너지준위가 나타났습니다. 분자궤도 계산은 클러스터 모델을 구성하는 각 원자의 원자궤도가 섞여(상호작용), 클러스터 모델의 분자궤도가 형성됩니다. 전자상태를 이해하기 위해서는 먼저 각각의 분자궤도가 어떤 원자궤도로 구성되어 있는지를 확인해야합니다. 각각의 분자궤도가 어떤 원자궤도로 구성되어 있는지를 확인하려면 Population 해석을 합니다. Population 해석을 하면 F08E에 출력 된 각각의 분자궤도가 어떤 원자궤도로 구성되어 있는지를 알 수 있을 뿐만 아니라, 어느 원자가 얼마나 유효전하를 가지고 있는지 원자-원자간 공유결합성이 어느 정도인지도 알 수 있습니다. DV-Xα 분자궤도 계산에 있어서 Population 해석은 각각의 분자궤도의 각 원자궤도의 계수와 각 원자궤도 간의 공간적인 중복을 나타내는 중첩적분을 사용한 Mulliken Population을 해석하는 방식으로 이루어집니다. 이 Population 해석을 하려면 **POPANL** 프로그램을 실행합니다. POPANL을 실행하려면 DVSCAT 뿐만 아니라 임의의 디렉토리에서

```
~>popanl n ~/calc/co
```

를 입력하거나 먼저 계산을 수행한 디렉토리로 가서

```
~/calc/co>popanl n
```

으로 입력하는 방법이 있습니다. “n”은 DV-Xα 분자궤도 계산을 실시했을 때와 같은 스핀을 고려할지를 지정합니다. 이제부터는 주변 프로그램의 활용을 설명할 때에는 디렉토리로 이동해서 실행하는 방식을 이용합니다. POPANL을 실행하면 F08P 파일에 결과가 출력됩니다. CO에 대한 F08P는 그림 3-27과 같이 됩니다.

CO의 F08P내용

```
   MULLIKEN POPULATION ANALYSIS OF        FOR
 LEVEL

E( 1)       -505.2666 EV
 ( 1 1s) 0.0000  ( 1 2s) 0.0001  ( 1 2p) 0.0002  ( 2 1s) 0.9997
 ( 2 2s) 0.0000  ( 2 2p) 0.0000  (

E( 2)       -264.2180 EV
 ( 1 1s) 0.9999  ( 1 2s) 0.0000  ( 1 2p) 0.0000  ( 2 1s) 0.0000
 ( 2 2s) 0.0000  ( 2 2p) 0.0001  (

E( 3)        -24.4503 EV
 ( 1 1s) 0.0000  ( 1 2s) 0.1418  ( 1 2p) 0.1071  ( 2 1s) 0.0000
 ( 2 2s) 0.6767  ( 2 2p) 0.0744  (

E( 4)         -9.9522 EV
 ( 1 1s) 0.0000  ( 1 2s) 0.2270  ( 1 2p)-0.0003  ( 2 1s) 0.0000
 ( 2 2s) 0.2196  ( 2 2p) 0.5538  (

E( 5)         -7.7294 EV
 ( 1 1s) 0.0000  ( 1 2s) 0.0001  ( 1 2p) 0.2891  ( 2 1s) 0.0000
 ( 2 2s) 0.0000  ( 2 2p) 0.7108  (

E( 6)         -7.6461 EV
 ( 1 1s) 0.0000  ( 1 2s) 0.0000  ( 1 2p) 0.2910  ( 2 1s) 0.0000
 ( 2 2s)-0.0001  ( 2 2p) 0.7091  (

E( 7)         -5.3153 EV
 ( 1 1s) 0.0000  ( 1 2s) 0.4384  ( 1 2p) 0.4110  ( 2 1s) 0.0000
 ( 2 2s) 0.0043  ( 2 2p) 0.1463  (

E( 8)          2.7136 EV
 ( 1 1s) 0.0000  ( 1 2s)-0.0002  ( 1 2p) 0.7093  ( 2 1s) 0.0000
 ( 2 2s)-0.0001  ( 2 2p) 0.2910  (

E( 9)          2.8072 EV
 ( 1 1s) 0.0000  ( 1 2s) 0.0000  ( 1 2p) 0.7108  ( 2 1s) 0.0000
 ( 2 2s) 0.0000  ( 2 2p) 0.2892  (

E( 10)        20.7294 EV
 ( 1 1s) 0.0001  ( 1 2s) 0.1929  ( 1 2p) 0.4819  ( 2 1s) 0.0004
 ( 2 2s) 0.0995  ( 2 2p) 0.2253  (

   CHRG OF       BLOCK


            NO. OF ELECTRONS IN I ORBITAL OF X ATOM

 ( 1 1s 0)  1.9999  ( 1 2s 0)  1.6145  ( 1 2p-1)  0.5816  ( 1 2p 0)  1.0362  ( 1 2p 1)  0.5782
 ( 2 1s 0)  1.9993  ( 2 2s 0)  1.8012  ( 2 2p-1)  1.4178  ( 2 2p 0)  1.5495  ( 2 2p 1)  1.4218

               CHRG(X ATOM, Y ATOM)

 ( 1)       5.2034
 ( 2)       1.2140      7.5826
```

분자궤도에 있어서 비율

(1 2p) 0.2891

원자종류(NEQ)

탄소 (NEQ=1) 의 2p궤도가 28.91%

1-2(C 와 O) 간 Overlap Population 은 1.214

그림 3-27. CO의 F08P 출력

F08P에는 크게 세 가지 정보가 출력되고 있습니다.

① **분자궤도 성분**　먼저, 각 분자궤도가 어떤 원자궤도로 구성되어 있는지가 분자궤도마다 출력되어 있습니다. F08P는 F08E에 출력된 분자궤도 에너지 고유값이 eV로 표시되고 그 아래에 그 분자궤도를 구성하는 원자궤도의 성분이 표시되어 있습니다. 다섯 번째 분자궤도의 밑줄 친 세 번째 값을 불러 설명하면 괄호 안의 첫 번째 숫자는 원자의 종류를 나타냅니다. 이것은 F01에서 원자의 종류를 나타내는 NEQ에 해당하는데 원자의 일련번호가 아님에 주의하십시오. 예를 들면 H_2O의 계산을 할 경우에는 2개의 H는 같은 종류로 간주되어 산소를 NEQ = 1, 2개의 수소를 모두 NEQ = 2로 계산합니다. CO의 계산에서는 1종류째를 탄소로 하고 있기 때문에, (1 2p)는 탄소의 2p 궤도를 나타내며, 탄소 2p 궤도의 성분이 28.91%의 분자궤도에 포함되어 있다는 것을 의미하고 있습니다. 아까도 말했듯이 이 값은 1원자 단위가 아니라 1종류에 해당하는 값이기 때문에 H_2O의 H와 같이 복수의 원자를 같은 종류로 한 경우에는 이 값은 같은 유형인 원자에 대하여 합산되어 있습니다. 이상과 같은 요령으로 각 분자궤도의 성분을 보면 첫 번째와 두 번째의 분자궤도는 각각 산소의 1s, 탄소의 1s가 거의 100%의 분자궤도로 되어있는 것을 알 수 있습니다. 이런 내각궤도 에너지 고유값을 봐도 알 수 있듯이 에너지적으로 매우 떨어진 깊은 위치에 있는 원자궤도는 다른 원자궤도와 상호작용하지 않습니다. 3번째 이후의 분자궤도를 살펴보면 모두 다양한 원자궤도로 구성되어 있는 것을 알 수 있습니다.

② **각 궤도전자수**(Orbital Population)**와 유효전하**(Net Charge)　다음으로 출력되는 "NO. OF ELECTRONS IN I ORBITAL OF X ATOM"는 각 궤도전자수(Orbital Population)를 보여줍니다. 괄호 안의 각 궤도의 표시 방법은 조금 전과 동일하지만, 여기에서는 자기양자수를 구분하여 표시됩니다. 이 값을 각 원자마다 더하면 그 원자에 속한 전자수를 알 수 있습니다. 이 값을 계산하기 전에 원자 상태일 때 전자 수와 비교하면 원자가 얼마나 전자를 받았거나 잃었는지를 나타내는 유효전하(Net Charge)를 구할 수 있습니다. 그러나 이러한 값을 일일이 덧셈을 하지 않아도, NETC라는 프로그램을 이

용하면 쉽게 유효전하를 구할 수 있습니다.

```
~/calc/co>netc
```

를 입력하면 I08 파일에 다음과 같은 결과가 출력됩니다.

```
EFFECTIVE CHARGE
LO                              NET CHARGE
 1   C          5.81042           0.18958
 2   O          8.18958          -0.18958
```

첫 번째 숫자는 원자의 종류나누기(NEQ)를 나타냅니다. 가운데 숫자는 계산 후, 즉 CO의 원자에 속한 전자수이며 마지막 숫자가 유효전하를 나타냅니다. 예를 들어 탄소의 경우는 최초의 전자수는 6이므로 (5.81042-6=-0.18958)되고, 0.18958개 전자를 잃습니다. 전자는 마이너스 전하를 가지고 있기 때문에 유효전하는 0.18958입니다. 이 결과로부터, CO는 탄소에서 산소로 전자가 0.18958개 이동하여 탄소는 플러스 전하, 산소는 마이너스 전하를 가지고 있는 것을 알 수 있습니다. 플러스 전하를 가진 원자와 마이너스의 전하를 가진 원자 사이에는 이온적인 결합력이 작용하기 때문에, 유효전하의 크기는 이온결합성의 기준이 됩니다. 또한, I08의 출력도 원자의 종류 분류마다 이루어집니다. 같은 종류(NEQ)의 원자가 복수개 있는 경우 출력되는 값은 평균값입니다.

③ **유효공유결합전하**(Bond Overlap Population) F08P의 마지막에 출력되는 "CHRG(X ATOM, Y ATOM)"은 원자의 공유결합성의 세기의 기준이 되는 유효공유결합전하(Bond Overlap Population)를 나타냅니다. F08P의 마지막을 보면 삼각 행렬에서 유효공유결합전하 값이 출력됩니다. 주의해야 할 것은 여기서 번호는 원자의 종류가 아니라 몇 번째 원자인가를 나타내는 것입니다. 예를 들어 NH_3를 계산한 경우에는 3개의 수소를 같은 종류로 계산해도 유효공유결합전하는 각 원자마다, 즉 1~4의 삼각 매트릭스에 표시됩니다. 같은 원자 사이에 숫자가 출력되고 있지만, 특별한 의미는 없습니다. 또한 대칭성을 고려한 경우에는 각각의 대칭블록으로 나누어 출력하게 됩니다. F08P를 조

사하는 것 외에도 유효공유결합전하를 알아보는 전용 프로그램으로 BNDODR이 준비되어 있습니다.

```
~/calc/co>bndodr n
```

를 입력하면 BN8 출력 파일에 동일한 결과가 출력됩니다.

(3) 에너지 준위도

Population 분석을 하여 각각의 분자궤도가 어떤 원자궤도의 성분으로 구성되어 있는지를 확인할 수 있었습니다. 그러나 F08P에 출력된 숫자만큼의 정보값을 정량적으로 확인할 수 있지만 직관적으로 이해하기 어렵습니다. 그래서 F08E의 각각의 분자궤도 성분을 그리기 위한 프로그램 LVLSHM이 준비되어 있습니다. 이 LVLSHM을 실행하려면 L04와 L05 입력파일이 필요하며, 이러한 데이터를 만들 makel04라는 명령이 포함되어 있습니다. 또한 표시하는 에너지 범위를 지정할 수 있는 makel04m 명령도 있습니다. L04 파일의 내용은 부록 D를 참조하십시오. 여기에서는 미리 ~/ex/co에 준비되어있는 것을 복사하여 사용합니다. L04와 L05를 ~/ex/co에서 ~/calc/co에 복사한 후 방금 전의 POPANL을 실행했을 때와 마찬가지로 디렉토리를 ~/calc/co로 이동하여

```
~/calc/co>lvlshm n
```

으로 입력하여 LVLSHM을 실행합니다. 결과는 L07 파일에 출력됩니다. L07은 본래 플로터로 출력하는 명령으로 작성된 파일입니다. 이 파일을 DVPLOT에서 열면 그림 3-28과 같은 결과가 출력됩니다. L07의 왼쪽에는 산소와 탄소의 1s 궤도 이외의 8개의 분자궤도 에너지준위가 출력됩니다.

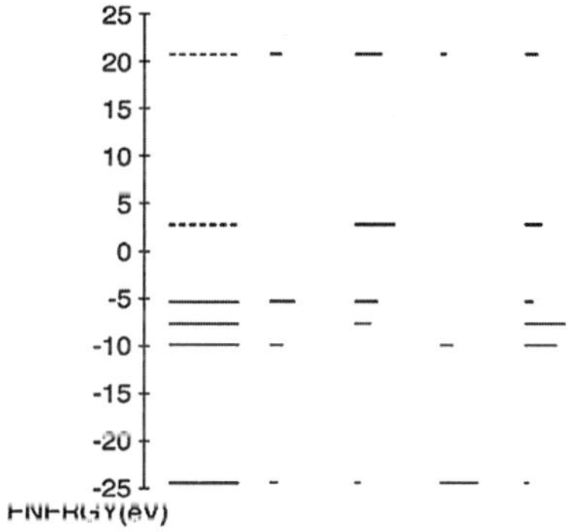

그림 3-28. DVPLOT로 출력한 CO의 에너지준위도(L07)

전자가 채워져 있지 않은 궤도는 점선으로 출력됩니다. 그 오른쪽에는 4개의 길이가 다른선이 출력되고 있습니다. 이것은 왼쪽에서 각각 탄소 2s, 탄소 2p, 산소 2s, 산소의 2p 궤도에 대한 것으로, 선의 길이가 그 분자궤도의 각 원자궤도 성분의 크기를 나타냅니다. 예를 들면 -10eV 부근의 분자궤도는 산소의 2p 궤도가 주성분으로 탄소 2s와 산소의 2s 궤도가 섞여있는 것을 알 수 있습니다. 그림 3-28는 탄소와 산소의 1s 궤도를 제외한 8개의 분자궤도 에너지준위가 출력되어 있지만 에너지준위의 수는 6개 밖에 없는 것 같습니다. F08E에 출력되는 에너지 고유값을 보면 알 수 있지만, -7.7eV 부근의 다섯 번째와 여섯 번째, 2.8eV 부근의 8번째와 9번째 분자궤도 에너지 고유값의 차이가 0.1eV 이내로 거의 동일한 값으로 되어 있기 때문입니다. 이러한 분자궤도는 모두 탄소와 산소의 2p 궤도가 주성분으로 되어 있습니다.

(4) 파동함수 그리기

Population 해석과 에너지 준위 그림을 그려서 각각의 분자궤도가 어떤 원자궤도 성분으로 구성되어 있는지 알 수 있었습니다. 그러면 실제로 이러한 분자궤도는 어떤 모양을 하고 있는 것일까요? 분자궤도의 모양을 확인하려면 어떤 평면에서 잘랐을 때 분자궤도의 형상을 등고선으로 출력하는 프로그램을 사용합니다. 입력파일은 **C04**과 **C05**이며 **CONTR**와 **CMAP**의 두 가지 프로그램을 실행합니다. C04는 어떤 면으로 자를지와 어떤 파동함수를 출력할지를 설정하고, C05은 등고선의 설정을 하는 파일이며, CONTR는 어떤 평면에서 자를 때 파동함수의 값을 수치화하는 프로그램이고, CMAP은 데이터에서 출력파일을 생성하는 프로그램입니다. C04 및 C05에 대한 자세한 설명은 8장 부록 D를 참조하십시오. 여기에서는 지금까지와 마찬가지로 ~/ex/co에서 C04과 C05를 복사하여 사용합니다. 이 C04는 탄소원자와 산소원자를 포함한 xz 평면으로 자르도록 설정되어 있습니다. C04와 C05를 복사 한 후

```
~/calc/co > contr
~/calc/co > cmap
```

으로 입력하여 CONTR와 CMAP을 실행하면 W1~W10과 CHG라는 파일이 새로 생성됩니다. W1~W10는 F08E에 출력되는 10개의 분자궤도의 파동함수, CHG는 전자밀도를 출력한 것입니다.

파동함수와 전자밀도는 결정구조 및 전자·핵 밀도 등을 3D 시각화 프로그램 VESTA를 이용하여 3차원적인 이미지로 표시할 수 있습니다. VESTA 사용에 대한 자세한 내용은 6장에서 설명합니다.

3-6-5) 다른 분자의 계산

(1) LiF 및 N_2 분자

LiF 원자거리는 1.564Å, N_2는 1.098Å입니다. 다른 분자를 계산 할 때

```
~/calc/co > cd ..
```

입력하여 ~/calc로 돌아온 뒤 예를 들면 LiF의 경우라면 ~/calc>mkdir lif과 같이 입력하여 LiF의 계산을 할 디렉토리를 만듭니다. LiF의 F01 작성은 CO에 이용한 F01를 복사하여 두 번째 및 세 번째 행의 부분을

```
| Z ||NEQ||    X     ||    Y     ||    Z     |
    3    1   0.00000    0.00000    0.78200
    9    2   0.00000    0.00000   -0.78200
```

로 고쳐 씁니다. 이후 CO와 같은 순서로 MAKEF05에서 입력 데이터 F05을 작성하고 DVSCAT을 실행시키거나, ~/dvfile.csh에 직업을 쓰고 속성을 변경한 후 실행시킵니다.

(2) H_2O 분자

2원자 이상의 분자인 H_2O를 다뤄봅니다. 계산에 사용하는 디렉토리는 지금까지와 같은 방법으로 ~/calc/h2o를 작성하십시오. H_2O 분자의 H와 O의 거리는 0.957Å, 결합각은 104.5°이며 이 데이터를 기반으로 좌표를 구합니다. CO의 계산에 이용한 F01을 복

사하여 좌표 부분을 다음과 같이 작성합니다.

```
| Z ||NEQ||    X     ||    Y     ||    Z     |
     8    1   0.00000   0.00000   0.00000
     1    2   0.75669   0.00000  -0.58589
     1    2  -0.75669   0.00000  -0.58589
```

H_2O 분자는 2개의 수소는 똑같은 종류로 취급합니다. 즉 두 수소 모두 NEQ는 2로 합니다. 반대로 같은 원자일지라도 다른 환경(배위수와 결합거리 등)에 있는 같은 경우는 다른 종류로 계산합니다.

H_2O 분자의 경우에 대칭궤도를 작성하여 계산을 할 수 있습니다. 대칭궤도의 작성에는 makef25 프로그램을 사용합니다. 계산을 할 디렉토리(~/calc/h2o)에서

~/calc/h2o>makef25

를 실행합니다. 그러면

3 C2

5 C2v

Select Symmetry

가 표시되는데 해당 대칭번호를 선택합니다. 이 경우에는 대칭성이 높은 C2v를 선택하기 때문에 5를 입력합니다. 대칭궤도를 사용하여 계산한 경우에는 출력 결과가 달라지므로 주의를 해야 합니다. 이번에는 대칭궤도를 사용하지 않는 계산을 합니다.

다음은 지금까지와 같은 방식으로 MAKEF05에서 입력 데이터 F05을 작성한 후 DVSCAT을 실행시킵니다. 수렴의 판단은 앞서 언급한 바와 같이 F36을 사용하지만, H_2O의 계산과 같이 2개 이상의 원자를 같은 종류로 하는 경우엔 주의해야 합니다. H_2O의 계산에서 계산이 수렴하면 F36은 다음과 같이 되어 있습니다.

```
 TOTAL POPULATION FOR   * TH ITERATION
M    LO KIDO         SHOKICHI          SHUCHI
1     1  100          2.00031         2.00031         2.00031
2     1  200          1.82222         1.82222         1.82222
3     1  210          4.88188         4.88189         4.88189
4     2  100          0.64780         1.29558         0.64779
```

F36에는 각 궤도의 초기값(SHOKICHI)와 최종값(SHUCHI)이 원자 종류마다 출력되어 있습니다. 최종값에는 2종류 값이 출력되고 있습니다. 1~3번째 줄의 산소 궤도에 대해서는 동일한 값으로 되어 있지만, 4번째 줄의 수소의 1s 궤도에 대한 출력을 보면 다른 값이 출력되고 있습니다. 첫 번째 값은 해당 유형의 모든 원자에 대한 Orbital Population의 합을 보여줍니다. 즉 H_2O의 계산에서 2개의 수소를 같은 종류로 계산을 했기 때문에 수소 2개의 값이 됩니다. 그리고 오른쪽의 값이 1원자의 값입니다. 초기값은 1원자 값이 출력되어 있기 때문에, 초기 값과 최종값의 비교를 할 경우에는 오른쪽의 값으로 비교합니다.

제4장

각종 프로그램 해석

GUI 버전 DV - Xα 주변 프로그램 / 광전자 스펙트럼 계산 프로그램 "PES" /
X - 선 스펙트럼의 이론계산 - 프로그램 "SXS"

4-1. GUI 버전 DV-Xα 주변 프로그램

계산 결과 해석에 사용되는 주변 프로그램은 FORTRAN으로 만들어졌습니다. 명령프롬프트(검색에서 cmd를 치면 나옴)에서 프로그램명을 입력하면 실행하도록 되어 있습니다. GUI판 DV-Xα 주변 프로그램은 이전에 사용하던 주변 프로그램의 입력파일 작성, 프로그램 실행과 결과 표시를 GUI로 행할 뿐입니다.[1] 입·출력 파일의 형식이나 프로그램 자체는 변경되지 않았으므로, 종래의 입력파일을 직접 편집하여 주변 프로그램을 실행하여 결과출력만 GUI 프로그램을 사용하는 것이 가능합니다. GUI 버전에 대한 주변 프로그램의 기본적인 사용법은 3-3에서 CO의 계산 예를 가지고 설명했으며, 본 장에서는 TiC에 대해 $Ti_{14}C_{13}$ 클러스터로 계산한 결과(₩dvxa¥ex₩ti14c13)를 예를 들어 자세하게 설명합니다.

1 화면에 일본어로 되어 있으며, 이해를 돕기 위해 한글로 수정 했습니다. 영어로 지원이 되도록 프로그램을 수정하여 추후 공개합니다.

4-1-1) 프로그램의 구조

클러스터 모델의 구조와 좌표, DV-Xα 분자궤도 계산이 종료 된 경우에 유효전하(net charge)와 유효공유결합전하(BOP : Bond Overlap Population)를 표시하는 프로그램입니다.

(1) 좌표 표시(윈도우 1)

F26, F05, F01을 우선순위로 해서 자동으로 파일을 읽고, 좌표계를 표시합니다. 단위는 Å. [atomic unit]를 선택하면 원자 단위로 표시합니다. 목록을 클릭하면, 그 원자가 적색 테두리로 표시되고 그 원자에 관한 유효공유결합전하(BOP)가 윈도우 4에, 근접원자의 정보가 윈도우 5에 표시됩니다. BOP의 표시는 DV-Xα 분자궤도 계산을 실행하는 경우(F26을 읽어 들인 경우)에 한하며, 주변 프로그램 BNDODR을 실행하지 않는 경우는 [BOP를 계산]이 표시되므로 그것을 클릭하면 BOP가 표시됩니다. 이제 원자의 선택은 구조표시화면(윈도우 2)의 원자의 클릭으로도 가능합니다.

(2) NEQ(원자의 종류나누기)와 Net Charge(유효전하)의 표시(윈도우 3)

NEQ와 F26을 읽은 경우 Net Charge가 표시됩니다. 수렴된 상태라면 주변프로그램 NETC의 출력파일 I08과 동일한 값이 표시됩니다. 목록을 클릭하면 그 NEQ에 속한 원자가 황색으로 표시됩니다.

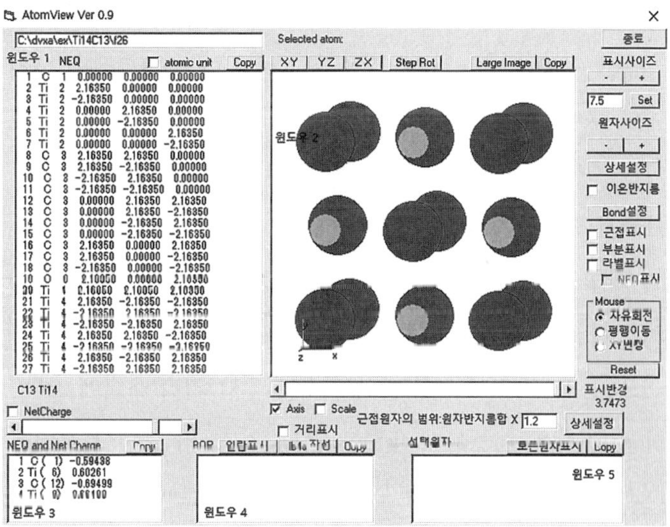

그림 4-1. Structure 화면

(3) BOP리스트(윈도우 4)

선택한 원자와 인접 원자와의 한 개의 결합에 해당하는 BOP가 표시됩니다. 괄호안에 표시된 것은 근접원자의 번호이며, 목록을 클릭하면 그 원자가 표시됩니다. [거리표시]를 클릭하면 근접원자 리스트가 표시되고 그 리스트를 클릭하면 대응하는 결합이 표시됩니다. 근접원자로 고려한 거리는, 디폴트 설정으로 원자 반지름의 합×1.2가 사용된 것이고, 배율은 [상세 설정]에서 설정 가능합니다.

(4) BOP일람보기

[일람표시]를 클릭하면 다른 윈도우에 대칭성을 고려한 모든 BOP의 값이 나오고, 목록을 클릭하면 대상으로 하는 원자가 흑과 백으로 표시됩니다. 같은 클러스터 모델에서도 대칭성이 낮은 대칭궤도를 가지고 계산을 하면, 결합된 수가 많아집니다. 대칭성을 사용하지 않는 계산을 수행한 경우, 각 원자간 BOP가 모두 표시됩니다. [같은 결합종류로 정리하기]를 체크하면 어떤 원자에서 같은 원자종류끼리의 결합에 관해서, 1개로 정리한 평균 BOP가 표시됩니다.

(5) 본드의 표시

[본드 설정]을 클릭하면 오른쪽 그림의 다른 윈도우에 클러스터 모델 내에 존재하는 본드가 결합거리별로 표시되는데 체크를 한 Bond만 그려집니다. 왼쪽 상단의 결합 거리의 체크에서 소수점 행수를 줄이면 거리가 가까운 Bond 를 정리할 수 있습니다. [Bond를 개별로 표시]를 체크하면, 개별 Bond의 표시/비표시를 설정하는 것이 가능합니다.

[BOP에서 Bond 작성]을 선택하면 결합 거리 대신에, BOP의 값을 사용한 작성이 가능합니다. 클러스터 모델 전체에서 BOP가 큰 결합을 찾는 경우에 편리한 기능입니다.

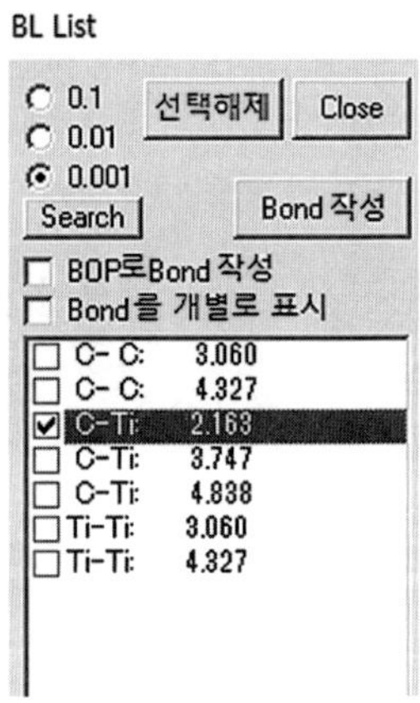

그림 4-2. 결합거리 리스트

4-1-2) LVLSHM

에너지레벨을 표시하는 프로그램입니다.

(1) Plot 할 궤도의 일괄 설정

NEQ(원자 종류 구분)를 지정하면 에너지레벨이 작성됩니다. DV-Xα 분자궤도 계산이 종료된 후, LVLSHM을 실행하면 아래 그림의 화면이 나타납니다.

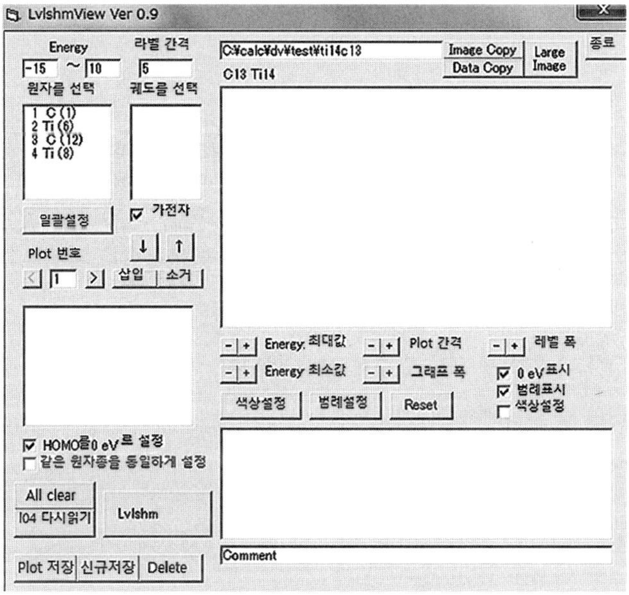

그림 4-3. LVLSHM 화면

우선 NEQ의 어느 궤도를 출력할지를 선택하는데, [일괄 설정]에 따라 설정을 할 수 있습니다. 그림 4-4는 일괄 설정 화면으로 초기설정은 처음의 원자 종류에 관해서, 가전자 대의 궤도를 개별적으로 표시하는 설정으로 되어 있습니다. 결정에서 잘라 낸 모델을 클러스터 모델로 하는 경우, 같은 원자 종류일지라도 복수의 NEQ가 존재합니다. 대체로, 중심에 가까운 원자에 주목하므로, [최초의 원자종에 대해]를 선택합니다. 된 종류 나누기는 F01의 좌표의 순서에 따라 행해지기 때문에 DisplatDV에서 작성한 F01의 좌표가 원점으로부터 거리 순서로 되어 있지 않는 경우는 최초의 원자종이 중심 원자종으로 되지 않습니다. 이런 경우에는 Structure에서 NEQ 값을 확인하기 바랍니다. 클러스터 모델의 모든 원자종에 대해서 에너지준위도를 선택하고 싶은 경우는 [모든 원자종을 각각으로] 선택하십시오.

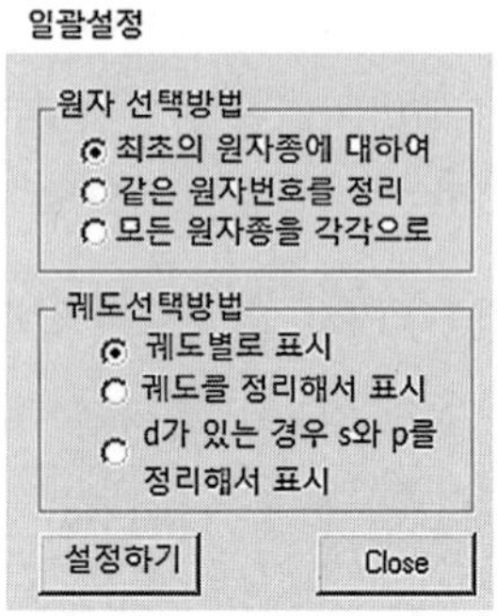

그림 4-4. 일괄설정화면

그 외의 설정을 포함하는 일괄설정의 원자의 선택 방법은, 아래와 같습니다.

- [최초의 원자종에 대하여]

  좌표에서 처음으로 나타나는 각 원자종류에 대해 plot 합니다.

- [같은 원자번호를 정리]

  동일 원자 번호를 갖는 원자의 성분을 정리해서 plot 합니다.

- [모든 원자종을 각각으로]

  NEQ가 다른 것을 모두 별개로 plot 합니다. 큰 클라스 모델의 경우는 plot 수가 많아지므로 주의해야합니다.

궤도선택방법에 대해서는 아래와 같이 되어 있습니다.

- [궤도별로 표시]

  표시하는 원자종류에 대해서 각궤도를 각각 표시합니다

- [궤도를 정리해서 표시]

  표시하는 원자종류에 대해서 궤도성분을 정리해서 표시합니다.

- [d가 있는 경우 s와 p를 정리해서 표시]

  d 궤도가 주성분인 경우는, s와 p 성분이 적은 경우가 있습니다. 이러한 경우는 s와 p를 모아서 표시하는 것이 이해하기 쉽습니다.

(2) Plot 할 궤도의 개별 설정

[원자 선택] 윈도우에는 NEQ, 원자명, 원자수가 표시됩니다. Plot 하고 싶은 NEQ를 선택하면, [궤도 선택] 윈도우에 속해 있는 원자궤도가 표시됩니다. 표시하고 싶은 원자궤도를 선택한 후(동시에 복수의 궤도도 선택 가능), [↓] 버튼을 누르면, 아래쪽의 윈도우에 선택한 NEQ의 궤적이 표시됩니다. 1개의 plot에 복수의 원자궤도를 지정하는 것이 가능한데 어떤 원자궤도를 복수로 plot 할 수는 없습니다. Plot을 증가시킬 경우는 plot 오른쪽에 있는 [>]를 클릭합니다. 내각궤도를 선택하는 경우는 [가전자] 체크를 해제하십시오.

Plot하는 에너지 범위는 자동적으로 설정이 되지만, 변경하고 싶은 경우는 왼쪽 위의 [Energy]를 변경합니다. Plot할 궤도를 선택한 후 [lvlshm을 계산]을 클릭하면 오른쪽의 Plot 화면에 에너지 준위도와 아래 윈도우에 각 plot의 NEQ와 원자궤도가 표시됩니다.

(3) 계산 결과의 표시

LVLSHM을 계산한 직후에는 전체 에너지 항목만 표시됩니다. 윈도우 우측 아래에 각 plot 내용이 표시되므로, plot하고 싶은 순서로 선택하면 그 성분의 plot이 표시됩니다.

(4) Plot 설정

[plot 간격] 각 성분의 plot 간격을 조정합니다.

[레벨의 폭] 왼쪽에 표시되어 있는 전체 에너지의 폭을 조정합니다.

[그래프 폭] 그래프의 폭을 조정합니다. plot되어 있는 내용을 포함하여 확대/축소가 되므로, plot 수를 증가하고 싶은 경우는 그래프의 폭을 증가시켜 plot 간격을 작게 할 필요가 있습니다. 그래프의 폭을 넓히는 경우, 통상 화면

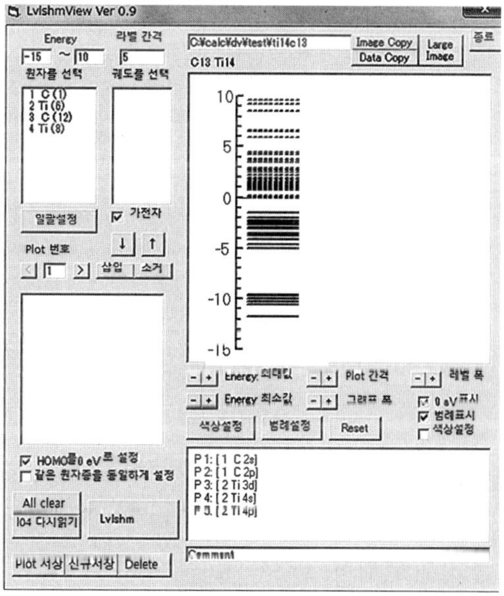

그림 4-5. Plot 출력

에서는 전체가 표시되지 않으므로, [Large Image]를 선택하면 전체가 표시됩니다.

[범례 설정]은 자동으로 설정되는데, 범례설정에서 내용, 표시위치, 폰트크기 등을 변경할 수 있습니다.

[색상 설정]을 선택하면 성분이 색상으로 표시됩니다. 색상 변경은 색상 설정에서 할 수 있습니다.

(5) Plot 화면의 복사와 저장

[Large Image]를 클릭하면, 사이즈가 큰 화면이 plot 됩니다. 그 화면의 [copy]를 클릭하면, 화면의 이미지가 복사됩니다. 출력하고 싶은 상태를 윈도우 왼쪽 아래에 [plot 저장]으로 저장할 수 있습니다. 이것은 화면의 복사가 아니므로 plot하고 있는 데이터의 정보를 보존하기 위해 조건을 변경하여 LVLSHM을 재 계산한 경우, 삭제됩니다.

(6) Plot data의 복사

[Data copy]로 plot data의 탭 영역에 있는 텍스트 데이터가 클립보드에 복사됩니다. 각 plot 성분을 그래픽의 데이터로서 출력합니다. 각 항목의 값은 L08에 텍스트 형식으로 출력됩니다.

4-1-3) DOS

상태밀도도(DOS : Density of States)를 그리는 프로그램입니다. Plot할 궤도의 선택은 에너지 준위도를 작성하는 LVLSHM과 동일하지만, 상태밀도도의 경우는 각 구성 요소에 가중치(weight function)를 설정할 필요가 있습니다.

(1) 상태밀도도 가중치(weight function)

상태밀도도를 표시하는 경우, 각 성분의 가중치가 중요합니다. 상태밀도도에 이용하는 기본 단위는 “1/eV” 또는 “States/eV”이며, 화합물의 상태밀도도의 경우, 아래와 같이 가중치를 설정하는 방법이 있습니다.

"1/eV Formula"　화합물의 조성에 기초하여 표시합니다. TiO_2의 경우, Ti1을 원자 한개로, O를 원자 2개로 설정하여 가중치를 표시합니다. "1/eV TiO2"와 함께 표기할 때도 있음.

"1/eV Unit cell"　단위격자에 포함된 원자수로 표시합니다. TiC의 경우 Ti4 원자, 탄소를 4개 원자로 해서 가중치를 표시합니다.

"1/eV atom"　전체를 1원자당 가중치로 표시합니다. 즉, 상태밀도도의 값을 그 성분에 포함되어 있는 모든 원자수로 나눈 것입니다. 위의 방법은 절대값이 화학조성에 의존하기 때문에 다른 조성의 화합물을 비교하고 싶은 경우는 1원자당 으로 규격화해서 비교합니다.

DOS에서도 LVLSHM과 마찬가지로 원자의 지정은 NEQ에서 실행됩니다, 각 NEQ는 원자수가 다르므로 주의해야 합니다. 그림 4-6은 NEQ=2인 Ti의 3d 궤도를 선택한 상태인데, "2 Ti 3d"의 가로로 "0.33333"과 표시가 되어 있는 것이 가중치입니다. 초기 상태는 [가중치를 1원자에 설정]이 체크되었는데, 자동적으로 1개 원자당 가중치가 설정되도록 되어 있습니다. 각각의 NEQ의 원자수는 [원자를 선택] 윈도우에서 괄호안의 숫자입니다. 따라서 NEQ=2의 Ti는 6개 원자를 포함하고 있고 가중치가 없는 경우에서는 6개 원자값이 상태밀도도에 반영됩니다. 각 궤도에는 전자가 2개 점유되어 있으므로 1원자의 가중치는 2가 됩니다. 따라서 6원자분을 1원자분으로 해서 2를 곱한 값, 즉 1/3이 NEQ=2인 Ti의 가중치가 됩니다. TiC의 경우는 1원자당 가중치가 그대로 "1/eV TiC"이 되므로, 가중치 설정을 변경할 필요는 없지만, 예를 들어 TiO_2의 경우, 산소의 가중치를 2배를 할 필요가 있습니다. 가중치의 변경은 위도우 왼쪽 아래에 있는 [가중치]에서 변경할 수 있습니다. 1원자당 가중치×배수로 설정합니다. 왼쪽 셀은 자동적으로 1개 원자당 가중치가 입력되어 있으므로, 오른쪽 셀에서 필요한 배수를 입력해서 [set]으로 가중치를 변경할 수 있습니다.

(2) **계산 결과의 표시**

DOS를 계산한 직후에는 아무 것도 표시되지 않습니다. LVLSHM과 마찬가지로 윈도우 우측 아래에 각 윈도우에 각 plot 내용이 표시되도록 선택하면 그 구성이 plot됩니다. 단, LVLSHM과 다르게 여기서 선택의 순서는 plot에 영향을 주지 않습니다. 또 각 성분에 더하여, 모든 성분의 합이 total로 항상 표시됩니다. DOS는 초기 상태에서 칼라 표시로 되어 있어, 초기 상태 표시는 이해하기 어렵지만 상세설정에서 DOS의 선의 굵기나 색을 변경할 수 있습니다.

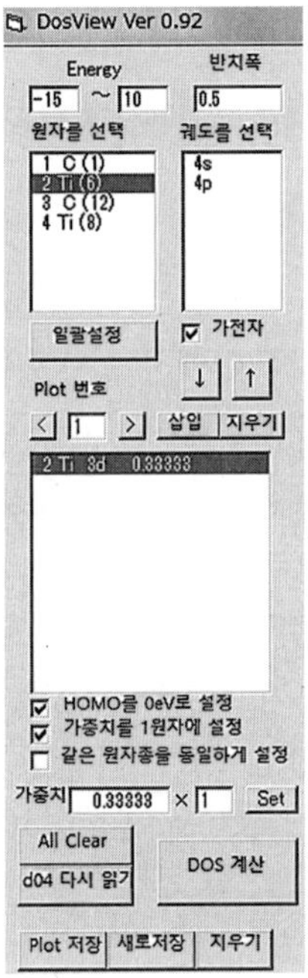

그림 4-6. 가중치 설정

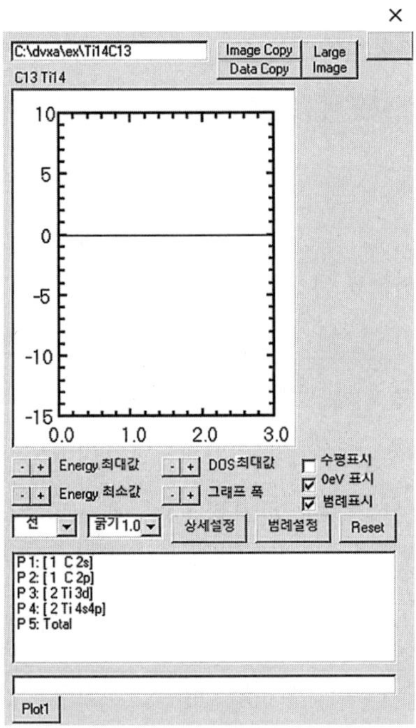

그림 4-7. $Ti_{14}C_{13}$의 DOS 출력예

(3) **DOS 그리기 설정**

전체 선의 굵기와 모양을 변경하려면 화면의 풀다운 메뉴에서 설정할 수 있지만, 대체로 [상세설정]을 클릭하여 개별적으로 설정해야합니다.(그림 4-8)

각 plot에 대해 [선 두께], [형상], [색], [채우기], [순서]를 설정합니다. 성분수가 많은

경우 DOS의 내부를 채우는 성분을 지정하면 그림 4-9과 같이 보기 쉬운 그림이 됩니다. 또한 채우는 경우는 순서가 중요합니다. 내부를 채우면 먼저 그린 선이 겹쳐 보이지 않게 되므로 채울 plot를 먼저 그리도록 설정합니다. 또한 중복이 큰 궤도를 채울 경우 알기 힘들어집니다. 아래 그림은 탄소 2s와 2p 궤도 채우기를 표시 한 예입니다.

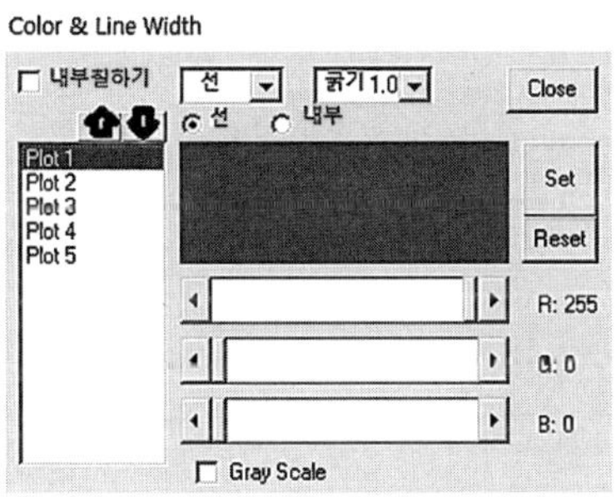

그림 4-8. 상세설정 화면

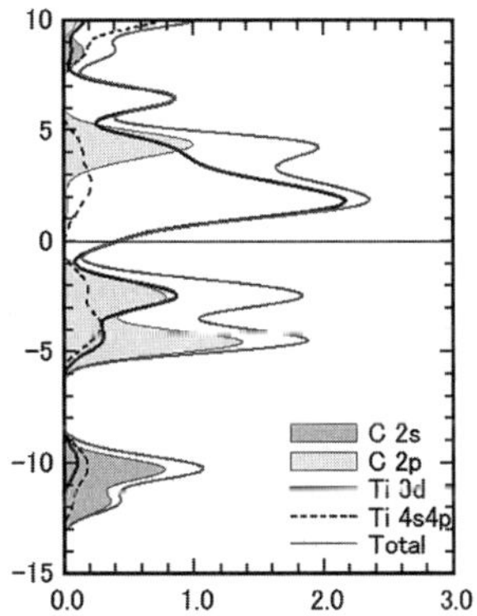

그림 4-9. 상세설정으로 행한 DOS 출력예

(4) **Plot 복사**

화면 복사는 LVLSHM과 같습니다. 화면 저장도 가능하고, 색상과 채우기 정보도 저장됩니다. 데이터 복사에 대해서는 표시되어 있는 plot에 대해 에너지와 상태밀도도 값이 X-Y 데이터로 탭 구분으로 복사됩니다. 에너지준위도와 달리, 상태밀도도는 연속적인 곡선이므로 에너지준위도보다 쉽게 그릴 수 있습니다.

4-1-4) LVLBNDS

공유결합성의 기준이 되는 유효공유결합전하(BOP : Bond Overlap Population)의 에너지 분포도인 Overlap Population Diagram을 작성하는 프로그램입니다. Bond Overlap Population은 각 분자궤도에 있어서 원자간 공유결합성을 나타내는 Overlap Population을 전자가 점유되어 있는 점유궤도에 대해 합한 것입니다. 따라서 분자궤도의 Overlap Population의 에너지 분포를 살펴보면 어떤 원자끼리의 결합이 어떤 궤도의 상호작용에 의해 발생하는지 등에 대한 자세한 화학결합에 대한 정보를 얻을 수 있습니다.

(1) 입력파일 만들기

LVLBNDS를 처음 실행하면 메인 화면의 왼쪽 창에 대칭성을 고려한 결합의 목록이 표시됩니다.

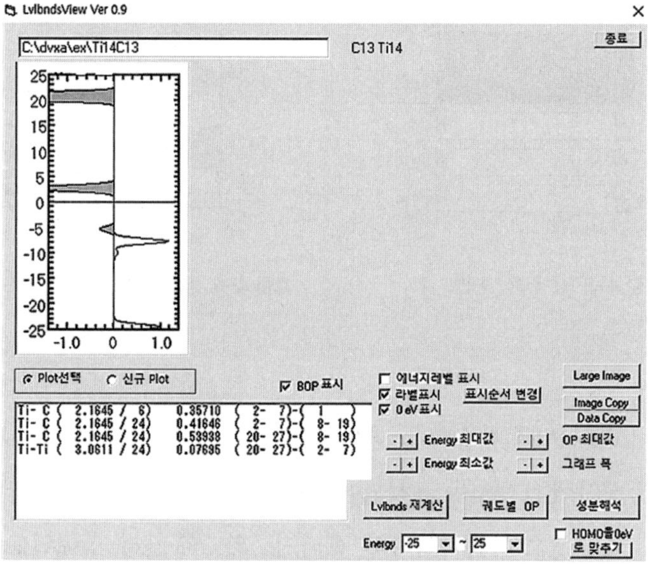

그림 4-10. LVLBNDS 화면

이 목록은 Structure의 BOP의 일람표시와 같은 것으로, plot하고 싶은 결합을 선택합니다. 여러 개를 선택하는 것도 가능합니다. 동일한 클러스터 모델에서 대칭성이 낮은 대칭궤도를 이용하여 계산하면 표시되는 결합수는 많아집니다. 실제로 클러스터 모델의 어떤 결합에 대응하는지는 Structure의 BOP를 나열하면 확인할 수 있습니다. [같은 결합종을 정리]를 선택하면 어느 원자에서 봤을 때, 같은 원자종끼리 결합은 1개로 정리해서 평균한 BOP가 표시됩니다. 대칭성이 낮은 경우에 유효합니다.

화합물의 BOP를 조사하는 경우 어떤 원자에 주목해서 근접 원자와의 결합을 평가하는 경우가 있습니다. 어느 원자와 모든 근접 원자와 BOP의 평균을 알고 싶으면 관심 있는 원자가 원점에 있는 경우 [같은 결합종을 정리], 모든 근접 원자와의 결합을 정리하는데, 주목할 원자가 원점에 없는 경우 [같은 결합종을 정리]를 선택하면 모든 근접 원자의 결합이 함께 표시되지 않을 수 있습니다. 이러한 경우에는 Structure의 BOP 목록에서 입력 데이터를 작성할 수 있습니다. Structure에서 주목하고 있는 원자를 선택하면 BOP 목록에는 모든 근접 원자와의 BOP와 결합종에 따른 BOP의 평균값이 표시되고 [lb4s 작성]으로 선택한 결합에 대한 입력파일을 만들 수 있습니다.

(2) 계산 결과의 표시

[Lvlbnds 실행]으로 계산을 하면 plot 선택 화면으로 이동합니다. 표시하려는 plot을 선택하면 선택한 순서대로 Overlap Population Diagram이 표시됩니다. 그리기 설정이나 화면의 저장은 LVLSHM과 같습니다. 일반적으로 화면 전체가 표시되지 않는 경우에도 Large Image를 하면 전체를 볼 수 있도록 화면 크기가 자동으로 조정됩니다.

plot 데이터의 복사는 상태밀도도와 같은 형식이지만, 하나의 plot에 대해 결합성분과 반결합성분으로 나뉘어 2개의 곡선 데이터로 복사됩니다.

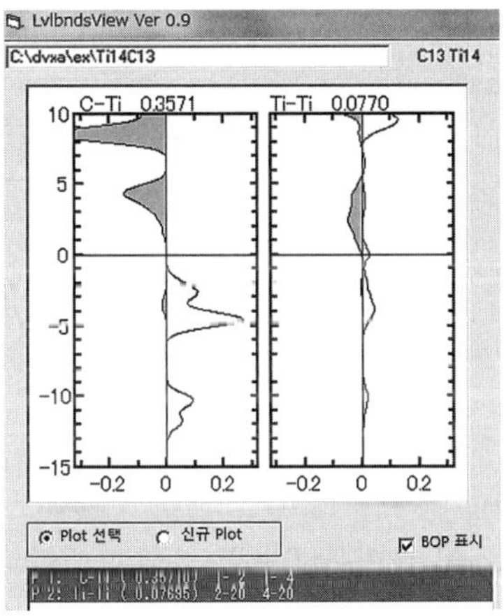

그림 4-11. 계산결과 Plot

(3) 성분 해석

Overlap Population을 궤도 성분으로 나누어 분석할 수 있습니다. plot을 1개 선택한 상태에서 오른쪽 아래의 [성분 해석]을 클릭하면 그림 4-12와 같이 성분해석 화면이 나타나고 왼쪽에 선택한 결합의 BOP를 각 궤도간 상호작용으로 분해한 값이 매트릭스로 표시됩니다. 오른쪽 창에 복사할 수 있는 텍스트 형식으로 표시됩니다. 왼쪽에 표시된 매트릭스의 개별 값을 클릭하면 해당 성분의 Overlap Population Diagram이 표시됩니다. 궤도를 일부 정리해 보려는 경우 [Clear]를 클릭하고 정리하고 싶은 궤도 이름을 클릭하고 [Plot]을 클릭합니다. 선택 궤도를 변경하여 추가로 그릴 수 있습니다. 오른쪽 그림은 C 2p와 Ti의 모든 궤도, C 2s와 Ti의 모든 궤도에 대해 표시한 것입니다. Plot 상단에 선택한 궤도 사이의 BOP가 표시됩니다.

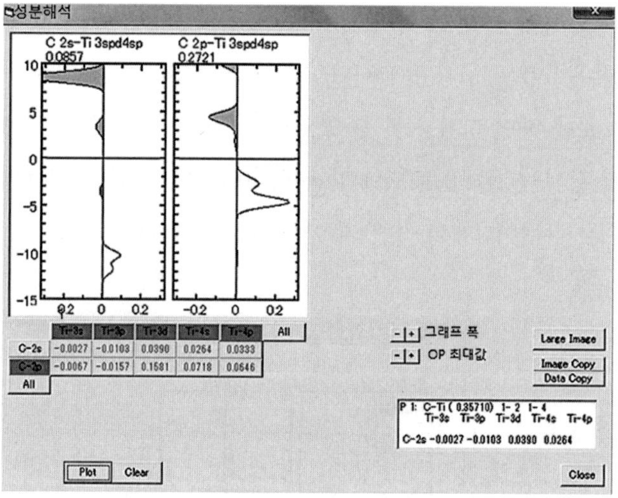

그림 4-12. 성분해석 화면

4-1-5) CONTR

파동함수와 전자밀도의 2차원 단면을 그리는 프로그램입니다.

(1) 그릴 단면 설정

왼쪽 아래에 있는 [단면설정]을 클릭하면 그림 4-13과 같은 단면설정 화면이 표시됩니다. 단면설정 방법은 XY면, YZ면, ZX면 외에 3원자를 지정하는 방법과 2원자와 하나의 방향 벡터를 지정하는 방법이 있습니다.

이미 CONTR을 실행하여 입력파일 C04이 존재하는 경우에는 그 입력파일의 단면이 표시되어 있습니다. $Ti_{14}C_{13}$의 경우 XY 단면을 지정하면 Ti-C 결합을 확인할 수 있는데, 여기에서는 3원자를 지정하는 방법에 대해 설명합니다. 선택은 왼쪽 상단의 좌표를 클릭하거나 오른쪽에 표시되는 클러스터 모델의 원자를 클릭합니다. 단면은 3개 원자들로 결정되지만 상대적인 위치는 선택 순서에 따라 다음과 같이 설정됩니다.

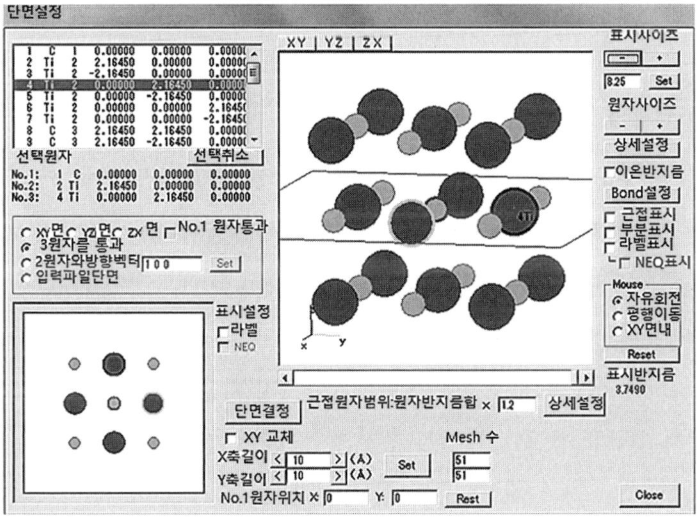

그림 4-13. 단면 설정 화면

1번째 원자 : 원점

2번째 원자 : x 축상의 플러스 방향

3번째 원자 : y > 0

오른쪽 상단의 클러스터 모델에는 설정한 단면이 빨간색으로 표시되고 왼쪽에는 단면에서의 원자가 표시됩니다.

그리기 범위 조정은

X와 Y의 교체

X축과 Y축의 길이 변경

화면을 마우스로 클릭하여 위치를 조정

첫 번째 원자의 좌표를 지정

합니다. 마지막으로 [단면결정] 버튼으로 단면을 결정합니다.

(2) 그릴 궤도 설정

간단한 분자의 경우는 모든 분자궤도에 대해 plot할 수 있지만, 조금 큰 클러스터 모델이 되면 모든 궤도에 대해 plot하는 것은 현실적이지 않습니다. 어떤 분자궤도에 주목해야 하는지는 목적에 따라 다르지만, 여기에서는 $Ti_{14}C_{13}$를 예로들어 Ti-C 결합에 기여하고 있는 분자궤도를 plot하는 방법을 소개합니다.

궤도가 표시되는 윈도우의 오른쪽 상단에 있는 [정렬]을 클릭하면 정렬조건을 설정하는 화면이 표시됩니다. 정렬할 수 있는 조건은

i. Energy(초기 정렬)

ii. 파동함수의 번호(대칭궤도를 이용하고 있는 경우는 에너지의 순으로 되어 있지 않다)

iii. 각 NEQ의 Orbital Population

iv. 각 결합의 Overlap Population

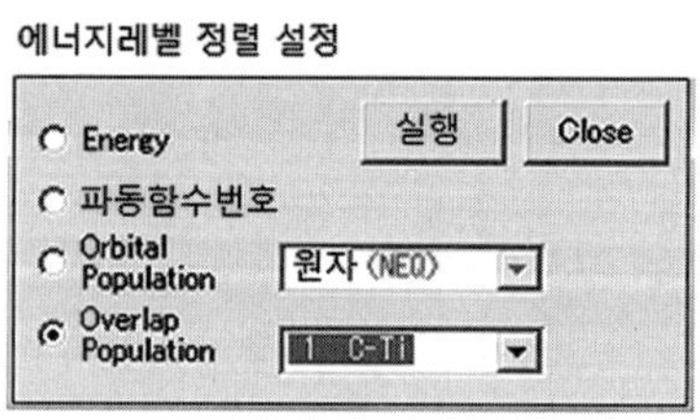

그림 4-14. 분자궤도를 정렬시키는 조건설정

네 종류입니다.

특정 원자의 성분이 많이 들어 있는 분자궤도를 선택하고자 하는 경우 (3)의 Orbital Population에 의한 정렬을 선택하고, 어떤 NEQ의 어떤 궤도에 대해 Orbital Population을 정렬 할 지를 지정합니다. 어느 NEQ에 대해서도 Total Orbital Population을 지정할 수 있습니다. 특정 결합에 주목하여 그 결합 성분이 큰 분자 궤도를 선택하려면 (4)의 Overlap Population을 선택하고 어떤 결합의 Overlap Population으로 정렬할 지를 지정합니다. 아래 그림은 Ti-C 결합의 Overlap Population으로 정렬한 결과입니다.

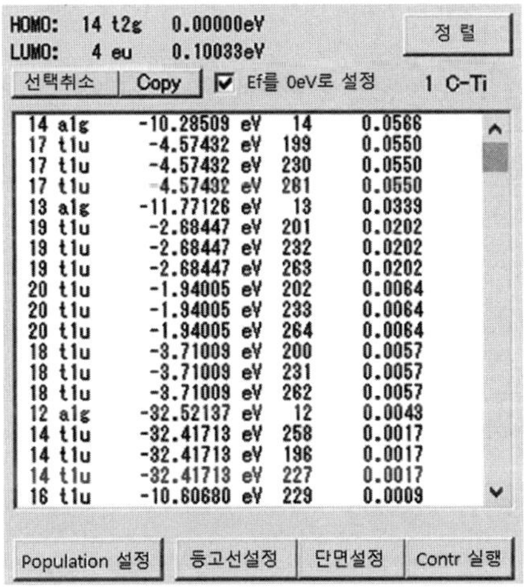

그림 4-15. Ti-C 결합의 Overlap Population에서 정렬된 결과

Overlap Population 값이 큰 순서로

분자궤도명(번호) Overlap Population

14a1g(14) 0.05660

17t1u(199, 230, 261) 0.05504

13a1g(13) 0.03398

5개 궤도를 선택할 수 있습니다. 17t1u는 3중 축퇴하고 있는 궤도이므로 같은 값을 가지는 궤도가 3종류인데 단면에 따라 보는 관점이 다를 수 있으므로 모두 선택합니다. 아래의 [Population 분석]을 클릭하면 아래 그림과 같이 선택한 분자궤도의 성분 분석 결과가 표시됩니다. 이 결과에서 14a1g, 13a1g는 C 2s, 17t1u는 C 2p가 주성분 분자궤도임을 알 수 있습니다.

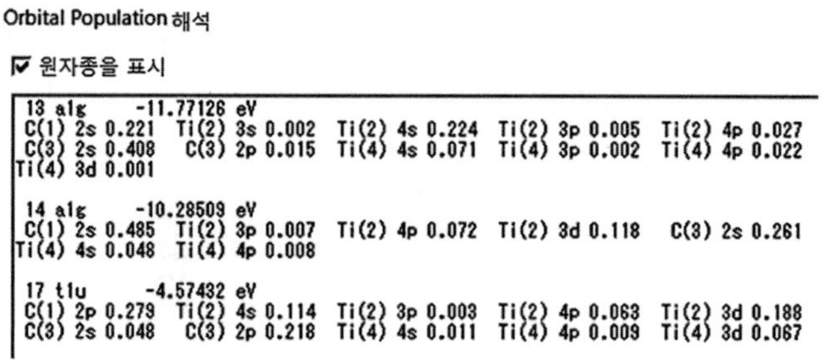

그림 4–16. Population 해석 결과

파동함수의 선택은 CONTR 왼쪽에 있는 분자궤도 목록에서, 같은 번호 또는 동일한 분자궤도 이름의 분자궤도를 선택합니다. 선택이 끝나면 [Contr 실행]을 클릭합니다.

(3) 계산 결과의 표시

CONTR이 완료되면 왼쪽 창에 plot한 분자궤도 이름이 표시됩니다. chg는 전자밀도입니다. 출력된 분자 궤도의 파일은 삭제되지 않으므로, [전체 plot]를 선택하면 지금까지 CONTR로 계산한 모든 분자궤도가 표시됩니다. 표시된 분자궤도를 클릭하면 오른쪽에 분자궤도의 등고선이 표시됩니다. 261번의 17t1u은 XY면이 절로 되어 있기 때문에 아무것도 표시되지 않습니다.

등고선의 값을 변경하려면 [등고선 설정]에서 설정한 후 [Contr 실행]으로 다시 계산합니다. 색상 맵을 선택하면 플러스가 흰색~빨간색, 마이너스가 흰색~파란색 음영으로 표시됩니다. 색상의 색조를 강하게 하려면 얼룩의 최대 값을 작은 값으로 변경한 다음 다시 그리기를 클릭합니다. [+ ↔ -]에서 플러스와 마이너스를 바꿀 수 있습니다.

[원자보기]를 선택하면 단면에 있는 원자가 표시됩니다. 표시되는 원자의 크기는 [+], [-] 버튼으로 변경 가능하며, [표시 설정]에서 색상과 라벨 등의 자세한 설정도 가능합니다. 아래 그림은 17t1u(199)을 등고선 +컬러 맵에서 원자를 표시 한 것입니다.

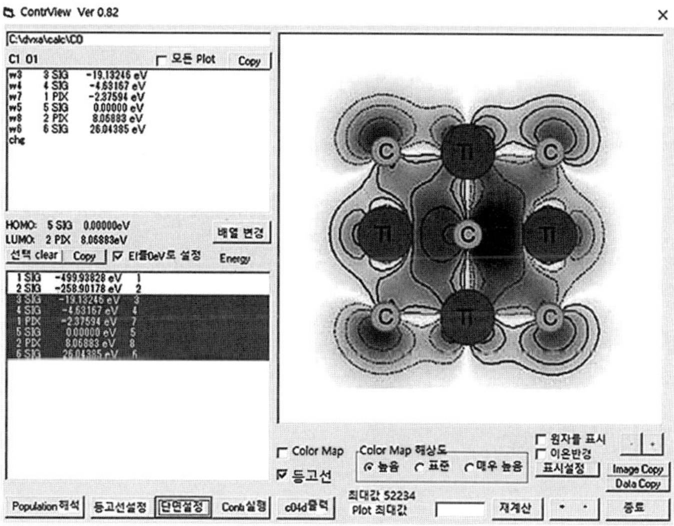

그림 4-17. 분자궤도의 표시예

(4) Plot 복사

다른 프로그램과 마찬가지로 [Image Copy] 화면을 복사할 수 있지만, CONTR은 확대표시(Large Image)는 없습니다. 데이터의 복사는 단면 설정에서 설정한 메쉬수에 대응한 행렬 데이터로 복사됩니다. 2차원 등고선을 그릴 수 있는 그래프를 그리는 소프트웨어의 데이터 시트에 '붙여 넣기'를 하면 더 예쁘게 그릴 수 있습니다. 메쉬수의 초기 값은 51이지만, 그래프 그리기 소프트웨어에 따라 늘려주면, 등고선 곡선이 부드럽게 그려집니다.

4-2. 광전자 스펙트럼 계산 프로그램 "PES"

DV-Xα법에서는 PES라는 프로그램을 이용하여 광전자 스펙트럼을 비교적 쉽게 구할 수 있습니다. 그 원리와 방법을 설명합니다. PES는 명령 프롬프트에서만 수행 할 수 있습니다.

4-2-1) 원자의 광이온화 과정

원자에 궤도전자의 이온화포텐셜이상의 에너지를 가진 전자파가 닿으면 확률적으로 이온화가 일어납니다. 궤도전자의 초기상태의 파동함수를

$$\chi_i(\mathbf{r}) = R_{n_i l_i}(r) \cdot y_{l_i m_i}(\hat{\mathbf{r}}) \tag{1}$$

또한 최종상태의 파동함수를

$$\chi_f(\mathbf{r}) = R_{\varepsilon_f l_f}(r) \cdot y_{l_f m_f}(\hat{\mathbf{r}}) \tag{2}$$

하면 광이온화단면적은

$$\sigma_{f,i} = \frac{4\pi^2 \alpha_0}{3}(\varepsilon_f - \varepsilon_i) \cdot \left|\langle \chi_f | \mathbf{r} | \chi_i \rangle\right|^2 \tag{3}$$

라고 쓸 수 있습니다. 여기서 α_0은 미세구조 상수(fine structure constant)이며, $\alpha_0 = (e^2/hc)$로 표시됩니다.(원자 단위계에서는 e = 1, h = 1, c = 137.0359856) 그러나 종료상태에서는 에너지 $\varepsilon_f > 0$이 됩니다. 또한 동경함수 $R_{n_i l_i}$, $R_{\varepsilon_f l_f}$는

$$\left[-\frac{1}{2}\frac{d^2}{dr^2} - \frac{1}{r}\frac{d}{dr} + V(r) + \frac{l(l+1)}{2r^2}\right] R_l(r) = \varepsilon \cdot R_l(r) \tag{4}$$

의 해가 됩니다. 초기상태의 파동함수는 원자궤도함수이지만, 최종상태의 파동함수 $R_{\varepsilon_f l_f}$는 그림 4-18에 나타낸 바와 같이, r이 큰 곳에서

$$r \cdot R_{\varepsilon_f l_f}(r) \rightarrow \sqrt{\frac{2}{\pi k}} \cos\left(kr - \frac{(l_f+1)\pi}{2} + \delta\right)$$

같이 구 Bessel function의 형태로 발산해 가는 함수로 됩니다. 여기서 $\varepsilon_f = h^2k^2/2m$입니다. 구면 조화 함수 y_{lm}은 여기에서는 실수함수를 이용하기로 합니다.

위치 벡터 r은 구면조화함수를 사용하여

$$\mathbf{r} = \mathbf{i}x + \mathbf{j}y + \mathbf{k}z = \sqrt{\frac{4\pi}{3}} \cdot r(\mathbf{i}y_{11} - \mathbf{j}y_{1-1} + \mathbf{k}y_{10}) \quad (5)$$

로 쓸 수 있기 때문에

$$\sigma_{f,i} = \frac{16\pi^3\alpha_0}{9}(\varepsilon_f - \varepsilon_i) \cdot \left| \langle r \rangle_{fi} \right|^2 \times \sum_{M=-1}^{1} \{C_{1M}(l_f m_f; l_i m_i)\} \quad (6)$$

로 표시됩니다. 여기에서

$$\langle r \rangle_{fi} = \int R_{\varepsilon_f l_f}(r) \cdot r \cdot R_{n_i l_i}(r) r^2 dr \quad (7)$$

$$C_{LM}(lm; l'm') = \int y_{lm}(\hat{\mathbf{r}}) y_{LM}(\hat{\mathbf{r}}) y_{l'm'}(\hat{\mathbf{r}}) d\Omega \quad (8)$$

입니다. 식 (6)의 이온화 확률은 C_{LM}의 성격에서 $l_f = l_i \pm 1$의 경우에만 0이 아니게 될 것입니다.

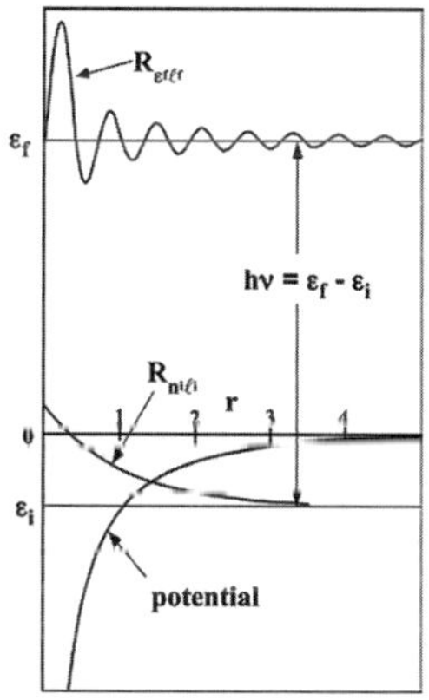

그림 4-18. 광이온화에 의한 초기상태와 최종상태의 동경파동함수

4-2-2) CO 분자의 X선 광전자 스펙트럼 계산

CO 분자의 전자결합 에너지(이온화에너지)는 DV-Xα법을 이용하여 슬레이터의 천이상태를 계산하여 근사가 좋도록 구할 수 있습니다. 아래 그림은 그 결과를 보여줍니다. 그림 4-19에서 GS는 중성상태(기본상태), TS는 슬레이터의 천이상태에서의 계산 결과를 보여줍니다.

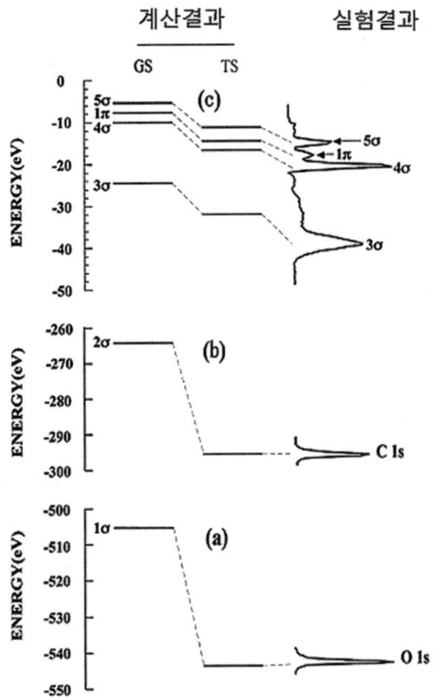

그림 4-19. CO 분자궤도 레벨의 계산값과 실험값 비교

(a)와 (b)는 각각 O 1s 및 C 1s 궤도에 대응하는 궤도레벨, (c)는 가전자 레벨의 3σ, 4σ, 1π, 5σ 분자 궤도 레벨을 보여줍니다. TS 계산은 (a)와 (b)는 1σ 및 2σ 레벨에서 전자를 절반 제거한 계산, (c)는 4σ 레벨의 전자를 절반 제거한 계산 결과로, 가전자 레벨의 TS를 대표하고 있습니다. 또한 실험 결과는 X선 광전자 분광(XPS) 스펙트럼입니다. 기저상태 계산에 의한 궤도레벨은 실험 결과와 절대치가 상당한 차이가 있지만, 슬레이터의 천이상태에 의한 계산에서는 궤도 완화를 도입한 이온화에너지의 계산이 이루어져, 근사가 실험값을 제대로 재현하고 있는 것을 알 수 있습니다. 이러한 계산은 비스핀

분극에 의한 계산이지만, 스핀분극의 계산을 하면 교환포텐셜항이 더 정확하게 계산되어, 정밀도를 보다 향상시킬 수 있습니다. 또한 이 DV-Xα계산에서는 well potential에 default의 값으로 기저함수를 만들고 있습니다만, 분자계산을 위해 더 적절한 기저함수를 만들 수 있기 때문에 이온화에너지 값을 보다 정밀하게 개선할 수 있습니다.

스펙트럼의 피크 강도는 이온화단면적 계산으로 평가할 수 있습니다. 분자의 이온화단면적을 완전한 비경험적 방법으로 계산하는 것은 어렵기 때문에 Gelius[1]의 방법을 이용하여 프로그램 'PES'[2]를 가지고 근사적으로 계산합니다. PES에 의한 이론 스펙트럼과 실험 스펙트럼과의 비교를 그림 4-20에 나타냅니다. 실험 스펙트럼과 비교할 때, 상태밀도(DOS)를 이론 스펙트럼으로 사용하는 경우가 있지만, 원자궤도가 혼합된 분자궤도는 그 근사치는 실측치와 차이가 커집니다.

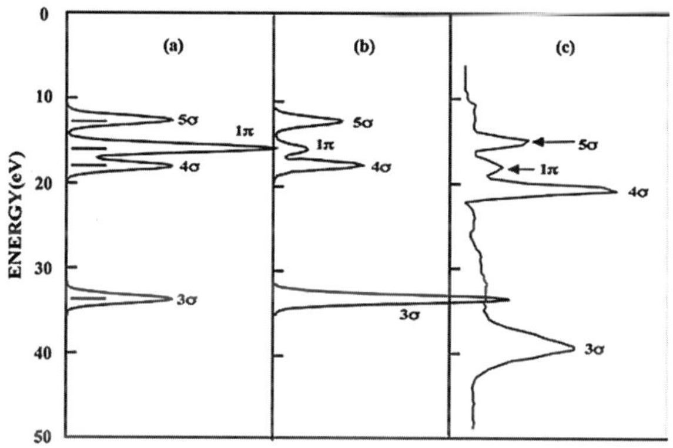

그림 4-20. CO 분자의 가전자대 X선 광전자 스펙트럼 이론과 실험의 비교

(a) 상태밀도 (b) 이론 스펙트럼 (c) 실험 스펙트럼

Gelius 방법은 각 원자궤도 성분의 부분 상태밀도로, 원자궤도의 이온화확률을 곱한 것의 합으로 근사를 실시하기 때문에, 실험 스펙트럼을 잘 재현할 수 있습니다. CO 분자의 예에서는 특히 1π 레벨의 피크강도가 DOS에서 크게 되었는데, 이온화단면적을 고려한 이론 스펙트럼은 실험 결과에 잘 일치하고 있습니다. 또한 3σ 레벨에서는 그 반대로 좋지 않게 보입니다.

이론스펙트럼에서 피크폭은 일률적으로 0.5eV로 임의로 정하고 있습니다. 3σ 피크에 관해서, 피크폭이 실험피크를 재현하고 있지 않게 보이는데 피크 강도비는 실험과 일치합니다. 또한 이 이론계산은 원자기저함수를 만들 때, well potential을 폭 3.5au, 깊이 -0.5Ry 값을 사용하여, 처음에 나온 그림 수준보다 실험값에 가깝게 되어 있습니다.(XPS의 경우 기저함수를 조금 더 퍼지게 해 주면 실험값에 가까운 결과를 얻을 수 있습니다.)

원자의 궤도전자의 이온화단면적은 Scofield[3]과 Yeh[4]에 의해 계산된 값이 보고 되고 있으며, 그 값을 사용할 수도 있습니다. 그러나 프로그램 'PES'는 DV-Xα계산에서 분자궤도 계산에 사용된 원자궤도에 대한 이온화단면적을 계산하기 때문에, 전하이동 등에 의해 궤도가 변화하면 그 변화를 반영한 계산이 이루어 질 수 있습니다. 또한 여기된 빈 궤도가 분자궤도에 혼합된 경우, 여기궤도의 이온화단면적을 계산해서, 분자궤도의 이온화단면적을 평가할 수 있는 것이 특징이기도 합니다.

X선 광전자 스펙트럼의 계산 예로, 위에서 언급 한 CO 분자의 X선 광전자 스펙트럼을 다룹니다.(여기되는 광은 Al-Kα선으로 합니다) 광전자 스펙트럼에는 O 1s, C 1s 및 가전자 영역에 피크가 나타나며 피크 에너지의 절대값을 문제로 삼는 경우 각각의 피크에 대응하는 궤도에 대해 슬레이터의 천이상태(TS) 계산을 해야 합니다. 광전효과에 의한 이온화의 경우 TS 계산은 그림 4-21과 같이 대응하는 궤도에서 전자를 절반 제거한 상태로 계산됩니다.

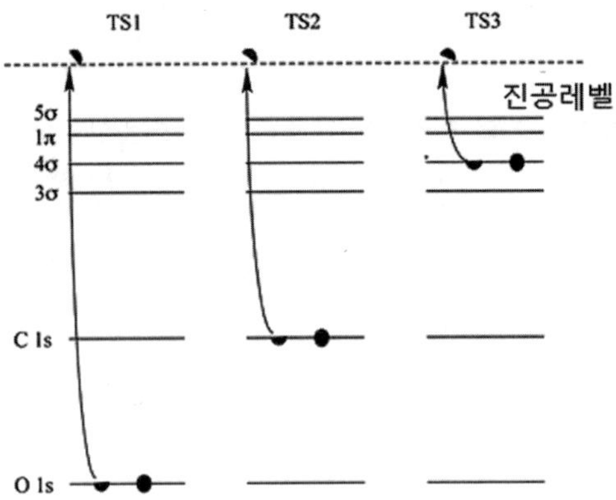

그림 4-21. CO 분자의 TS 계산

가전자대의 TS 계산은 엄밀하게는 모든 레벨에 대해 계산을 해야 하지만, 에너지가 가까운 레벨은 TS 계산 차이가 작아, 여기에서는 4σ 레벨을 대표로 4σ 궤도 TS 계산만 하도록 합니다. 또한 비교를 위해 기준 스펙트럼으로 기저상태(GS=중성분자)의 계산도 실시해야 합니다. 즉, GS, TS1(O 1s=1σ), TS2(C1s=2σ), TS3(4σ)의 4가지 계산을 합니다.

먼저 디렉토리 CO를 만들고 그 안에 GS, TS1, TS2, TS3의 4개의 디렉토리를 작성합니다. GS 계산의 경우 F01을

```
|  Z  ||NEQ||    X    ||    Y    ||    Z    |
   6      1     0.00000   0.00000    0.56400
   8      2     0.00000   0.00000   -0.56400
-------------------------------------------------
|NEQ||  CHG  ||U/D||  RD  ||  VD  |   1
-------------------------------------------------
   0   Unit          (0 : angstrom  1 : atomic)
   0   Spin          (0 : non-spin  1 : spin)
   1   M.P.          (0 : No        1 : Yes)
   0   Sample Point  (<100000, =0 autoset)
```

로(₩dvxa₩ex₩co₩F01과 동일합니다) > **makef05**에서 **F05**를 만들고 그대로 > dvscat으로 DV 계산을 합니다. 결과 F08e은

*** M.O. EIGENVALUE

		(RY)	(HR)	(EV)	
1	1	−37.14232	−18.57116	−505.26663	2.00000
2	2	−19.42275	−9.71137	−264.21795	2.00000
3	3	−1.79735	−0.89867	−24.45030	2.00000
4	4	−0.73159	−0.36579	−9.95216	2.00000
5	5	−0.56819	−0.28410	−7.72939	2.00000
6	6	−0.56207	0.28103	−7.64611	2.00000
7	7	−0.39073	−0.19536	−5.31525	2.00000
8	8	0.19948	0.09974	2.71357	0.00000
9	9	0.20636	0.10318	2.80722	0.00000
10	10	1.52383	0.76191	20.72943	0.00000

입니다. 이 계산은 대칭제도를 사용하지 않았지만, 레벨 1은 1σ(O 1s), 2는 2σ(C1s) 3, 4는 3σ, 4σ, 5와 6이 2중 축퇴한 1π, 7이 5σ에 대응합니다. 에너지 스펙트럼의 비교를 위

해 LVLSHM 레벨(O 1s, C 1s 및 가전자대 근방) 계산을 수행합니다. LVLSHM 계산을 위한 입력데이터는 makel04m로 만들면 에너지 범위를 지정할 수 있습니다. 출력으로 l07, l08, l08kg를 얻을 수 있기 때문에, 각각 l07.O1s처럼 이름을 변경합니다. O1s 내용은 -550~-500eV, C1s는 -300~-260eV, 가전자대 근방은 -50~0eV 범위에서 레벨 그림을 작성합니다.

다음 TS1 내에서 O 1s 대한 TS 계산을 합니다. 마찬가지로 F01에서 F05를 만들고, F05의 6번째 줄을 굵게 표시해 둔 것처럼 수정합니다.

```
  8
 MOLECULAR CALCULATION OF *****          2.50000  -2.00000   1
SCCSQGRN     10  300 1000    099999   0   0   -3   0    0.1000000000D-(
  2   2   6   2   2   0
  1  6.0    2  8.0
 14.00000    1    1  -0.50000    0    0  0.00000    0    0  0.00000
  0
C HFS ATOM CALC.
  1  300    3
  6.00000   0.70000  20.00000  32.00000   0.00000
 1.0  0.0       -10.680000        2.00000
 2.0  0.0        -0.640000        2.00000
 2.0  1.0        -0.330000        2.00000
```

이 계산은 O 1s의 TS 계산으로 합니다. 즉, 레벨 1에서 0.5개의 전자를 제거한 계산을 하기 때문에, F05의 6번째 줄의

```
14.00000    0    0   0.00000    0    0   0.00000    0    0   0.00000
```

를

```
14.00000    1    1   -0.50000    0    0   0.00000    0    0   0.00000
```

로 수정합니다. 또한 O 원자의 궤도 1s에서 0.5개의 전자를 제거한 초기상태에서 계산을 시작하면 빨리 수렴하기 때문에

```
O HFS ATOM CALC.
   2  300    3
  8.00000   0.70000  20.00000  32.00000   0.00000
 1.0  0.0          -19.720000        2.00000
 2.0  0.0           -1.070000        2.00000
 2.0  1.0           -0.520000        4.00000
```

```
O HFS ATOM CALC.
   2  300    3
  8.00000   0.70000  20.00000  32.00000   0.00000
 1.0  0.0          -19.720000        1.50000
 2.0  0.0           -1.070000        2.00000
 2.0  1.0           -0.520000        4.00000
```

로 둡니다.(수정 부분은 총 2군데 있습니다) 이 입력파일 F05에서 SCF 계산을 하면 F08e는

*** M.O. EIGENVALUE

		(RY)	(HR)	(EV)	
1	**1**	**−39.95111**	**−19.97555**	**−543.47610**	**1.50000**
2	2	−20.02065	−10.01033	−272.35152	2.00000
3	3	−2.41614	−1.20807	−32.86801	2.00000
4	4	−1.28335	−0.64167	−17.45809	2.00000
5	5	−1.12969	−0.56484	−15.36775	2.00000
6	6	−1.12391	−0.56196	−15.28915	2.00000
7	7	−0.86865	−0.43433	−11.81671	2.00000
8	8	−0.31751	−0.15875	−4.31924	0.00000
9	9	−0.31241	−0.15620	−4.24985	0.00000
10	10	0.92303	0.46151	12.55641	0.00000

이 됩니다. 레벨 1의 전자수(맨 오른쪽 열)를 보면, 0.5개 전자가 제거된 상태의 계산임을 확인할 수 있습니다. 또한 레벨 1의 궤도 에너지가 GS에서 -505eV에서 -543eV로 감소하고 있음을 알 수 있습니다.

TS2 계산은 F05의 6번째 줄을

```
14.00000   1   2  -0.50000   0   0  0.00000   0   0  0.00000
```

로 변경하고, C 원자의 1s 궤도에서 전자를 0.5개 제거합니다.

```
C HFS ATOM CALC.
   1  300    3
  6.00000   0.70000  20.00000  32.00000   0.00000
 1.0  0.0        -10.680000      1.50000
 2.0  0.0         -0.640000      2.00000
 2.0  1.0         -0.330000      2.00000
```

또한 TS3에서 F05를

```
14.00000   1    4   -0.50000    0    0   0.00000    0    0   0.00000
```

로 변경하고, O 원자의 2p 전자를 0.5개 제거합니다.

```
O HFS ATOM CALC.
   2  300    3
  8.00000   0.70000  20.00000  32.00000   0.00000
 1.0  0.0        -19.720000      2.00000
 2.0  0.0         -1.070000      2.00000
 2.0  1.0         -0.520000      3.50000
```

TS3의 경우 가전자궤도는 원자궤도의 혼합상태인데, 초기값을 적당히 총 0.5개 전자가 부족한 상태로 계산하면, SCF의 반복 계산을 하면서 각각의 원자궤도에 제거한 0.5개분의 전자가 배분되게 됩니다.

다음은 TS1, TS2, TS3에서 얻어진 레벨에너지를 GS 계산과 비교하기 위해 LVLSHM 계산하고, 각각의 에너지 영역(O 1s, C 1s 원자가 영역)에서 비교하여 보십시오. O 1s는 에너지 범위를 -550eV ~ -500eV, C 1s는 -300eV ~ -250eV, 가전자대에서는 -50eV ~ 0eV으로 plot하고, GS의 레벨과 비교하면 그림 4-22를 얻을 수 있습니다. 입력 데이터 l04를 작성시에는 makel04m을 사용하면 에너지 범위를 입력할 수 있습니다.

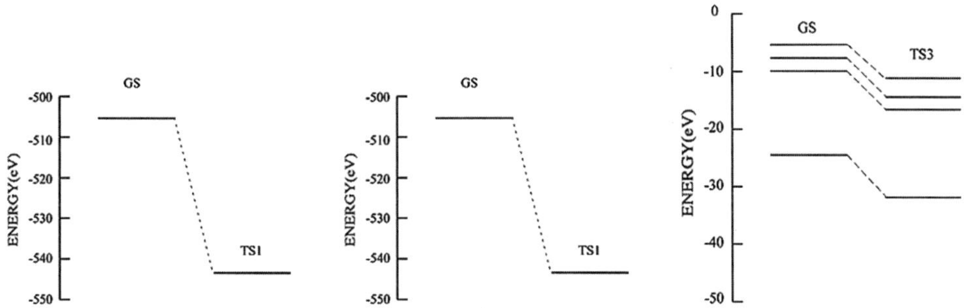

그림 4-22. CO 분자의 TS1, TS2, TS3와 GS 비교

그림에서 알 수 있듯이, GS레벨과 비교하여, TS레벨은 이온화때에 생기는 포텐셜의 변화(특히 전자간척력 감소)를 반영하여 에너지가 감소하는 것을 알 수 있습니다. 이러한 궤도레벨은 XPS 실험 결과와 비교하여 검토할 수 있습니다. XPS 실험값은 Al-Kα선을 이용하여 여기된 광으로 얻은 스펙트럼을 이용합니다. 그림 4-22의 레벨그림과 XPS 실험 결과를 나란히 비교하면 그림 4-23과 같이 됩니다.

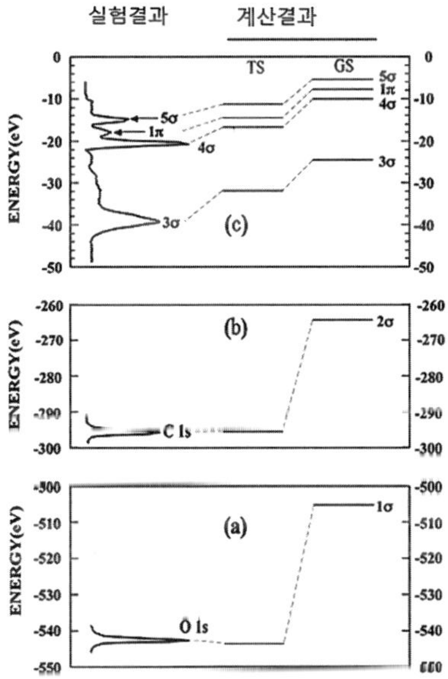

그림 4-23. CO 분자의 실측 X-선 광전자 스펙트럼과 에너지 레벨 비교

그림에서 알 수 있듯이, GS 계산에서는 궤도 에너지의 절대값과 XPS에 의한 이온화에너지의 실험값과 상당히 어긋나 있습니다. 그러나 TS 계산은 크게 개선되어 더 좋게 근사되어 있는 것을 알 수 있습니다.

다음은 가전자대의 이온화 확률 계산을 수행하여, 피크에너지 뿐 아니라 피크 강도를 포함한 스펙트럼의 형상을 비교하여 보십시오. 이론스펙트럼의 계산에는 프로그램 'PES'를 사용합니다. 이 프로그램의 입력파일은 XP4, XP5입니다.

XP4(DOS용 입력 데이터 d04와 유사) 데이터의 내용은 다음과 같습니다.

i. IGL = GAUS or LORE, JIMAE = 0 or 1(JIMAE = 1일 때 원자의 이온화단면적을 계산. 0일때는 5. FCS에 이온화단면적비를 입력해 둔다.)

ii. E0, E1, DX, HNU(E0, E1 DX는 DOS의 경우와 동일, HNU는 입사광의 에너지를 Ry 단위로 입력한다.)

iii. SIG(I), I = 1, NCORE(DOS의 경우와 동일)

iv. NPRT, IPRT(I), I = 1, NCORE(DOS의 경우와 동일)

v. FCS(I), I = 1, NCORE(DOS의 경우와 동일, JIMAE = 1일 때는 0으로 하면 된다)를 입력한다.

CO 분자의 경우는 다음과 같습니다.

```
GAUS  1
 -50.00000   0.00000   0.20000 109.33823
   0.50000   0.50000   0.50000   0.50000   0.50000   0.50000
   2    1    1    1    2    2    2
   0.00000   0.00000   0.00000   0.00000   0.00000   0.00000
```

여기서 HNU = 109.33823는 Al-Kα선 에너지(Ry 단위)입니다.

XP5는 DOS의 d05과 같은 스케일로 그림을 지정합니다. 이번에는 기본값을 사용합니다.

100.0,150.0, 5.0

이 파일은 makexp4를 사용하여 만들 수 있습니다. 먼저 >makexp4 입력하면, input excitation energy/Ry(default 109.3382)를 물어오는데, 여기 에너지를 Ry 단위로 입력합니다. 기본값은 Al-Kα선 값으로 되어 있으며, 0을 입력하면 이 값이 사용됩니다. 다음으로 1) Set all A.O. 2) Set all atom이 표시되므로, 1 또는 2를 입력하여 XPS에 표시할 성분을 선택합니다. 1은 모든 원자궤도를, 2는 각각의 원자를 다른 성분으로 표시할 수 있습니다. 다음은 input energy region/eV(default -50.0, 0.0)에 에너지 영역을 지정합니다. 0, 0을 입력하면 기본 값이 입력됩니다. 이어 >PES 입력하고 계산하면 출력파일 XP7를 얻을 수 있습니다. 이것을 plot하면 그림 4-24과 같이 됩니다.

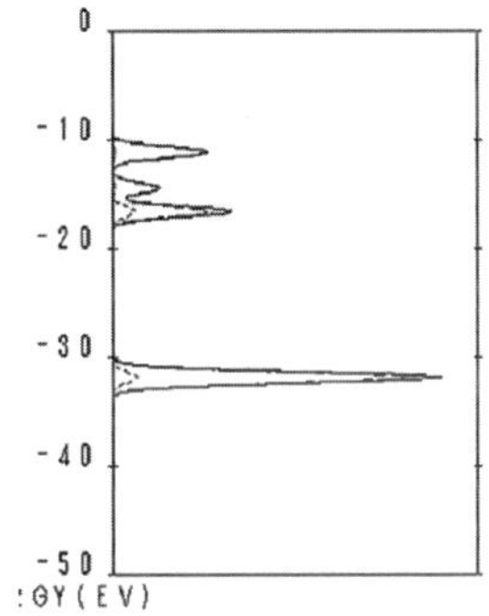

그림 4-24. CO 분자의 이론 X-선 광전자 스펙트럼

또한 실험스펙트럼과 비교할 때, 상태밀도(DOS)로 이론스펙트럼을 대체할 수 있으므로 프로그램 'DOS'로 상태밀도의 계산도 수행해 놓습니다. 같은 에너지 범위를 지정하기 위해 maked04m을 사용하면 편리합니다. 이러한 계산 결과와 XPS 실험스펙트럼과 비교하면 그림 4-25와 같이 됩니다.

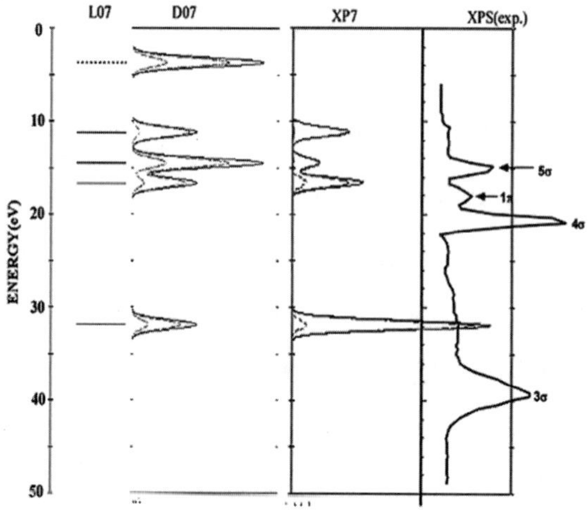

그림 4-25. CO 분자의 가전자대 X-선 스펙트럼 이론과 실험 비교

이 그림에서 맨 위의 궤도레벨은 빈 궤도이므로 광전자 스펙트럼에는 나타나지 않습니다.(DOS에는 피크가 나타납니다) 또한 DOS에 의한 상태밀도곡선(D07)에서는 스펙트럼 강도가 제대로 재현되어 있지 않은 것을 알 수 있습니다. 특히 1π 수준의 강도가 커지고 있고, 또 반대로 4σ 피크의 강도가 작아지고 있는 것을 알 수 있습니다. 그와는 대조적으로, PES에 의한 이론 광전자 스펙트럼(XP7)에서는 피크 강도에 대해서도 실험 결과를 잘 재현하고 있음을 알 수 있습니다. 이 PES 계산에서는 피크폭이 0.5eV로 균일하게 했습니다. 실험스펙트럼은 3σ의 피크폭이 넓게 나타나고 있기 때문에, 이론과의 일치가 좋지 않은 것처럼 보이지만 강도 비율 자체는 실험과 일치합니다.

4-3. X-선 스펙트럼의 이론계산-프로그램 "SXS"

DV-Xα법의 특징의 하나로서 SXS라는 프로그램을 이용하여 X선 스펙트럼을 쉽게 계산할 수 있습니다. 아래에 그 원리와 절차를 설명합니다.

4-3-1) 이론 요약

X-선 스펙트럼은 내각궤도와 내각 또는 외각궤도 사이의 전자상태 천이에 근거합니다. 특히 물질의 연X선 스펙트럼은 내각궤도와 가전자궤도와 여기되는 빈 궤도 사이의 천이가 중요합니다. 이러한 전자천이는 전기쌍극자 천이로 근사되고 그 확률은 진동자 강도 f_{il}로 나타낼 수 있습니다. 내각궤도를 원자궤도 χ_i로, 가전자궤도는 ϕ_l으로 나타내고, f_{il}는 "length gauge"로 쓰면(원자 단위계에서)

$$f_{il} = \frac{2}{3}(\varepsilon_l - \varepsilon_i)\left| \int \chi_i^* \mathbf{r}\phi_l d\boldsymbol{\tau} \right|^2 \tag{4-1}$$

입니다. 원자궤도 χ_i은

$$\chi_i(\mathbf{r}) = R_{nl}(r) y_{lm}(\hat{\mathbf{r}}) \tag{4-2}$$

로 쓸 수 있습니다. 여기서 y_{lm}은 실수형 구면조화함수입니다. 분자궤도 ϕ_l는 LCAO 근사로

$$\begin{aligned} \phi_l(\mathbf{r}) &= \sum_g C_{gl}\, \varphi_g(\mathbf{r}) \\ \phi_g(\mathbf{r}) &= \sum_j W_{jg}\, \chi_j(\mathbf{r}) \end{aligned} \tag{4-3}$$

로 표시됩니다. 여기서 ϕ_g은 대칭궤도, W_{jg}은 대칭궤도를 구축하는 계수입니다. 적분 $\int \chi_j \mathbf{r}\phi_l d\boldsymbol{\tau}$은 쌍극자 모멘트의 행렬 요소에서 $\mathbf{r} = x\mathbf{i} + y\mathbf{j} + z\mathbf{k}$로 나타내면

$$\begin{aligned} \int \chi_i^* \mathbf{r}\phi_l d\boldsymbol{\tau} &= \mathbf{i}\int \chi_i^* x\phi_l d\tau + \mathbf{j}\int \chi_i^* y\phi_l d\boldsymbol{\tau} + \mathbf{k}\int \chi_i^* z\phi_l d\boldsymbol{\tau} \\ &= \mathbf{i}\langle x\rangle_{il} + \mathbf{j}\langle y\rangle_{il} + \mathbf{k}\langle z\rangle_{il} \end{aligned} \tag{4-4}$$

로 쓸 수 있습니다. 따라서 식 (4-1)은

$$f_{il} = \frac{2}{3}(\varepsilon_l - \varepsilon_i)\left\{\left|\langle x \rangle_{il}\right|^2 + \left|\langle y \rangle_{il}\right|^2 + \left|\langle z \rangle_{il}\right|^2\right\} \quad (4\text{-}5)$$

이 됩니다.

식 (4) 우변의 제1항의 x의 적분은 식 (4-3)을 이용하면

$$\langle x \rangle_{il} = \int \chi_i{}^* x \phi_l d\boldsymbol{\tau} = \sum_g C_{gl} \sum_j W_{jg} \int \chi_i{}^* x \chi_j d\boldsymbol{\tau} = \sum_g C_{gl} \sum_j W_{jg} \langle x \rangle_{ij} \quad (4\text{-}6)$$

로 되고, 원자궤도 i-j 사이의 행렬요소 $\langle x \rangle_{ij}$가 계산이 된다면 구해집니다.

원자궤도 사이의 행렬요소 $\langle x \rangle_{ij}$는

$$\langle x \rangle_{ij} = \int \chi_i{}^* x \chi_j d\boldsymbol{\tau} = \int R_{n_i l_i}(r) y_{l_i m_i}(\hat{\mathbf{r}})\, x\, R_{n_j l_j}(r) y_{l_j m_j}(\hat{\mathbf{r}}) r^2 dr d\hat{\mathbf{r}} \quad (4\text{-}7)$$

로 되며, χ는 구면조화함수로 나타낼 수 있어

$$x = -\sqrt{\frac{4\pi}{3}} \cdot r y_{11} \quad (4\text{-}8)$$

로 되므로, 이를 식 (4-6)에 대입하면

$$\langle x \rangle_{ij} = -\sqrt{\frac{4\pi}{3}} \times \int R_{n_i l_i}(r) r R_{n_j l_j}(r) r^2 dr \times \int y_{l_i m_i}(\hat{\mathbf{r}}) y_{11}(\hat{\mathbf{r}}) y_{l_j m_j}(\hat{\mathbf{r}}) d\hat{\mathbf{r}} \quad (4\text{-}9)$$

되어, 동경 r에 관한 적분과 각 r에 대한 적분으로 분리할 수 있습니다.

프로그램 "SXS"는 DV수치적분을 이용하여 내각궤도(원자궤도)과 분자궤도와의 전자 전이확률을 식 (4-5)에 따라서 계산합니다. 또한 X선 방출(형광 X선) 스펙트럼의 경우는 식(4-5)에 $(\varepsilon_l - \varepsilon_i)$를 곱해(아인슈타인의 자연방출계수에 대응) 천이확률로 합니다.

프로그램 "SXS"는 X선 방출(형광 X선) 스펙트럼과 X선 흡수단흡수 스펙트럼(XANES)의 이론적 해석을 위해 개발한 것으로, 처음에 옥소산 이온의 연X선 형광 스펙트럼의 분석에 응용되었다.[5] 계산 방법과 그 응용에 관해서는 참고문헌 1)~3)을 참조하십시오.

4-3-2) SXS 계산의 예 SO_4^{2-} 클러스터 $L_{2,3}$ 형광 X선 스펙트럼의 계산[1, 3]

여기에서는 SXS를 이용한 계산 예로 SO_4^{2-} 클러스터를 다룹니다. 이 이온은 중심원소 S 주위에 4개의 O 원자가 사면체로 배위한 구조를 가지고 있습니다. 이 S의 $L_{2,3}$ 발광 스펙트럼은 내각 2p 궤도에 빈 구멍이 있고, 여기에 에너지가 높은 가전자궤도에서 전자가 천이할 때 방출되는 전자파 스펙트럼인데 에너지가 100~1000eV의 연X선 영역 스펙트럼입니다. S $L_{2,3}$ 스펙트럼은 선택율에 따라서 가전자상태에서 주로 s 궤도 성분을 반영하고 있습니다. 그 스펙트럼 구조를 잘 관찰하면 가전자상태의 세부 정보를 분석할 수 있기 때문에 $L_{2,3}$스펙트럼은 상태분석에 매우 유용합니다. 그림 4-26은 SO_4^{2-} 이온의 가전자구조와 $5t_2$에서 S 2p로의 천이에 대한, 슬레이터의 천이상태를 보여줍니다.

이 그림의 예에서는 초기상태는 S 2p 궤도에 공공이 생긴 상태이며, 슬레이터의 천이상태($5t_2$에서 A 2p에 전자 절반이 천이한 상태)를 경유하여 최종 상태는 $5t_2$ 궤도에 빈 구멍이 생깁니다. 즉, $5t_2$ 궤도와 A 2p 궤도의 양 궤도에 전자의 절반만큼 빈 구멍이 생긴 상태의 계산을 하게 됩니다. 이렇게 계산된 S $L_{2,3}$ 형광 X선 스펙트럼과 실험 스펙트럼과의 비교를 그림 4-27에 나타냅니다. 그림에는 유사한 구조를 가진 PO_4^{3-}, ClO_4^{-} 이온에 대해서도 결과를 보여줍니다.

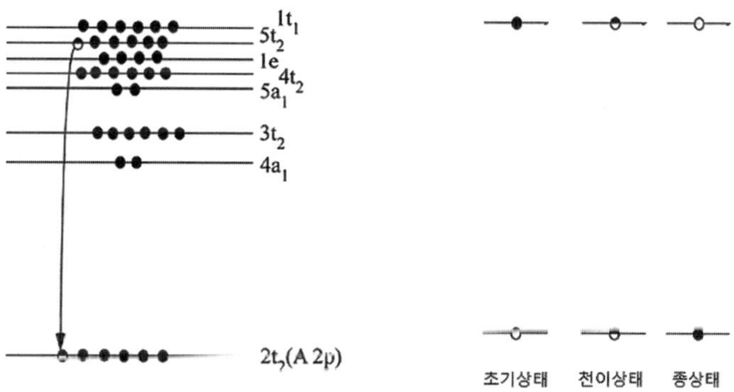

그림 4-26. SO_4^{n-} 이온의 가전자구조와 슬레이터의 천이상태 전자배치

어느 이온에 대해서도 이론스펙트럼이 실험과 일치하고 있는 것을 알 수 있습니다. 또한 피크 A의 높이가 P, S, Cl로 변화함에 따라 커지고 있음을 알 수 있습니다. 이것은 분

자궤도이론 계산에서 이 피크의 d 궤도 성분이 증가하기 때문입니다.[5]

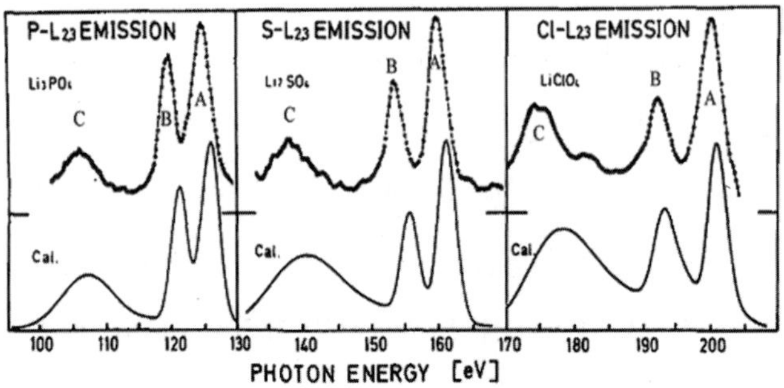

그림 4-27. AO_4^{n-} 이온의 A L_{23} 형광 X선 스펙트럼의 이론과 실험 비교

그러면 SO_4^{2-} 이온에 대해 계산해 봅니다. 실제 이론스펙트럼은 슬레이터의 천이상태의 계산을 얻을 수 있는데, 먼저 기저상태의 계산을 합니다. 디렉토리 SO4-2를 만들고, 기저상태계산 디렉토리 GS와 전이상태계산 SXS-TS를 만듭니다. 우선, GS에 파일 f01을 만듭니다.(-2을 복사합니다)

여기에서는 대칭성을 고려한 계산을 실시하기 때문에 먼저 >makef25을 실행합니다. 대칭성은 26Td를 선택하고 f25 파일을 만듭니다. 그 후 >makef05, 이어서 >dvscat으로 수렴할 때까지 계산합니다. 계산이 수렴한 후 먼저 에너지 레벨 구조를 그립니다.

```
 | Z  || NEQ ||    X     ||    Y     ||    Z     |
  16      1       0.00000    0.00000    0.00000
   8      2       0.88912    0.88912    0.88912
   8      2       0.88912   -0.88912   -0.88912
   8      2      -0.88912    0.88912   -0.88912
   8      2      -0.88912   -0.88912    0.88912
---------------------------------------------------------
| NEQ ||  CHG   || U/D ||  RD  ||  VD  |   1
   1      6.00000
   2     -2.00000
---------------------------------------------------------
   0    Unit          (0 : angstrom  1 : atomic)
   0    Spin          (0 : non-spin  1 : spin)
   0    M.P.          (0 : No        1 : Yes)
   0    Sample Point  (<100000, =0 autoset)
```

레벨 구조를 그리기 위해 입력파일 l04, l05이 필요한데, 이것은 makel04m을 실행하면 에너지 범위를 지정하여 만들 수 있습니다. 그 후 >lvlshm, 실행하고 출력된 l07 파일을 > dvplot로 plot합니다.(Mac에서는 l07.ps 파일로 표시) 결과는 그림 4-28과 같습니다.

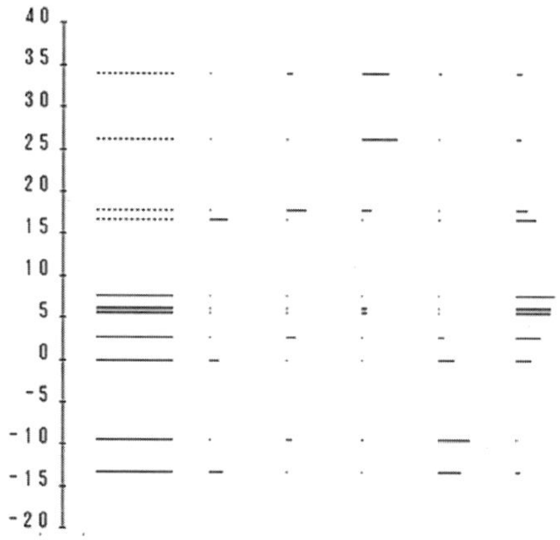

그림 4-28. SO_4^{2-} 이온의 에너지 레벨 구조

다음으로, 슬레이터의 천이상태계산을 위해 천이 전과 천이 후의 분자궤도를 결정해야하므로, f08e의 결과를 찾아봅니다. f08e는

*** M.O. EIGENVALUE

		(RY)	(HR)	(EV)	
1	1 a1	−175.00674	−87.50337	−2380.70948	2.00000
2	1 t2	−36.22996	−18.11498	−492.85533	6.00000
5	2 a1	−36.22996	−18.11498	−492.85532	2.00000
6	3 a1	−14.46114	−7.23057	−196.72259	2.00000
7	**2 t2**	**−10.57039**	**−5.28520**	**−143.79466**	**6.00000**
10	4 a1	−0.96585	−0.48293	−13.13902	2.00000
11	3 t2	0.69081	−0.34541	−9.39750	6.00000
14	5 a1	−0.00113	−0.00056	−0.01531	2.00000
15	4 t2	0.20300	0.10150	2.76152	6.00000
18	1 e /	0.41287	0.20643	5.61648	4.00000
20	**5 t2**	**0.44913**	**0.22456**	**6.10971**	**6.00000**
23	1 t1	0.56181	0.28090	7.64254	6.00000
26	6 a1	1.23050	0.61525	16.73915	0.00000
27	6 t2	1.29963	0.64982	17.67960	0.00000
30	2 e /	1.93717	0.96858	26.35234	0.00000
32	7 t2	2.49981	1.24990	34.00624	0.00000

로 되어 있는데 그림 안에 굵게 표시된 레벨이 천이 전과 천이 될 궤도입니다. S $L_{2,3}$ 형광 X선 스펙트럼은 가전자 상태에서 S 2p로 전자천이에 해당하므로 초기상태는 S 2p ($2t_2$)에 1개의 홀이 존재하는 상태, 최종상태는 그 홀이 가전자 궤도의 하나에 옮긴 상태입니다. 이 가전자상태는 적당히 선택할 수 있는데, 이번은 5t2 궤도로 합니다. 따라서 그림 4-29과 같이 천이상태는 $2t_2$과 $5t_2$에 절반의 홀이 존재하고 점유수는 모두 5.5입니다.

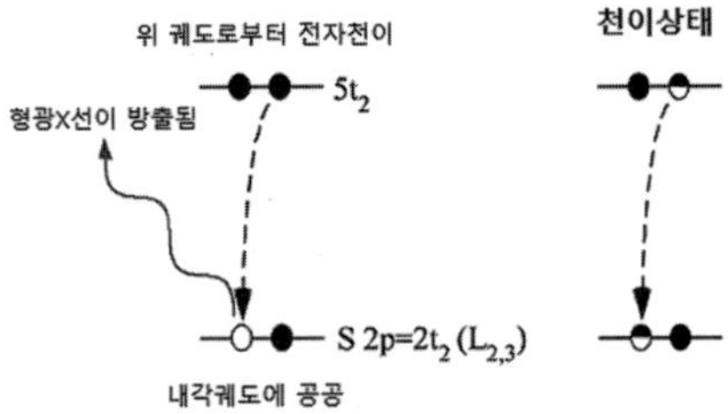

그림 4-29. SO_4^{2-} 이온의 에너지 레벨 구조

다음은 SXS-TS로의 천이상태계산을 합니다. f01는 GS의 파일을 복사하여 사용합니다. >makef25에서 f25 파일을 만들고 >makef05로 입력파일 f05을 만듭니다. 다음에 전이 상태의 계산을 위해, 이 f05을 수정합니다. 수정 부분은 6행, 13행 및 23행이며, 사각형으로 둘러싼 것과 같이 수정합니다.

```
 8
 MOLECULAR CALCULATION OF *****          2.50000  -2.00000   1
SCCSQGRN    10  300 2500   099999   0   0  -3   0   0.1000000000D-05
 5   2   9   5   2   0
 1 16.0   2 8.0   2 8.0   2 8.0   2 8.0
50.00000  7  2  -0.50000  7  5  -0.50000   0   0  0.00000
 0
S  HFS ATOM CALC.
 1  300   6
16.00000  0.70000  20.00000  32.00000  0.00000
1.0  0.0      -79.000000     2.00000
2.0  0.0       -8.200000     2.00000
2.0  1.0       -6.300000     5.50000
3.0  0.0       -0.900000     0.00000
3.0  1.0       -0.300000     0.00000
3.0  2.0       -0.300000     0.00000
000000
O HFS ATOM CALC.
 2  300   3
 8.00000  0.70000  20.00000  32.00000  0.00000
1.0  0.0      -19.720000     2.00000
2.0  0.0       -1.070000     2.00000
2.0  1.0       -0.520000     5.87500
000
 10
 1   0   1   1   1   1   1   1   1   1
 1   1   2   0   3   0   0   3   0   0
```

대칭블록번호 궤도번호 제거 할 전자수

7번째 대칭블록 t2 (f25에서 알아봄)

여기에 6번째 줄은, 원래

```
50.00000  0  0  0.00000  0  0  0.00000  0  0  0.00000
```

로 되어 있지만 이를 □와 ○ 와 같이

```
50.00000  7  2  -0.50000  7  5  -0.50000  0  0  0.00000
```

와 같이 수정합니다. 이것은 기저상태 2t2 및 5t2에서 전자를 절반씩 제거한 상태의 계산을 하는 것을 의미합니다. 또한 S 2p 원자궤도 전자수의 초기값 6-0.5=5.5로 하고, O 원자는 4개가 있으므로 O 2p 6-(0.5/4)=5.875로 변경합니다.(이 수정을 하면 계산 수렴이 빨라지지만 수정하지 않아도 최종 결과는 동일합니다)

이 f05을 사용하여 >dvscat로서 계산을 수렴시킵니다. 얻어지는 f08e는

*** M.O. EIGENVALUE

		(RY)	(HR)	(EV)	
1	1 a1	-176.94262	-88.47131	-2407.04423	1.50000
2	1 t2	-36.82814	-18.41407	-500.99264	2.00000
5	2 a1	-36.82813	-18.41407	-500.99264	2.00000
6	3 a1	-15.87340	-7.93670	-215.93431	2.00000
7	2 t2	-12.05051	-6.02525	-163.92943	5.50000
10	4 a1	-1.60029	-0.80014	-21.76954	2.00000
11	3 t2	-1.28424	-0.64212	-17.47018	6.00000
14	5 a1	-0.59579	-0.29789	-8.10480	2.00000
15	4 t2	-0.38440	-0.19220	-5.22917	6.00000
18	1 e /	-0.14599	-0.07299	-1.98597	4.00000
20	5 t2	-0.10964	-0.05482	-1.49146	5.50000
23	1 t1	0.00646	0.00323	0.08786	6.00000
26	6 a1	0.58670	0.29335	7.98115	0.00000
27	6 t2	0.64748	0.32374	8.80803	0.00000
30	2 e /	1.28896	0.64448	17.53446	0.00000
32	7 t2	1.81808	0.90904	24.73226	0.00000

되며, $2t_2$과 $5t_2$ 궤도에서 각각 0.5개의 전자가 빠진 상태에서 계산이 되고, 전이상태의 계산이 잘 이루어졌는지를 확인할 수 있습니다.

$L_{2,3}$의 이론 X선 형광 스펙트럼을 산출합니다. 이 계산은 프로그램 "SXS"를 사용합니다. 입력파일은 s04, sp4, sp5됩니다.

s04

```
  1 2
1210 -12.05051
```

sp4(DOS의 d04와 유사)

```
GAUSEMIS 1              (IGL, IAE=EMIS(X선 방출의 경우) NSPIN)
130.0000 170.0000 0.2   (이하 DOS와 같은)
1.0 1.0 1.0 1.0 1.0 1.0 1.0 1.0
1.0
2 1 1 1 1 1 1 2 2 2
1.0 1.0 1.0 1.0 1.0 1.0 1.0 1.0
1.0
```

sp5(DOS의 d05와 동일)

```
150.0,220.0,5.0
```

파일의 각 숫자의 의미는 다음과 같습니다.

SXS 계산의 입력 데이터의 설명

s04

IATM, JPRT: (내각궤도 원자번호, 인쇄 옵션)

LNLM, E0: (내각 LOCA+NNLZ, 내각궤도의 에너지 고유값(Ry))

sp4(DOS의 d04와 유사)

IGL, IAE, NSPIN: (IGL=GAUS or LORE, IAE=EMIS or ABSO(X선 방출 or 흡수),

NSPIN=1 or 2(spin polarized)

E0, E1 DX: (아래는 DOS와 같음)

(SIG(I), I=1, NCORE)

NPRT(IPRT(M), M=1, NCORE)

(FCS(I), I=1, NCORE)

sp5(DOS의 d05와 동일)

FX, FY, DE

이 파일들은 makes04를 실행하여 만듭니다. 먼저 >makes04을 실행하면 input Atom No. of the Initial(ABSO) or Final(EMIS) state라는 질문이 나오는데 시작준위를 포함한 원자번호를 입력합니다.(이번에는 1이 됩니다) 다음에 시작준위의 원자번호와 양자수를 입력합니다. 0을 입력하면 디폴트는 **1200**으로 되어 있는데, 여기에서는 S 원자의 2p 궤도이므로 1210을 입력합니다. 또한 시작준위의 에너지를 Ry 단위로 입력하여, 1) Absorption 2) Emission으로 흡수 또는 방출을 선택합니다. 그 후에 에너지 범위를 입력하면 s04, sp4, sp5 파일이 생성됩니다. 다음 >SXS으로 계산을 하면, sp7 스펙트럼이 출력됩니다. >dvplot로 sp7을 plot하면 그림 4-30과 같이 됩니다.

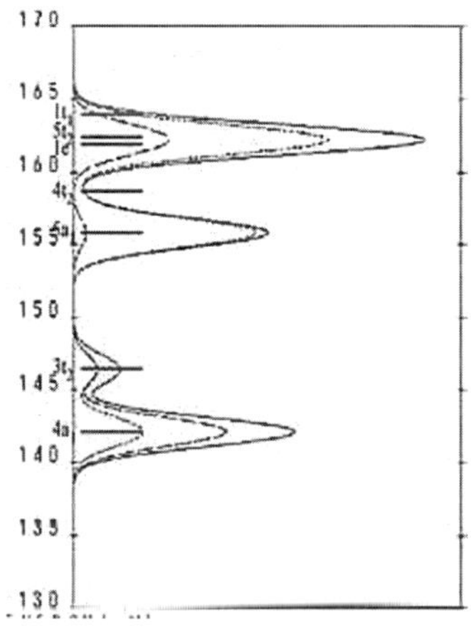

그림 4-30. SO_4^{2-} 이온의 $L_{2,3}$ 흡수 스펙트럼

이 그림은 참고를 위해, l07에 출력되는 원자가 수준도 함께 보여줍니다.

4-3-3) SF_6의 X선 흡수 스펙트럼의 계산

프로그램 SXS를 사용하면 X선 흡수 스펙트럼을 산출할 수 있습니다. 여기에서는 SF_6 분자를 실제로 계산을 해 봅니다.

SF_6 분자는 S를 중심으로 6개의 F가 배위한 정팔면체 구조를 가지고 있습니다. X선 흡수는 내각전자가 에너지가 높이 여기되어 빈 궤도로 천이함으로 발생합니다. 이 분자의 흡수단부근의 X선 흡수 스펙트럼(XANES)에는 그림에 표시된 같은 형상공명이라는 강한 흡수피크(피크 A, B, C, D)가 나타납니다.

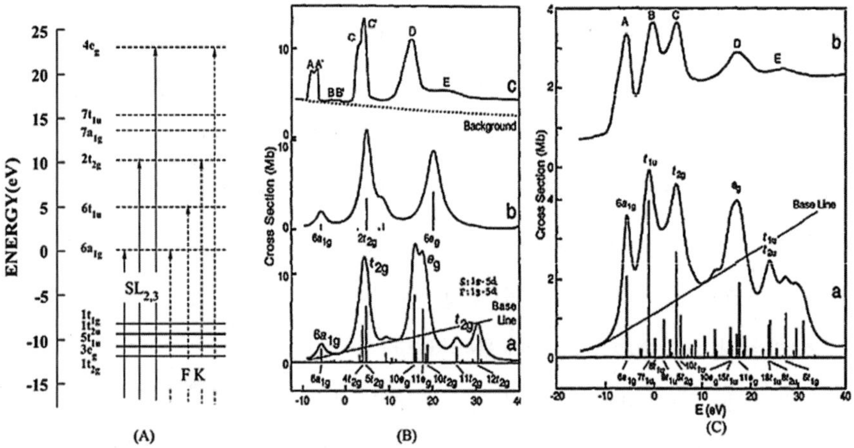

그림 4-31. SF_6 분자의(A) 여기레벨(B) S $L_{2,3}$(C) F K의 이론과 실험스펙트럼 비교

이 피크의 물리적 의미에 대한 해석은 이전부터 논란이 있었지만, DV-Xα법의 계산을 통해 이 이론해석이 명확하게 되었습니다.[5] 이 그림에서는 DV-Xα법으로 계산된 이론 스펙트럼('SXS'에 의함)과 실험스펙트럼을 비교하는데, 이론결과와 실험이 잘 재현 할 수 있다는 것을 알 수 있습니다. 또한 여기된 분자궤도의 성분 분석에서 형상공명이라는 상태는 S 3s, 3p, 3d를 주성분으로 하는 여기되는 분자궤도로 설명할 수 있음이 밝혀졌습니다. 그림 4-31에 나타난 계산결과는 디폴트로 설정한 궤도보다 더 많이 여기되는 궤도를 도입함으로, 높은 에너지 영역까지 실험 스펙트럼을 잘 재현할 수 있습니다.

SF_6 분자는 S를 중심으로 한 정팔면체 구조를 가지기 때문에 이 분자의 S $L_{2,3}$ 흡수 스

펙트럼(XANES)의 이론 계산을 해 봅니다. 이 스펙트럼은 S 2p 궤도에서 비어 있는 여기 분자궤도로의 천이에 대응합니다.

이 경우에도 먼저 기저상태의 계산을 합니다. 디렉토리 SF6를 만들고(₩dvxa ₩calc₩sf6) 그 안에 기저상태 계산을 위한 디렉토리 GS와 천이상태계산용 SXS-TS를 만듭니다. 우선 GS에 f01을 만듭니다.

다음에 >makef25을 실행합니다. 대칭궤도는 27번인 Oh을 선택합니다. 또한

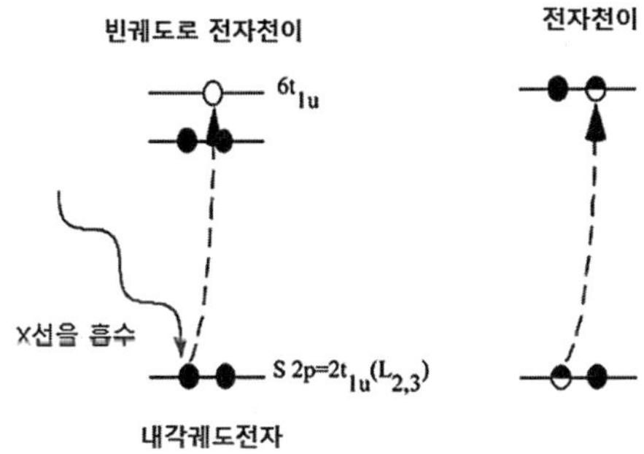

그림 4-32. SF_6 분자의 슬레이터 천이상태

>makef05에서 f05 파일을 만든 후 >dvscat로 수렴할 때까지 계산합니다.

```
| Z  ||NEQ||   X     ||   Y     ||   Z    |
  16    1     0.00000   0.00000   0.00000
   9    2     1.56000   0.00000   0.00000
   9    2    -1.56000   0.00000   0.00000
   9    2     0.00000   1.56000   0.00000
   9    2     0.00000  -1.56000   0.00000
   9    2     0.00000   0.00000   1.56000
   9    2     0.00000   0.00000  -1.56000
-------------------------------------------------
|NEQ||  CHG  || U/D ||  RD  ||  VD  |  1
   1    0.00000
   2    0.00000
-------------------------------------------------
   0   Unit          (0 : angstrom  1 : atomic)
   0   Spin          (0 : non-spin  1 : spin)
   0   M.P.          (0 : No        1 : Yes)
   0   Sample Point  (<100000, =0 autoset)
```

얻어진 분자 궤도 에너지는 f08e에 출력됩니다.

*** M.O. EIGENVALUE

		(RY)	(HR)	(EV)	
1	1 a1g	-176.30516	-88.15258	-2398.37252	2.00000
2	1 eg	-48.21651	-24.10826	-655.91478	4.00000
4	1 t1u	-48.21651	-24.10826	-655.91477	6.00000
7	2 a1g	-48.21651	-24.10826	-655.91477	2.00000
8	3 a1g	-15.73525	-7.86762	-214.05488	2.00000
9	**2 t1u**	-11.84741	-5.92371	-161.16662	6.00000
12	4 a1g	-2.44948	-1.22474	-33.32157	2.00000
13	3 t1u	-2.19917	-1.09959	-29.91652	6.00000
16	2 eg	-2.08983	-1.04491	-28.42905	4.00000
18	5 a1g	-1.30509	-0.65254	-17.75380	2.00000
19	4 t1u	-1.04994	-0.52497	-14.28290	6.00000
22	1 t2g	-0.86832	-0.43416	-11.81225	6.00000
25	3 eg	-0.78463	-0.39231	-10.67371	4.00000
27	1 t2u	-0.67089	-0.33545	-9.12648	6.00000
30	5 t1u	-0.66994	-0.33497	-9.11350	6.S00000
33	1 t1g	-0.59331	-0.29666	-8.07112	6.00000
36	6 a1g	0.02659	0.01329	0.36170	0.00000
37	**6 t1u**	0.38467	0.19233	5.23286	0.00000
40	2 t2g	0.77462	0.38731	10.53754	0.00000
43	4 eg	1.71723	0.85862	23.36041	0.00000

여기서 슬레이터의 천이상태계산을 하기 위해 시작 준위와 종료 준위를 선택합니다. 시작 준위인 S 2p 궤도는 $2t_{1u}$에 대응합니다. 또한 여기하는 궤도로 $6t_{1u}$ 궤도를 선택합니다. 다음에 천이상태계산을 위한 디렉토리 TS를 작성하여 GS와 동일하게 f01을 사용하여 f05을 만듭니다. 여기에서 천이상태를 지정하기 위해 f05을 편집합니다.

```
 8
 MOLECULAR CALCULATION OF *****          2.50000  -2.00000   1
SCCSQGRN     10  300 3500    099999   0   0   -3   0   0.1000000000D-05
  7   2   9   7   2   0
  1 16.0   2  9.0   2  9.0   2  9.0   2  9.0   2  9.0   2  9.0
70.00000  14   2  -0.50000  14   6  0.50000   0   0  0.00000      ← 전자천이를 위해 수정
 0
S  HFS ATOM CALC.
  1  300   6
16.00000  0.70000  20.00000  32.00000   0.00000
1.0  0.0       -79.000000        2.00000
2.0 0.0         -8.200000        2.00000
2.0  1.0        -6.300000        5.50000      ← 궤도전자수 초기값 수정
3.0  0.0        -0.900000        2.00000
3.0  1.0        -0.300000        4.50000      ← 궤도전자수 초기값 수정
3.0  2.0        -0.300000        0.00000
000000
F HFS ATOM CALC.
  2  300   3
 9.00000  0.70000  20.00000  32.00000   0.00000
 1.0  0.0       -25.200000        2.00000
 2.0  0.0        -1.320000        2.00000
 2.0  1.0        -0.620000        5.00000
000
 20
  1    1    1    1    1    1    1    1    1    1
  0    1    1    1    1    1    1    1    1    1      ← 14번째 대칭 블록
  1    1    2    0    3    0    0    3    0    0
  1    1    2    0    3    0    0    3    0    0      ← 14번째 대칭 블록
  0.0000000000D+00    0.0000000000D+00    0.0000000000D+00
```

사각형 ㅁ로 둘러싼 행을 수정합니다. 이 천이의 경우, 초기상태가 기저상태이고 최종상태는 S 2p에 홀을 1개 만들어, 전자 1개가 $6t_{1u}$에 여기된 상태이므로, 천이상태는 S 2p ($2t_{1u}$)에서 전자를 0.5개를 제거하고 그것을 $6t_{1u}$에 넣은 상태가 됩니다. 이 f05로 계산을 하면 f08e를 얻을 수 있습니다. 굵게 표시된 바와 같이, S $L_{2,3}$ XANES에 대응하는 천이상태계산이 되어 있는 것을 알 수 있습니다.

*** M.O. EIGENVALUE

		(RY)	(HR)	(EV)	
1	1 a1g	−177.56587	−88.78293	−2415.52259	2.00000
2	1 eg	−48.21006	−24.10503	−655.82699	4.00000
4	1 t1u	−48.21006	−24.10503	−655.82699	6.00000
7	2 a1g	−48.21006	−24.10503	−655.82699	2.00000
8	3 a1g	−16.48127	−8.24063	−224.20342	2.00000
9	**2 t1u**	**−12.66034**	**−6.33017**	**−172.22531**	**5.50000**
12	4 a1g	−2.46192	−1.23096	−33.49085	2.00000
13	3 t1u	−2.19601	−1.09800	−29.87344	6.00000
16	2 eg	−2.08144	−1.04072	−28.31493	4.00000
18	5 a1g	−1.34367	−0.67184	−18.27869	2.00000
19	4 t1u	−1.06848	−0.53424	−14.53508	6.00000
22	1 t2g	−0.86165	−0.43082	−11.72142	6.00000
25	3 eg	−0.78338	−0.39169	−10.65674	4.00000
27	1 t2u	−0.66315	−0.33157	−9.02113	6.00000
30	5 t1u	−0.66275	−0.33138	−9.01576	6.00000
33	1 t1g	−0.58602	−0.29301	−7.97191	6.00000
36	6 a1g	−0.02940	−0.01470	−0.40001	0.00000
37	**6 t1u**	**0.31265**	**0.15633**	**4.25315**	**0.50000**
40	2 t2g	0.73495	0.36747	9.99787	0.00000
43	4 eg	1.62915	0.81458	22.16223	0.00000

다음에 SXS 계산을 합니다. 입력 파일 s04, sp4, sp5를 다음과 같이 준비합니다. 파일 작성에는 makes04를 사용합니다. 먼저 >makes04을 실행하면 input Atom No. ofthe Initial(ABSO) or Final(EMIS) state라는 질문이 나오는데 시작 준위를 포함한 원자번호, 이번에는 1을 입력합니다. 다음에 시작준위의 원자번호와 양자수, 1210을 입력합니다. 또한 시작준위의 에너지를 Ry 단위로 입력(-12.66034) 하고, 1) Absorption 2) Emission에서 흡수인 1을 선택합니다. 그 후 에너지 범위(160,200)를 입력하면 s04, sp4, sp5 파일이 생성됩니다.

```
s04
   1  2
 1210     -12.66034
sp4
GAUSABSO   1
 160.0000  200.0000   0.2
  1.0      1.0      1.0      1.0      1.0      1.0      1.0      1.0
  1.0      1.0      1.0
   2   1   1   1   1   1   1   1   1   2   2   2
  1.0      1.0      1.0      1.0      1.0      1.0      1.0      1.0
  1.0      1.0      1.0
sp5
150.0,220.0,5.0
```

이 입력 데이터를 이용하여 >SXS로 이론스펙트럼을 계산하고 >dvplot으로 sp7를 plot하면 그림 4-33과 같은 이론 스펙트럼을 얻을 수 있습니다.

그림에는 피크에 대응하는 빈 궤도레벨(l07를 이용하여)도 plot되어 있습니다. 이것이 SF_6 분자의 S-$L_{2,3}$ XANES 이론 스펙트럼입니다.

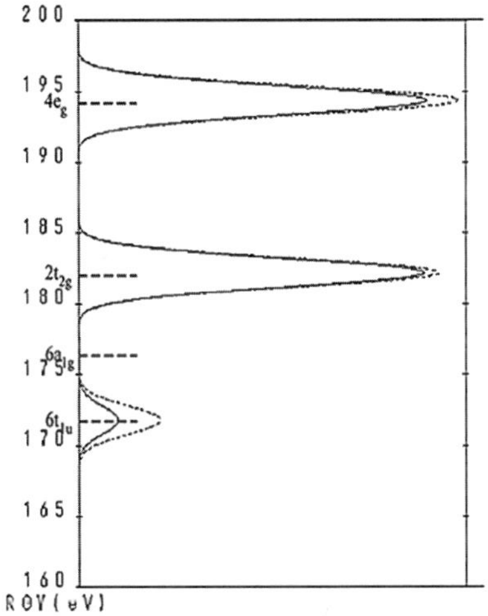

그림 4-33. SF_6 분자의 이론 XANES

참고문헌

1) U. Gelius "Electron Spectroscopy", ed. by D. A. Shirley, North-Holland, Amsterdam(1977) p.311

2) H. Adachi "Theoretical Calculation of Molecular Photoelectron Spectrum by the First-Principles DV-Xα Molecular Orbital Method "Advances in Quantum Chemistry **29**(1997) 179-192

3) J. H. Scofield, J. Electr. Spectr **8**(1976) 129

4) J. J. Yeh and I. L. Lindau, Atomic Data and Nuclear Tables **32**(1985) 1

5) H. Adachi and K. Taniguchi "Discrete Variational Xα Cluster Calculations. IV. Application to X-Ray Emission Study ", J. Phys. Soc. Jpn **49**(1980) 1944-1953

6) H. Nakamatsu, T. Mukoyama and H. Adachi "DV-Xα Calculation on Resonances in X-Ray Absorption Spectra of SF_6" Chem. Phys. **143**(1990) 221-226

제5장

클러스터 법에 의한 결정의 계산

단위격자 작성 / CIF를 이용하기 / 클러스터 모델 만들기 /
배위 상태를 고려한 클러스터 모델 만들기 / 원자 vacancy 모델 만드는 방법 /
화면에서 모델을 표시하는 방법

5-1. 단위격자 작성

결정구조 데이터를 생성하기 위해서는 먼저 단위격자 데이터를 준비해야합니다. 단위격자 데이터는 공간군, 격자상수, 각 사이트의 원자종류와 원자위치로 구성되며, 예를 들면 NaCl 형 구조인 TiC의 경우 단위격자의 데이터는 다음과 같습니다.

공간군 : $Fm\bar{3}m$(No.225)
격자상수 : a = 4.327Å
원자종과 원자위치 : Ti 0 0 0
C 1/2 1/2 1/2

공간군은 230가지가 있으며, 숫자가 클수록 대칭성은 높아집니다. 이름과 번호는 일대일로 대응하고 있기 때문에, 이름과 번호중 하나만 있으면 충분합니다. 단위격자의 데이터는 문헌에서 구하거나 결정구조의 데이터베이스를 이용합니다. 무료로 사용할 수 있는 데이터베이스로 NIMS가 제공하고있는 '무기 재료 데이터베이스(Atom Wokr)'가 있습니다.(http://crystdb.nims.go.jp) 단 회원 가입이 필요합니다. 그러면, TiC를 예로하여 [DvMenu]에서 단위격자의 데이터를 만드는 방법을 설명합니다.

1. [DvMenu]에서 [DisplatDV]을 클릭하면 그림 5-1의 메인 화면이 나타납니다.

2. [결정조작]에서 [Unitcell 만들기]를 클릭하면 그림 5-2의 단위격자 생성 화면이 표시됩니다.

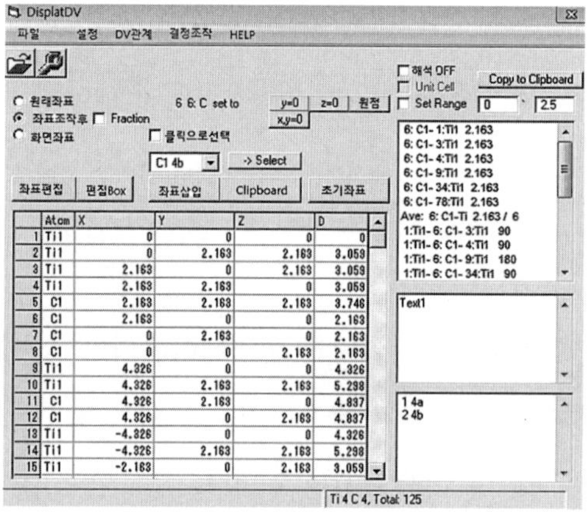

그림 5-1. DisplatDV 메인화면

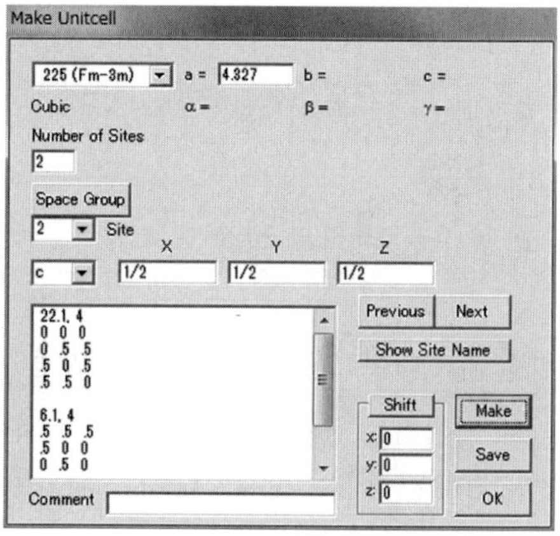

그림 5-2. 단위격자의 작성화면

3. [Make Unitcell] 화면의 왼쪽 상단의 풀다운 메뉴에서 공간군을 선택합니다.

4. 공간군의 종류에 대응하여 입력 가능한 셀이 나타납니다. 입방정의 경우는 a의 길이를 Å단위로 입력합니다.

5. [Number of Sites]에 단위격자에 들어가는 원자 사이트 수를 입력합니다.(TiC의 경우 2)

6. 각 사이트의 원자종류(원자번호 or 원자명)와 원자위치를 입력합니다. 원자위치의 입력은 "1/2" 과 같이 분수 입력도 가능합니다. 입력하는 원자 사이트를 변경하려면 [NEXT], [PREVIOUS]를 클릭하거나 [Site] 옆의 풀다운 메뉴에서 선택합니다.

7. [Make]를 클릭하면 Display Structure 화면 단위격자의 좌표가 표시됩니다.

8. 파일을 저장하려면 [Make]를 클릭한 후 [Save]를 클릭합니다. 폴더에 확장자를 .UT로 저장합니다. 다른 폴더에 저장할 수도 있습니다.

5-2. CIF(Crystallographic Information File)를 이용하기

DisplatDV에서는 단위격자의 데이터인 CIF(Crystallographic Information File)를 읽어 들일 수 있습니다. NIMS의 데이터베이스(Atom Work)에서도 CIF 다운로드가 가능합니다.

1. NIMS의 데이터베이스(Atom Work) 등에서 CIF를 다운로드합니다. CIF는 그림 5-3과 같은 일반적인 형식이므로 다른 CIF에도 적용할 수 있습니다. 폴더가 준비되어 있기 때문에, 여기에 지정하여 두면 편리합니다.

```
data_TiC
_chemical_formula_sum 'C Ti'
_symmetry_cell_setting cubic
_symmetry_space_group_name_H-M 'Fm-3m'
_symmetry_Int_Tables_number 225
_cell_length_a 4.327
_cell_length_b 4.327
_cell_length_c 4.327
_cell_angle_alpha 90
_cell_angle_beta 90
_cell_angle_gamma 90
_cell_volume 81.0
_cell_formula_units_Z 4
loop_
_atom_site_label
_atom_site_fract_x
_atom_site_fract_y
_atom_site_fract_z
_atom_site_type_symbol
_atom_site_occupancy
Ti 0 0 0 Ti 1.0
C 0.5 0.5 0.5 C 1.0
```

그림 5-3. TiC의 CIF

2. [설정]에서 [좌표 입력]을 선택하면 그림 5-4의 [좌표입력설정] 화면이 나타납니다. 오른쪽 하단의 [CIF]를 선택하고 [File Open] 하면 다운로드한 CIF를 가져옵니다.

3. CIF를 가져 오면 단위격자의 원자가 그림 5-5와 같이 Display Structure 화면에 표시됩니다. 읽어 들인 데이터를 수정하고 단위격자를 만드는 경우 [결정조작]에서 [Unitcell 만들기]를 선택하고 [Make Unitcell] 화면을 열어 수정하고 [Make]을 클릭합니다.

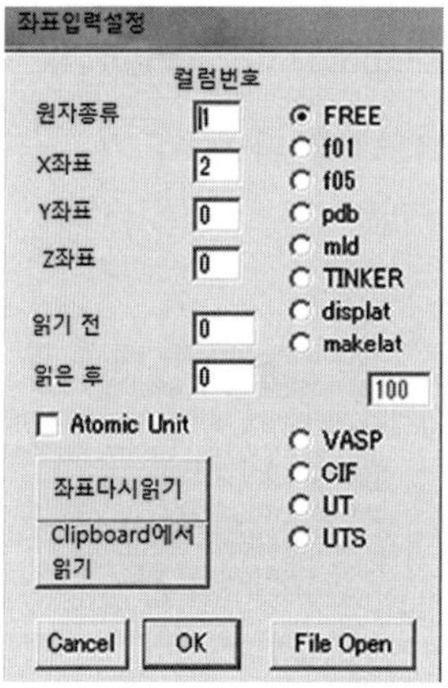

그림 5-4. 좌표입력설정 화면

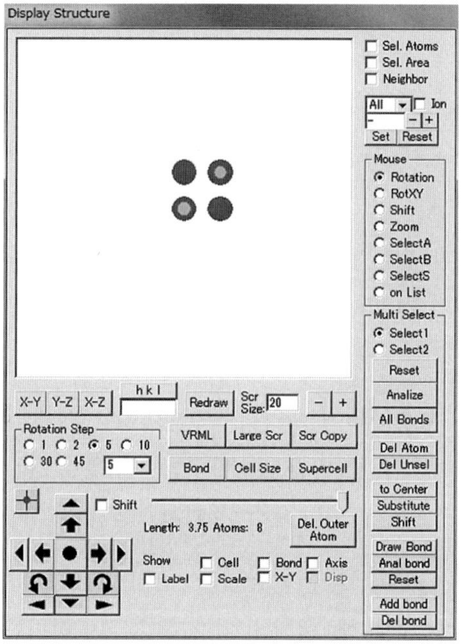

그림 5-5. Display Structure

5-3. 클러스터 모델 만들기

TiC를 예로 들어 TiC 클러스터 모델인 $Ti_{14}C_{13}$를 만드는 방법을 설명합니다.

1. Display Structure 화면에서 [Cell Size]를 클릭하면 그림 5-6의 셀 크기 설정 화면이 표시됩니다.

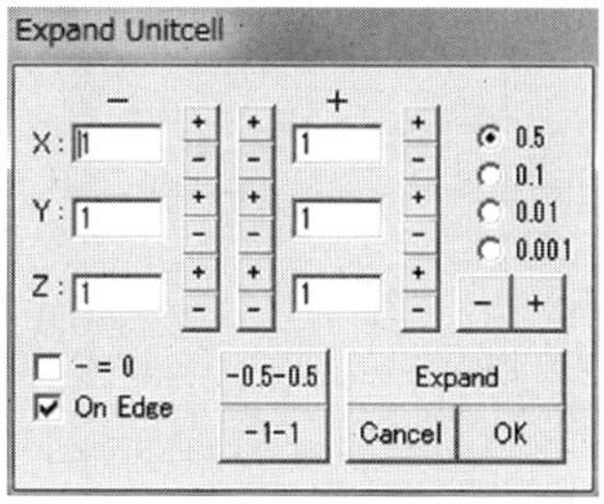

그림 5-6. Cell Size 설정화면

2. [-1 -1] 버튼을 눌러 확장 범위를 -1~1로 합니다. 격자상수가 짧은 경우는 직접 입력해서 확장 범위를 넓게 합니다. 원자수가 많아지면 속도가 느려지기 때문에 갑자기 큰 값을 입력하지 않도록 합니다. 화면 안의 [+] [-] 로 값을 변경할 수 있습니다. 증감 폭은 오른쪽에 있는 0.5, 0.1, 0.01, 0.001에서 선택합니다. 중앙의 [+] [-]은 각 셀의 값을 개별적으로 변경하게 하며, +방향의 오른쪽에 있는 [+] [-]는 x, y, z 방향으로 변경하게 하며, 증감 폭의 아래에 있는 [+], [-]는 모든 값을 동시에 변경하는 버튼입니다.

3. 셀 경계에 있는 원자를 포함하도록 표시할 경우 [On Edge]를 체크합니다. 셀 경계의 약간 바깥쪽 원자를 표시하고 싶은 경우에는 증감 폭을 0.01 또는 0.001로 하여 [+] [-]를 이용하면 쉽게 수정할 수 있습니다.

4. [Expand]에서 단위격지를 확장하면 그림 5-7과 같습니다. 좌표 이외에 편심을 재설정하려면 [Expand]를 다시 수행하여 재설정합니다.

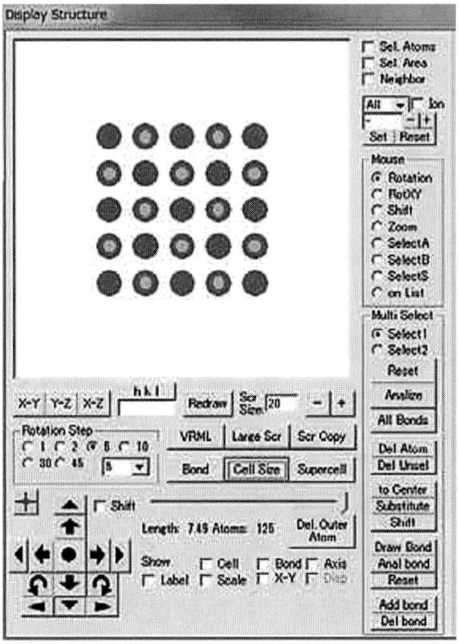

그림 5-7. 단위격자를 -1~1로 확장한 경우

5. [Cell]을 선택하면 단위격자의 테두리를 표시할 수 있습니다. 테두리의 범위는 체크를 반복하면 -0.5~0.5 0~1로 전환됩니다.

6. 좌표가 표시되는 메인 화면의 컬럼 이름(Atom X, Y, Z, D)을 클릭하면 정렬할 수 있습니다. "D"는 원점으로부터의 거리입니다. 클러스터 모델을 만들 때 원점에 가까운 순으로 정렬하면 클러스터 모델 만들기에 좋기 때문에, "D"를 클릭하여 원점에서 가까운 순서대로 표시합니다.

7. TiC 클러스터 모델은 공유결합성이 강한 탄소를 중심으로 합니다. 2.164Å의 거리에 있는 6개의 탄소중 하나의 좌표를 클릭하여 선택한 뒤 원점을 클릭하면 선택한 원자가 원점으로 이동합니다. 원자의 선택은 Display Structure 화면 Mouse의 [on List]를 선택해서 화면의 원자를 마우스로 클릭하는 것도 가능

합니다.

8. Display Structure 화면의 슬라이더 막대로 표시되는 원자수를 조정합니다. 오른쪽으로 이동하면 최대가되고, 왼쪽으로 이동하면 그림 5-8과 같이 원점에서의 거리에 따라 표시되는 원자수가 감소합니다. 전체 원자수가 많아 슬라이더로 원자수를 조정하기 어려운 경우 [Del. Outer Atom]를 클릭하여 현재 표시되어있는 원자수가 최대치가 되도록 세밀하게 원자수를 조정할 수 있습니다.

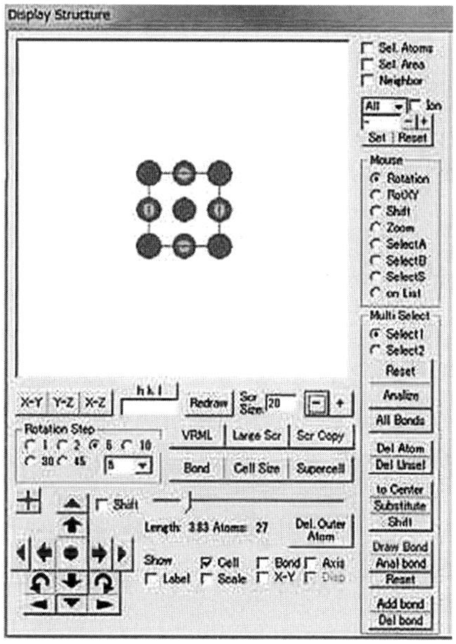

그림 5-8. 탄소를 원점으로해서 슬라이드바를 이용하여 표시원자를 27개 원자로 한 경우

화합물의 클러스터 모델의 사이즈 기준

·50～100원자 화합물의 경우 클러스터의 구성원자의 비율이 화학양론적 조성에 가까운 값이 됩니다. 산화물같이 이온결합성 화합물인 경우 전자수의 기본값은 전체 전자수로 조정하기 때문에, 구성 원자의 비율은 큰 문제가 되지 않습니다. 각 원자종의 수는 좌표가 표시되는 메인 화면의 우측 하단에 표시됩니다.

·50～100원자가 단위격자 전체를 포함할 수 없는 경우에는 크기를 크게 하여 가능한 한 단위격자를 포함해야 합니다. 격자상수가 한 방향으로 긴 경우 클러스터 모델을 구형으로 하여 단위격자 전체를 포함하면 원자수가 많아지게 됩니다. 이 경우에는 선택삭제(후술)를 이용하여 단위격자에 포함되지 않는 부분을 삭제하고 원자수를 줄입니다.

9. Display Structure 화면의 [X-Y], [Y-Z], [Z-X] 버튼을 이용하여, 회전대칭축이 화면에 수직이 되도록 방향을 바꿉니다. 입방정, 정방정, 육방정의 경우 초기 [X-Y]의 상태가 대칭이 좋기 때문에 그대로 이용합니다. 단사정계(β ≠ 90도)의 경우 [Z-X] 버튼에서 b축 방향에서 본 상태로 합니다.

10. [DV 관계]의 [F01 만들기]를 선택하면 그림 5-9과 같은 DV-Xα 입력파일 f01을 작성하는 화면이 표시됩니다.

여기에서 [Start symchk] 클릭하면 화면에 표시되는 좌표에 대해서 대칭검색이 이루어집니다. 화면 안의 모든 원자들이 대칭을 충족하는 경우만 OK가 표시되므로 사용할 대칭성을 선택합니다. 대칭성이 낮은 것부터 표시되어 있기 때문에, 기본적으로는 OK로 표시되는 것 중 가장 아래에 표시되는 것을 선택합니다. TiC의 경우 Oh를 선택합니다. C2가 OK이고 C2v이 OK가 아닌 경우, C3가 OK이고 C3v가 OK가 아닌 경우는, 화면에 표시되는 모델을 C2의 경우 45도, C3의 경우 30도 회전시킴으로써 , C2v와 C3v가 발견되는 경우가 있으므로 시도해보십시오.

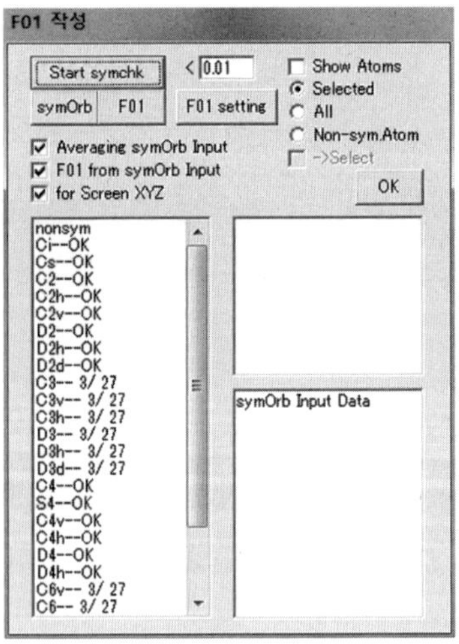

그림 5-9. F01 작성화면

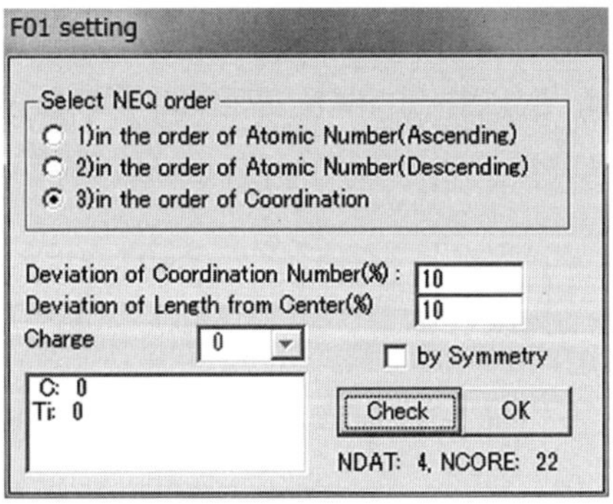

그림 5-10. F01 조건설정

11. [F01 setting]을 클릭하면 그림 5-10과 같은 F01 원자의 종류 나누기에 관한 조건 설정 화면이 표시됩니다.

여기에서 [Check]를 클릭하여 NDAT(종류나누기 수)와 NCORE(기저함수로 사용하는 원자궤도의 수)의 값을 확인한 후, [OK]를 클릭하여 화면을 닫습니다. NDAT과 NCORE 값이 너무 커서 계산을 실행할 수 없는 경우 Deviation of Coordination Number(%)와 Deviation of Length from Center(%) 값을 늘립니다.(~30% 정도) 대칭성에 따라 엄격한 유형 분류를 할 경우 [by Symmetry]를 체크하고 [Check]를 클릭합니다. 어느 정도 대칭성이 좋은 경우 [by Symmetry]를 체크하는 편이 좋습니다.

12. 산화물 등 이온결합성 화합물의 경우는 초기의 전자수를 형식전하로 설정해야합니다. [F01 setting] 화면의 왼쪽 아래에 각 원자의 전하가 표시되어 있기 때문에 마우스로 선택하고 그 위에있는 입력란에 형식전하를 입력합니다.

13. F01 작성 화면에서 [F01]을 클릭하고 F01을 계산 폴더에 저장합니다. DvMenu에서 계산 폴더를 지정하고나서 DisplatDV를 시작한 경우는 F01을 저장할 때 자동으로 계산 폴더로 이동합니다.

14. 이온결합성 화합물을 계산할 때 F03을 이용하여 클러스터 모델의 외부에 점전하군을 배치하여 Madclung Potential을 고려해야합니다. [DV 관계]의 [F03 작성]을 선택하면 그림 5-11과 같은 [Make F03] 화면이 표시됩니다.

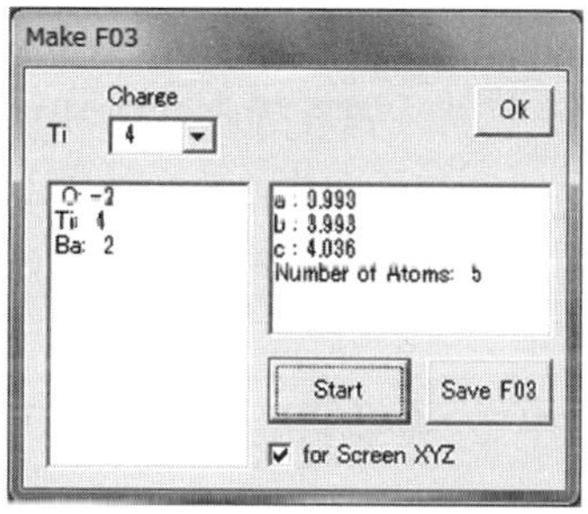

그림 5-11. F03 작성회면

클러스터 모델을 만들 때 초기에 표시된 상태에서 회전을 하는 경우 [for Screen

XYZ]를 체크하고 Start 버튼을 누릅니다. a, b, c의 값이 격자상수와 같은 값이므로 원자수가 단위격자의 원자수와 일치하는 경우 제대로 작성된 것이므로 [Save F03]으로 저장합니다. 그러나 육방정의 경우는 사방정으로 취급되므로, b의 값은 a의 **$\sqrt{3}$배 (혹은 1/$\sqrt{3}$배)**가 되고, 원자수는 단위격자의 2배가 됩니다. a, b, c 중 하나의 값이 0으로 되어있는 경우는 주기성을 찾지 못했음을 보여줍니다. 때문에 8에서 설명한 슬라이더 바를 가지고 표시 원자를 줄이는 경우, 슬라이더 바를 오른쪽으로 하여 표시 원자를 늘립니다. 원자를 제거하는 경우 등은 다시 [Expand] 버튼으로 표시되는 원자수를 확장하여 클러스터 모델을 만들 때와 같은 회전 등의 작업을 수행한 후 다시 Start 버튼을 누릅니다. 그림 5-11는 $BaTiO_3$ 경우의 실행 예입니다. 12에서 F01에서 형식전하를 설정하는 경우는 F03 작성 화면에서도 그 값이 반영되어 있기 때문에, 여기에 입력할 필요가 없습니다.

15. F03을 이용하는 경우는 [DvMenu]의 [MAKEF05]에서 [Madelung Potential]을 체크 한 후 F05를 작성합니다. 점전하를 배치하여 Madelung Potential을 고려하는데, 점전하군의 바깥쪽 경계면에서의 전하값을 1/2로 하여 Madelung Potential 수렴을 향상시킵니다. 그러나 단위격자 자체가 쌍극자 모멘트를 갖는 경우에는 단위격자를 확장하여 만든 외부전하도 쌍극자 모멘트를 갖고 있기 때문에 Madelung Potential의 수렴도가 떨어집니다. 이러한 경우의 대처 방법은 7-2-2를 참조하십시오.

5-4 배위 상태를 고려한 클러스터 모델 만들기

산화물 등을 계산하는 경우, 금속 원자에 배위하고 있는 산소 원자는 모두 고려하는 것이 에너지 준위 등의 계산 정확도가 좋아지는 경우가 있습니다. 위의 방법에서는 원점으로부터의 거리만으로 클러스터 모델을 생성하기 때문에 클러스터 모델의 외측에 있는 금속원자는 산소가 배위하지 않은 상태가 됩니다. 여기에서는 $BaTiO_3$를 예로 들어 금속원자에 산소가 배위된 클러스터 모델을 만드는 방법을 설명합니다.

1. [Cell Size]에서 각 방향으로 단위셀을 2배 정도 확장한 후 Display Structure 화면에 슬라이드 바를 어느 정도 많은 원자를 표시하게 합니다.(~100원자로 된 클러스터 모델을 만들면~200원자 정도) 그런 다음 [Del. Outer Atom]을 클릭하여 표시되지 않은 원자를 제거합니다.

2. 설정에서 [Bonded Atoms List]를 선택하면 그림 5-12와 같은 설정 화면이 표시됩니다. 여기에는 각 원자에 배위하는 원자, 원자수와 평균결합거리가 표시되어 있습니다. 수동으로 각 원자의 왼쪽에 있는 체크란을 선택하는 것도 가능하지만, 1행의 검색 조건을 지정하여 조건에 맞는 배위수를 가진 원자를 확인할 수 있습니다. $BaTiO_3$의 경우, Ba에 산소가 12배위, Ti에 산소가 6배위 있기 때문에, 먼저 검색 조건을 왼쪽에서 "Ba", "O", "12", "〈"로 설정하고 [Check]을 클릭합니다. 이제 12배위 미만의 Ba에 체크가 된 상태입니다. 이어 [Set to Sel. Atoms]을 클릭하면 체크 된 Ba가 Display Structure 화면에서 빨간색으로 표시됩니다.

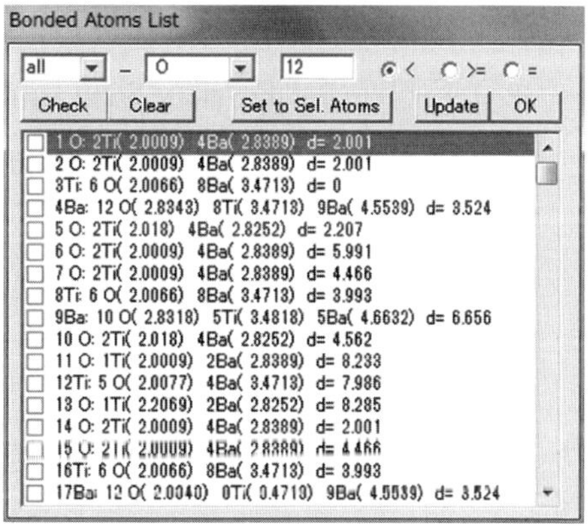

그림 5-12. Bonded Atoms List 화면

3. 다음으로 "Ti", "O", "6", "〈"로 설정하고 [Check]을 클릭합니다. 이제 6배위 미만의 Ti에 체크된 상태로 되어, 마찬가지로 [Set to Sel. Atoms]을 클릭하면 Ba외에 체크된 Ti가 Display Structure 화면에서 빨간색으로 표시됩니다.(그

림 5-13)

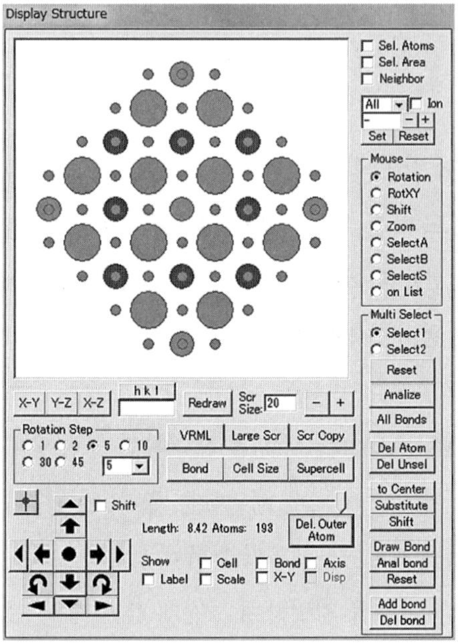

그림 5-13. 배위수가 부족한 Ba와 Ti를 선택한 상태

4. 이 상태에서 Display Structure 화면의 오른쪽에 있는 [Del Atom]를 클릭하면 빨간색으로 표시되는 Ba와 Ti가 삭제되고 배위수가 갖추어져 있는 Ba와 Ti만 남은 상태가 됩니다.(그림 5-14)

5. 이 상태로는 어떤 원자에도 결합하지 않은 산소가 남아 있기 때문에, "O", "ALL", "0", "="로 설정하고 [Check]를 클릭하면 결합하지 않은 산소가 Check됩니다. 마찬가지로 [Set to Sel. Atoms]을 클릭하고 Display Structure 화면의 오른쪽에 있는 [Del Atom]을 클릭하면 결합하지 않은 산소가 제거됩니다.(그림 5-15) 이제 금속 원자에 배위하고 있는 산소 원자를 모두 고려한 상태입니다.

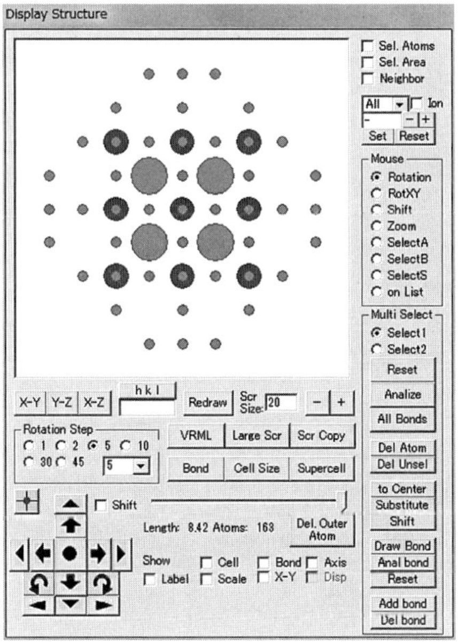

그림 5-14. 배위수가 부족한 Ba와 Ti를 소거한 상태

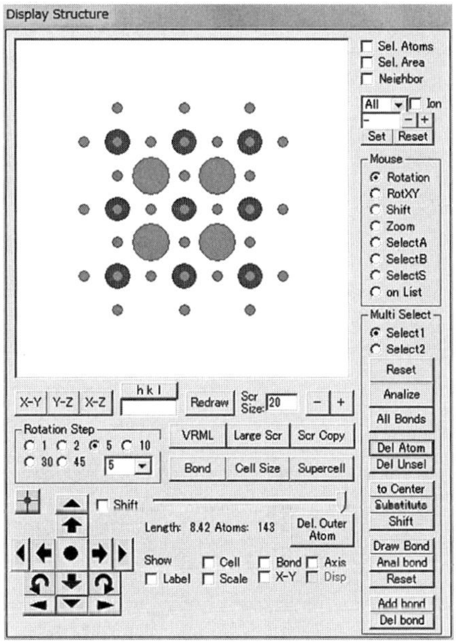

그림 5-15. 어느 원자에도 결합하고 있지 않는 산소를 제거한 상태

5-5. 원자 vacancy 모델 만드는 방법

vacancy를 만들거나 어느 원자를 다른 원소로 바꾸는 경우, 그 대상을 원점으로 이동시킨 것이 대칭성이 높아지는 경우가 많기 때문에 먼저 원점으로 이동시켜 작업을 수행합니다. 여기에서는 TiC의 C를 vacancy로 고려한 예를 소개합니다.

1. [Cell Size]에서 약간 크게 단위셀을 확장합니다. TiC의 경우 각 방향으로 2.5배 확장합니다. 메인 화면의 컬럼 이름 "D"를 클릭하여 원점에서 가까운 순서로 좌표를 표시시킨 후, 중심으로 이동하려는 좌표를 클릭하면 해당 좌표가 선택 상태가 됩니다. 다음 좌표의 위쪽에 표시되어 있는 원점 버튼을 클릭하여 선택하면 원점이 됩니다. 중심이 틀어져 있기 때문에 비대칭으로 되어 있어 슬

라이더 막대로 표시 범위를 좁히고 대칭으로 표시되도록 합니다. 작업을 다시 시작하려면 [Cell Size]에서 [Expand] 버튼으로 확장시키면 원래 상태로 돌아갑니다.

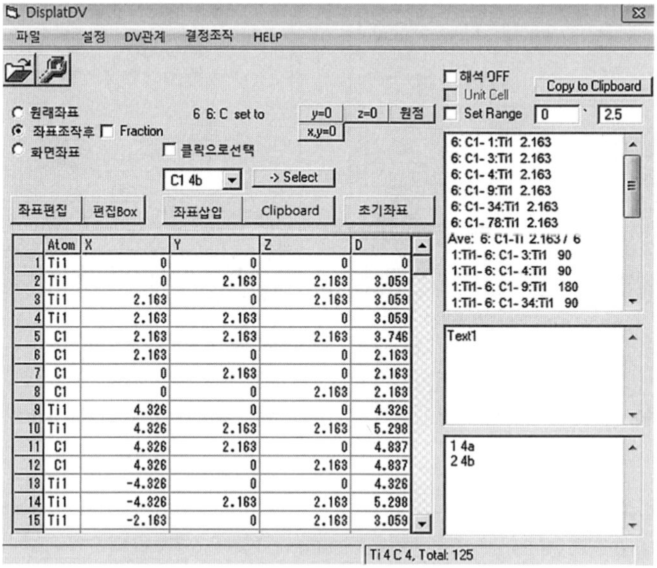

그림 5-16. 선택한 원자를 중심으로 이동시킨 상태

2. vacancy로 할 원자를 제거하려면 먼저 [클릭으로 선택]을 체크합니다. 그 상태에서 삭제할 원자의 좌표를 마우스로 클릭하면 좌표의 컬럼이 붉게 되며 선택 상태가 됩니다. 여기에서의 선택은 Display Structure 화면에서 원자의 선택에 대응하는 것으로, 복수의 원자를 선택할 수도 있습니다.

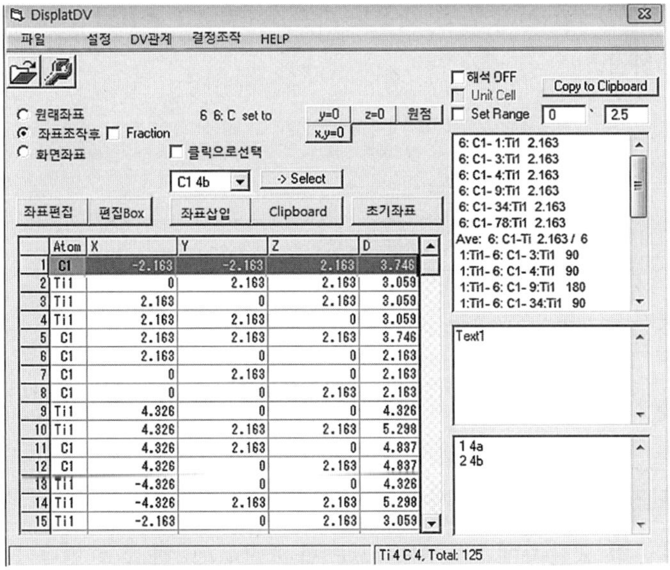

그림 5-17. Vacancy로서 소거한 원자를 선택한 상태

3. Display Structure 화면의 오른쪽에 있는 [Del Atom]를 클릭하면 선택한 원자가 제거됩니다. 삭제하지 않고 다른 원자로 대체하려면 [좌표 편집]을 클릭하고 원자 번호를 변경합니다. 원자번호의 소수점은 사이트의 종류를 나타내는 것인데, 다른 원자로 치환하는 경우 소수점 이하는 입력할 필요가 없습니다.

4. 산화물 등의 계산에 Madelung Potential을 고려하고 있는 클러스터 모델에서 vacancy를 만드는 경우 Madelung Potential 설정파일인 F03을 수정해야 합니다. Madelung Potential을 고려할 때 점전하가 이 클러스터 모델을 둘러싸도록 배치되는데 클러스터 모델의 좌표와 겹치는 부분은 점 전하가 제거되도록 되어 있습니다. vacancy를 만들 때는 그 부분에 점전하가 배치되어 버리기 때문에, vacancy를 만든 좌표에 점전하를 배치하지 않도록 설정해야합니다. F03의 첫 번째 행의 세 번째 숫자를 1로 변경합니다. 다음 마지막 줄에 원점의 좌표를 나타내는 (0,0,0)을 그림과 같은 형식으로 입력합니다. 원점 이외

의 좌표를 vacancy로 한 경우도 마찬가지로, 그 좌표값을 Atomic Unit으로 입력합니다.

5-6. 화면에서 모델을 표시하는 방법

1. 화면의 크기를 바꿈

[+], [-] 버튼을 누르거나 [Screen Size]에 값을 직접 입력합니다.

2. 좌표를 회전~마우스를 사용

화면의 오른쪽에 있는 [Mouse]를 Rotation하고 화면을 드래그합니다. RotXY하면 XY면 내에서 회전한다. 초기 상태로 하려면 [X-Y] 단추를 누르십시오.

3. 좌표를 회전~버튼을 사용

화면 왼쪽의 상하 좌우 화살표 버튼을 누릅니다. XY면 내 회전은 ↙, ↘ 버튼을 누릅니다. 회전 단계는 [Rotation Step] 버튼을 선택하거나 드롭다운 메뉴에서 선택합니다. 풀다운 메뉴에 직접 숫자를 입력할 수 있습니다.

4. 좌표를 평행 이동 시키기

[Shift Center]를 체크하여 상하 좌우 화살표 버튼을 누릅니다.

5. 화면에 표시하는 원자수 줄이기

화면 아래에 있는 슬라이더 막대를 왼쪽으로 이동하여, 원점으로부터의 거리에 따라 표시하는 원자수를 줄일 수 있습니다. [Del. Outer Atom]를 누르면 표시되지 않은 원자가 제거되고, 슬라이더 막대는 오른쪽으로 이동하면 현재 표시되어있는 원자 수가 최대값으로 설정됩니다.

6. 특정 부분을 표시하기

화면 우측 상단의 [Sel. Area]를 체크하여 원자가 표시되는 화면을 드래그하면 사각형이 표시됩니다. 사각형의 크기를 조정한 후 마우스 버튼을 놓으면 사각형 안의 원자만 표시됩니다. [Sel. Area]의 체크를 해제하면 전체 원자 표시로 돌아갑니다. 특정면의 원자 배열을 보고 싶은 경우에 유용합니다.

7. 특정 원자의 근접을 표시하기

좌표를 클릭하거나 [Mouse]를 on List하여 화면의 원자를 클릭하여 원자를 선택할 수 있으며, 선택한 원자는 윤곽이 빨간색으로 표시됩니다. 원자를 선택한 상태에서 [Neighbor]를 체크하면, 선택 원자의 근접 원자만 표시된다. 표시되는 원자의 범위는 슬라이더 막대에 의해 0~5Å 사이에서 변경할 수 있습니다.

제6장

DV-Xα법을 위한 통합 지원 환경

DV-Xα법을 위한 통합 지원 환경 / 프로그램 다운로드 및 설치 / 통합 지원 환경 사용법 / 수업에서 통합 지원 환경의 이용

6-1. DV-Xα법을 위한 통합 지원 환경

이 장에서 설명하는 DV-Xα법을 위한 통합 지원 환경은 Windows 환경(PC나 태블릿 등 32bit 환경, 64bit 환경 모두 가능)에서 작동합니다.

기존의 Windows 환경에서 DV-Xα법 프로그램을 실행하려면 명령 프롬프트에서 명령과 인수를 입력했었습니다. 그러나 이 CUI(Character User Interface)를 기반으로 한 시스템은 MS-DOS PC를 겪었던 세대에게는 친숙한 환경이지만, 처음부터 GUI(Graphical User Interface)에 익숙한 연구자에게는 어려운 환경입니다.

또한 DV-Xα 분자궤도 계산 프로그램은 SCAT 본체를 수행하는 일괄 프로그램인 DVSCAT, DVSCAT2을 비롯해 SCAT의 입력 파일을 준비하는 프로그램 MAKEF05, Mulliken population을 해석하는 프로그램 POPANL, POPANLS, 유효전하(Net Charge)를 구하는 프로그램 NETC, 유효공유결합전하(Bond Overlap Population)를 구하는 프로그램인 BNDODR, 에너지 준위도(Energy Level Scheme)을 만드는 프로그램 LVLSHM 등 다양한 프로그램으로 구성되어 있으며, CUI에서 이러한 프로그램을 사용하기 위해서는 프로그램 이름과 함께 기동하기 전에 준비하는 파일이름, 실행 후에 출력

되는 파일이름을 파악해야 했는데, 이것들은 초심자에게 있어 DV-Xα법을 배우는데 장벽이 되기도 했습니다.

게다가 이전에는 3차원 물리량인 파동함수, 전자밀도, 차전자밀도 등, MAKEC04, WAVENUM, CONTR, CMAP 등 어느 단면의 등고선 그림을 plot하는 방법이 이용되었는데 이 복잡한 물리량의 공간분포를 3차원적으로 이해하는 것이 불충분했습니다.

이와 같은 상황을 개선하기 위해 DV-Xα법을 위한 통합지원환경을 개발하게 되었습니다. 이 통합지원환경은 아래 프로그램으로 구성이 되어 있습니다.

1. DV-Xα법 프로그램 세트
2. maruo 편집기(쉐어웨어)
3. DV-Xα법 계산 지원 환경(maruo 편집기 매크로)
4. 결정구조, 전자·핵밀도의 3차원 데이터 및 결정 시각화 프로그램 VESTA
5. 교육용 분자궤도 계산 시스템 eduDV
6. 구조 파일 변환 유틸리티 Open Babel

maruo 편집기를 플랫폼으로, maruo 매크로에 의한 환경이 구축되어 있으며, 버튼이나 풀다운 팝업 메뉴에서 선택하여 DV-Xα법 및 다수의 유틸리티 프로그램을 효율적으로 실행할 수 있습니다. maruo 편집기는 여러개 파일을 볼 때 탭으로 자유자재로 전환할 수 있어, 입출력 파일을 많이 취급하는 DV-Xα법에 편리한 환경입니다. 또한 maruo 편집기는 텍스트 편집기이므로, 입력파일을 직접 편집하고 저장할 수 있습니다.

3D 시각화 프로그램 VESTA와의 연계도 용이하고, 국제결정학회(IUCr) 권장 형식인 결정정보파일(CIF)를 VESTA에서 로드하여 DV-Xα법용 입력파일을 만들거나 DV-Xα법으로 계산한 결과의 파동함수와 정전포텐셜 맵 등을 VESTA에서 3차원 시각화를 할 수 있습니다.

교육 현장에서 유용한 eduDV을 사용할 수 있는 것도 본 환경의 특징입니다. eduDV은 고등학교에서의 동아리 활동이나 대학에서의 실습을 고려하여 제한된 시간에 교과서에 게재되어 있는 분자, 이온의 전자상태를 DV-Xα법으로 계산하고 분자궤도와 정전포텐셜 맵을 VESTA를 가지고 3차원 시각화를 할 수 있도록 개발된 시스템입니다.

이 장에서는 DV-Xα법을 위한 통합 지원 환경 설치 방법과 사용 방법에 대해 설명합니다.

6-2. 프로그램 다운로드 및 설치

환경 구축에 필요한 프로그램 파일은 다음 URL에서 다운로드 할 수 있습니다.

(1) **DV-Xα법 프로그램 세트**

URL : http : //www.dvxa.org/dvscat_download/

다운로드 파일 : dvxa_v2_xx.zip, displat_full.zip

(2) **maruo 편집기(쉐어웨어)**

URL : http : //hide.maruo.co.jp/software/hidemaru.html

다운로드 파일 : maruo???_signed-32bit.exe(32bit 환경의 경우)

: maruo???_x64_signed.exe(64bit 환경의 경우)

??? : 버전 번호

(3) **DV-Xα법 계산 지원 환경(maruo 편집기 매크로 집)**

URL : http://fujioizumi.verse.jp/visualization/VENUS.html#assistance_environment

다운로드 파일 : DV-Xa.zip

(4) **결정구조 및 전자·핵밀도의 3차원 시각화 프로그램 VESTA**

URL : http://jp-minerals.org/vesta/jp/(Download 페이지 및 Documentation

페이지)

다운로드 파일 : VESTA.zip, VESTA_Manual.pdf(32bit 환경의 경우)

: VESTA-win64.zip, VESTA_Manual.pdf(64bit 환경의 경우)

(5) 교육 분자 궤도 계산 시스템 eduDV

URL : http : //www.chem.ous.ac.jp/ ~gsakane/fun/index.html#edudv

다운로드 파일 : eduDV.zip

(6) 구조 파일 변환 유틸리티 Open Babel

URL : http : //openbabel.org/wiki/Category : Installation

다운로드 파일 : OpenBabel-2.4.1.exe(64bit 환경의 경우)

OpenBabel-2.4.1-x86.exe(32bit 환경의 경우)

※ 프로그램의 업데이트에 따라 파일 이름은 변경될 수 있습니다.

6-2-1) maruo 편집기 설치

다운로드한 maruo???_signed-32bit.exe(32bit 환경의 경우) 또는 maruo???_x64_signed.exe(64bit 환경의 경우)을 더블 클릭하면 C:₩Program Files₩maruo에 maruo 편집기가 설치됩니다.

maruo 에디터는 셰어웨어입니다. 일정기간 사용 후, 계속 사용하시는 경우에는 maruo 편집기 웹 사이트의 지시에 따라 대금을 지불해주십시오. 그러나 학교의 학생 실습용 컴퓨터에서 학생분들이 사용하는 경우, 혹은 경제적 여유가 없는 학생들은 비용을 면제히는 제도가 있습니다.

6-2-2) DV-Xα법 프로그램 설치

다운로드한 dvxa_v2_xx.zip을 풉니다. 압축을 푼 dvxa 폴더를 통째로 C 드라이브 바로 아래에 복사하십시오. C:₩dvxa 중에는, calc, cif, data, ex, exec, object, ut 폴더가 들어있습니다.

다운로드한 displat_full.zip을 풉니다. 압축을 푼 displat 폴더를 통째로 C 드라이브 아래에 복사하십시오. C:¥displat 아래에는 cb, SPACE_GR, ut, xyz 폴더와 displat.dat, Displat.exe, makelat.exe, Makeunit.exe, makeunitc.exe 파일이 들어 있습니다.

Windows 제어판의 시스템을 열고 고급 → 환경 변수에서 사용자 환경변수(U)를

변수	값
dvdir	C:₩DVXA(DVXA 폴더의 절대 경로)
displat	C:₩ DISPLAT(DISPLAT 폴더의 절대 경로)

로 설정합니다.

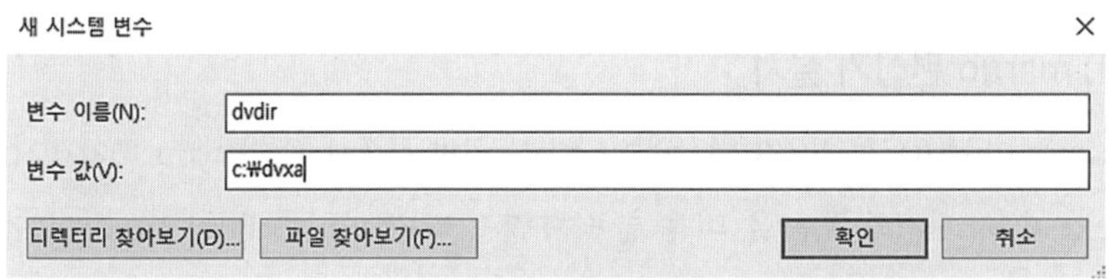

그림 6-1. 환경변수 설정

변수 dvdir을 이용하여 설정한 폴더(위 예에서는 C:₩DVXA₩CALC)에서 DV-Xα법에 의한 전자상태계산을 실시하므로 dvdir에서 설정하는 하드디스크 드라이브(위 예에서는 C:₩ 드라이브)에 적어도 2~3GB의 여유 공간이 있는 것이 이상적입니다.

6-2-3) eduDV 설치

다운로드한 eduDV.zip을 푼다. 압축을 푼 eduDV 폴더 안에는 data, doc, exec,

lscat, object, scat 폴더가 들어 있습니다. 이 폴더를 통째로 C:₩dvxa 폴더에 덮어쓰기 합니다.

6-2-4) DV-Xα법 계산 지원 환경(maruo 편집기 매크로 집) 설치

DV-Xa.zip을 푼다. 압축을 푼 Macros 폴더, Rest 폴더, Readme_DV.pdf 세 가지를 C:₩dvxa 폴더에 복사하십시오.

DV-Xα법 계산 지원 환경은 Dr. Hugio에 의해 개발되었습니다. Readme_DV.pdf에 DV-Xα법 계산 지원 환경에 대한 자세한 설명이 있으니 읽어주십시오.

다음에 C:₩dvxa₩Rest 폴더 안에 있는 DengakuDLL.dll을 C:₩Program Files₩maruo 폴더에 복사하십시오.

maruo 편집기를 시작하십시오.

기타(O) →설정을 Backup/Restore … 에서 "◎ 설정 정보를 Restore settngs from file"을 선택하고 C:₩dvxa₩Macros₩SCAT.hmereg를 읽어들입니다.(그림 6-2, 그림 6-3)

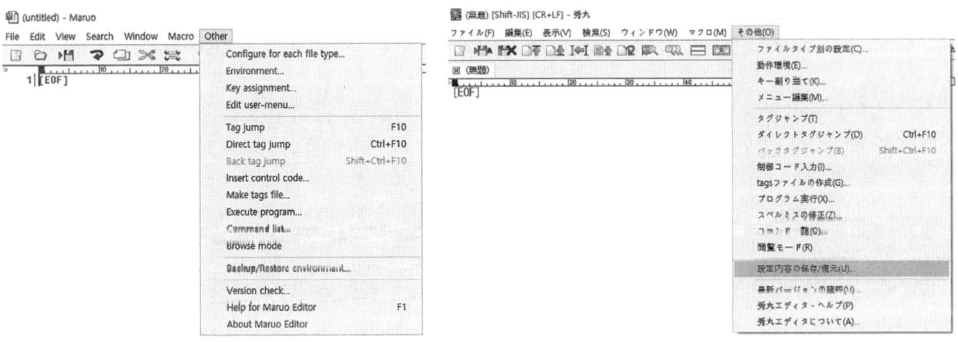

그림 6-2. 설정내용 복원[1]

1 maruo 프로그램은 일본어판, 영어판 2가지가 있습니다.

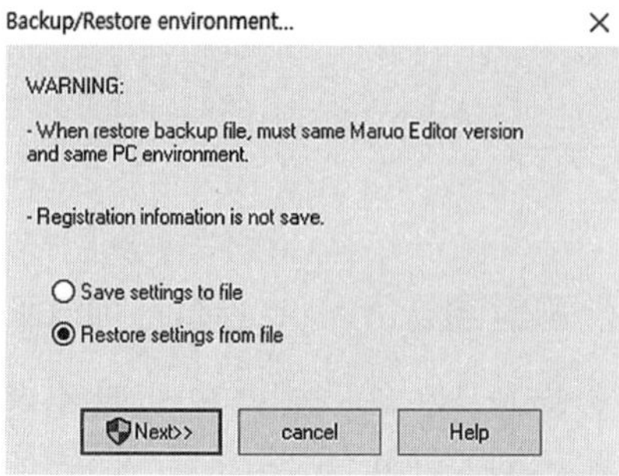

그림 6-3. 설정정보를 파일로부터 복원하기

무사히 SCAT.hmereg가 읽어지면 maruo 편집기 화면에는 버튼(툴바 기능 키), 풀다운 메뉴, 팝업 메뉴(사용자 메뉴), 단축키 형태로 DV-Xα 분자궤도 계산 프로그램에 대한 일반적인 프로그램류가 거의 모두 등록될 것입니다.

사용자가 미리 등록·배치되는 프로그램을 차례로 선택·실행(클릭 또는 탭) 해 나가는 것만으로 DV-Xα 분자궤도 계산 프로그램의 거의 모든 기능을 다룰 수 있습니다.

각각의 프로그램을 시작함에 있어서 필요한 입력 파일을 생성하는 기능도 포함되어 있습니다. DV-Xα법 계산 지원 환경은 "편집기"를 사용하도록 구축되어 있기 때문에, 입력 파일의 편집 작업은 그대로 저장할 수 있습니다. 확장자가 없는 이름의 입력 파일도 본 지원 환경에서는 문제없이 새 탭에서 자동으로 open됩니다. 프로그램을 실행한 후 사용자가 보아야할 파일이 자동으로 open됩니다. 확장자가 없는 이름의 출력 파일도 자동으로 새로운 탭에서 open 해줍니다. 또한 편집 작업을 할 필요가 없는 출력파일은 보호 모드(Read Only)에서 open됩니다

6-2-5) VESTA 설치

다운로드한 VESTA.zip(32-bit Windows) 또는 VESTA-win64.zip(64bit Windows)를 푼다. VESTA-win64.zip의 경우는 압축된 후 폴더 이름이 VESTA-win64로 되어 있는데, 이 경우는 폴더 이름을 VESTA로 변경하십시오. 다운로드 한 VESTA_Manual.pdf을 VESTA 폴더에 넣어주세요. VESTA 폴더를 통째로 C:₩Program Files 안에 넣어주세요.

6-2-6) OpenBabel 설치

다운로드한 OpenBabel-2.4.1.exe(64bit 환경의 경우) OpenBabel-2.4.1-x86.exe(32bit 환경의 경우)를 실행하여 설치하십시오. 이 때 설치 폴더를 지정하는 장면이 있는데 C:₩Program Files₩OpenBabel 폴더에 설치하십시오.

6-2-7) DV-Xα법에 대한 통합 지원 환경의 동작 확인

maruo 편집기를 시작하여, 오른쪽 상단의 [eduDV…] 버튼(그림 6-6)을 클릭하면 그림 6-7과 같은 메뉴가 나타납니다.[2)]

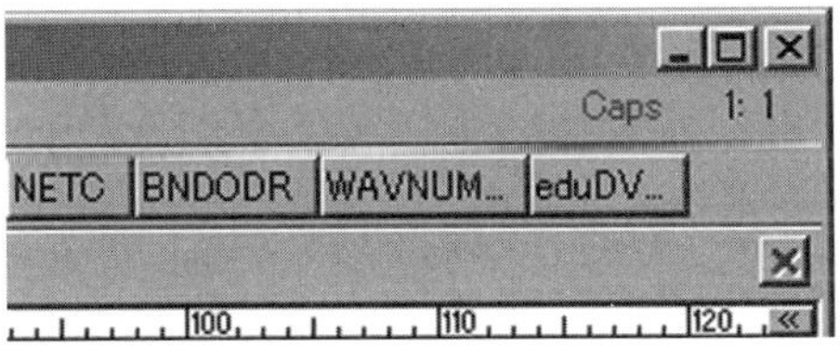

그림 6-6. eduDV 보턴

[00 Automatic [데이터 자동 입력]…]를 클릭하면 그림 6-8과 같은 메뉴가 나타납니다. [AUTO 01. D∞h 대칭【등핵 이원자 분자】A2형 분자(H2, O2, N2 등)…]을 클릭합니다.

그림 6-9에서 [a2n(non-spin 버전 전자동 실행)…]을 클릭, 그림 6-10에서 [H2 수소분자 non spin 버전]을 클릭하면 수소분자의 DV-Xα 분자궤도 계산이 시작됩니다.(그림 6-11)

---

2 maruo 일본어판에는 나타나는데, maruo 영어판에서는 지원되지 않습니다.

00. Automatic	[데이터 자동입력]
01. D∞h 대칭	[등핵이원자분자] A2형분자(H2, O2, N2 등)
02. C∞h 대칭	[등핵이원자분자] AB형분자(CO 등)
03. D∞h 대칭	[직선AB2형분자] B-A-B형분자(CO2 등)
04. D∞h 대칭	[직선A2B2형분자] B-A-A-B형분자(아세틸렌 등)
05. C∞v 대칭	[직선ABC형분자] A-B-C형분자(시안화수소 등)
06. C∞v 대칭	[직선ABCD형분자] A-B-C-D형분자(HCNO 등)
07. C2v 대칭	[구부러진 AB2형분자] AB2형분자(물 등)
08. C3v 대칭	[삼각추 AB3형분자] AB3형분자(암모니아 등)
09. D2h 대칭	[직선ABCD형분자] A-B-C-D형분자(HCNO 등)
10. D3d 대칭	[에틸렌형(평면)분자] A2B4형분자(에틸렌 등)
11. D3h 대칭	[평면정3각형형분자] AB3형분자
12. D4h 대칭	[평면정4각형형분자] AB4형착이온
13. D6h 대칭	[평면정6각형형분자] A6B6형분자
14. Td 대칭	[정4면체형분자] AB4형분자
15. Oh 대칭	[정8면체형분자] AB6형분자
16. Td 대칭	[정4면체형분자] A(BC)4형분자
17. Oh 대칭	[정8면체형분자] A(BC)6형분자
18. D2h 대칭	[정8면체형이온] [M(H2O)6]n+
19. Td 대칭	[정4면체형이온] [M(L)4]n+or [M(L)4]n-
20. Oh 대칭	[정8면체형이온] [M(L)6]n+or [M(L)6]n-
21. 대칭없음	[단원자]원자궤도함수를 볼 때 편리함
22. 대칭없음	[단원자이온]원자궤도함수를 볼 때 편리함

그림 6-7. eduDV 시작메뉴

AUTO 01. D∞h 대칭	[등핵이원자분자] A2형분자(H2, O2, N2 등)
AUTO 02. C∞h 대칭	[등핵이원자분자] AB형분자(CO 등)
AUTO 03. D∞h 대칭	[직선AB2형분자] B-A-B형분자(CO2 등)
AUTO 04. D∞h 대칭	[직선A2B2형분자] B—A-A-B형분자(아세틸렌 등)
AUTO 05. C∞v 대칭	[직선ABC형분자] A-B-C형분자(시안화수소 등)
AUTO 06. C∞v 대칭	[직선ABCD형분자] A-B-C-D형분자(HCNO 등)
AUTO 07. C2v 대칭	[구부러진 AB2형분자] AB2형분자(물 등)
AUTO 08. C3v 대칭	[삼각추 AB3형분자] AB3형분자(암모니아 등)
AUTO 09. D2h 대칭	[직선ABCD형분자] A-B-C-D형분자(HCNO 등)
AUTO 10. D3d 대칭	[에틸렌형(평면)분자] A2B4형분자(에틸렌 등)
AUTO 11. D3h 대칭	[평면정3각형형분자] AB3형분자
AUTO 12. D4h 대칭	[평면정4각형형분자] AB4형착이온
AUTO 13. D6h 대칭	[평면정6각형형분자] A6B6형분자
AUTO 14. Td 대칭	[정4면체형분자] AB4형분자
AUTO 15. Oh 대칭	[정8면체형분자] AB6형분자
AUTO 16. Td 대칭	[정4면체형분자] A(BC)4형분자
AUTO 17. Oh 대칭	[정8면체형분자] A(BC)6형분자
AUTO 18. D2h 대칭	[정8면체형이온] [M(H2O)6]n+
AUTO 19. Td 대칭	[정4면체형이온] [M(L)4]n+or [M(L)4]n-
AUTO 20. Oh 대칭	[정8면체형이온] [M(L)6]n+or [M(L)6]n-
AUTO 21. 대칭없음	[단원자]원자궤도함수를 볼 때 편리함
AUTO 22. 대칭없음	[단원자이온]원자궤도함수를 볼 때 편리함

그림 6-8. eduDV 메뉴(분자형을 선택)

a2n(non-spin판·전자동실행)···
a2s(spin판·전자동실행)···

그림 6-9. eduDV 메뉴(non-spin, spin)

H2 수소분자 non-spin판
N2 수소분자 non-spin판
O2 수소분자 non-spin판
F2 수소분자 non-spin판
Cl2 수소분자 non-spin판
Br2 수소분자 non-spin판
I2 수소분자 non-spin판

그림 6-10. eduDV 메뉴(등록된 분자 선택)

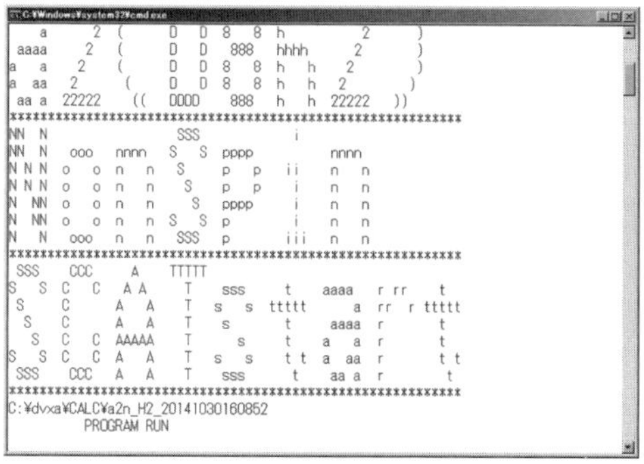

그림 6-11. 수소분자의 DV-Xa 분자궤도 계산 실행중

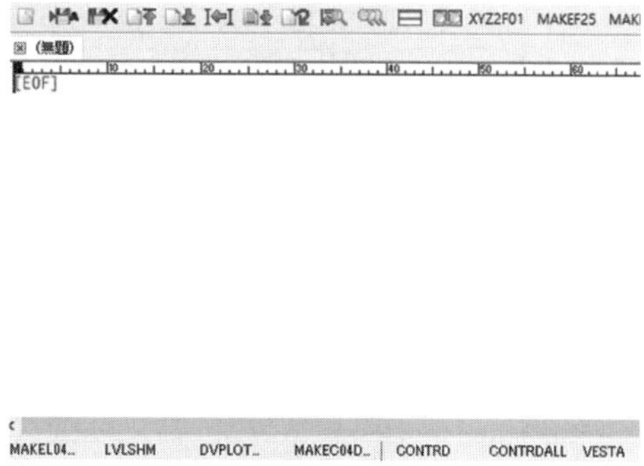

그림 6-12. 수소분자의 DV-Xa 분자궤도 계산이 종료된 화면

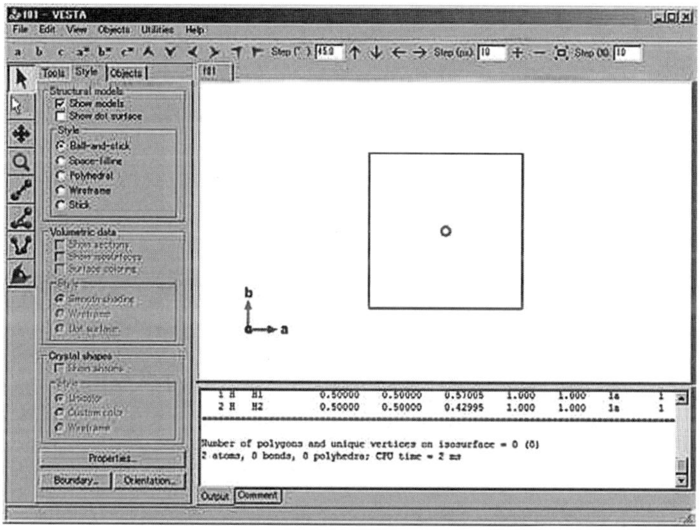

그림 6-13. VESTA 화면

그림 6-12와 같이 분자궤도 계산이 완료되면 아래쪽 상태 표시 줄에 있는 [VESTA] 버튼을 클릭하십시오. 그림 6-13과 같이 VESTA가 시작됩니다. 그래픽 영역에서 드래그하면 수소 분자를 회전시킬 수 있습니다. 메뉴 바의 [Edit]를 클릭 한 다음 [Bonds…]를 클릭하면 그림 6-14과 같은 Bonds 대화 상자가 열립니다.

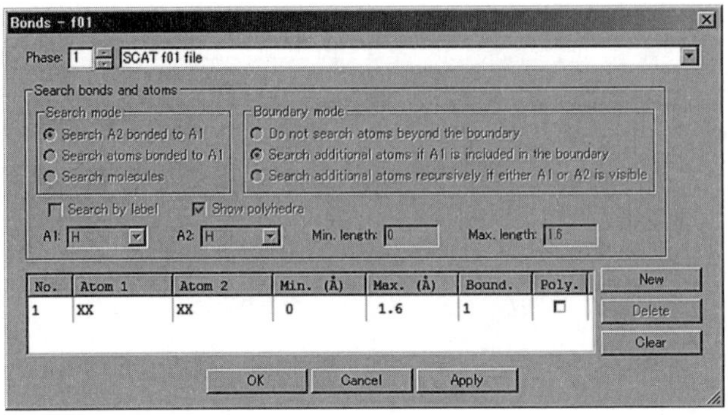

그림 6-14. Bonds Dialog box

[New] 버튼을 클릭하고 Search mode를 ◎ Search A2 bonded to A1으로 선택합니다.

Max. length : 1.0 [Apply] 버튼을 클릭하면, 수소 원자와 수소 원자 사이의 결합선이 그어집니다. [OK] 버튼을 클릭하여 Bonds 대화 상자를 닫습니다.

왼쪽 사이드 패널 아래쪽에 있는 [Properties…] 버튼을 클릭하면 Properties 대화 상자가 열립니다. 여기에서 [Unit cell]의 [Line] 라디오 버튼 중 [Do not show]를 선택하면 파동함수 등의 3차원 물리량을 계산한 범위를 나타내는 테두리(보통 DV-Xα 분자 궤도 계산 결과를 VESTA에서 볼 때, 이 테두리를 보여줄 필요는 없다)가 사라집니다.

메뉴 바의 [Edit]를 클릭 한 다음 [Edit Data]의 [Volumetric Data…]를 클릭하면 그림 6-15에서와 같이 Edit Data 대화 상자의 Volumetric data 페이지가 열립니다.

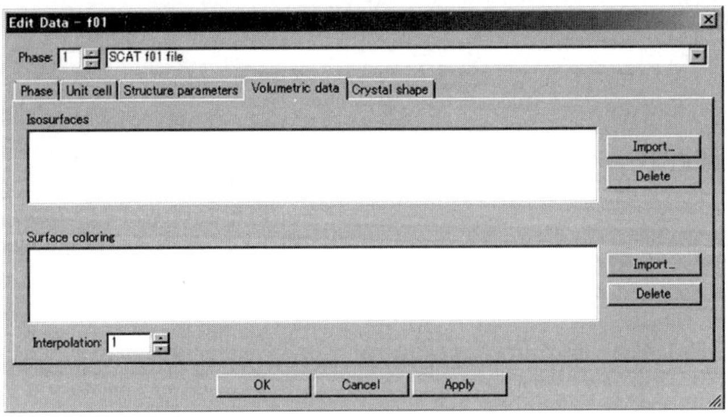

그림 6-15. Edit Data Dialog box의 Volumetric data 페이지

Isosurfaces에서 [Import…] 버튼을 클릭하여, 001_1SigG.sca을 선택해서 [열기] 버튼을 클릭합니다. Choose operations 대화 상자가 열리는데 그대로 [OK] 버튼을 클릭하십시오. 마지막으로 [Apply] 버튼과 [OK] 버튼을 클릭합니다.

그림 6-16은 수소분자(H_2)의 전자상태를 $D_{\infty h}$ 대칭궤도를 사용하여 DV-Xα법으로 계산한 결과의 HOMO(1σg) 그림입니다. 이미지를 확대하려면 [+] 버튼을 클릭하거나 또는 마우스 스크롤 휠을 회전시킵니다.

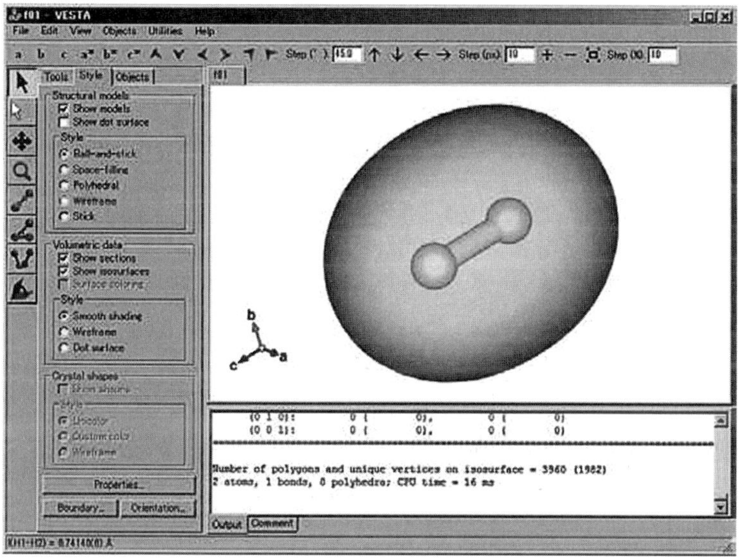

그림 6-16. 수소분자의 HOMO ($1\sigma_g$)

다시 메뉴 바의 [Edit]를 클릭, [Edit Data]의 [Volumetric Data…]를 클릭하여 Edit Data 대화 상자의 Volumetric data 페이지를 열어 Isosurfaces의 001_1SigG.sca를 선택하고 [Delete] 버튼을 클릭 합니다. [Import…] 버튼을 클릭하고 002_1SigU.sca를 선택하고 [열기] 버튼을 클릭합니다. Choose operations 대화 상자에서 [OK] 버튼을 클릭하십시오. 마지막으로 [Apply] 버튼과 [OK] 버튼을 클릭하면 LUMO($1\sigma_u$) 그림이 열립니다.(그림 6-17)

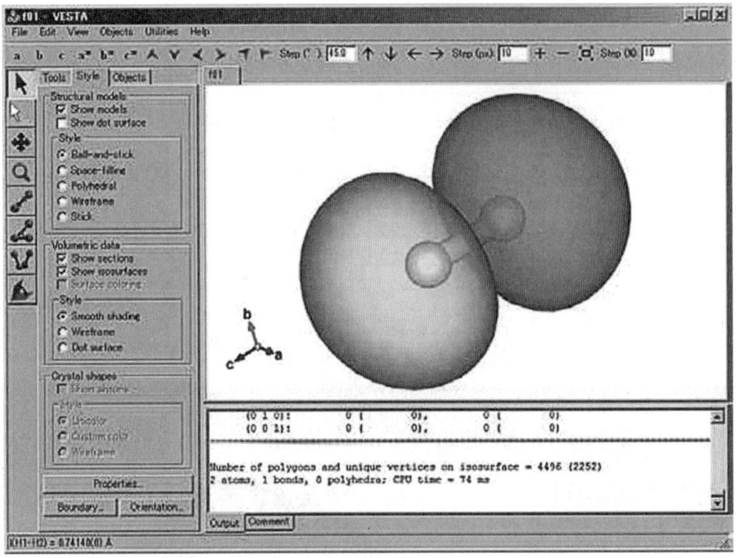

그림 6-17. 수소분자의 HOMO ($1\sigma_u$)

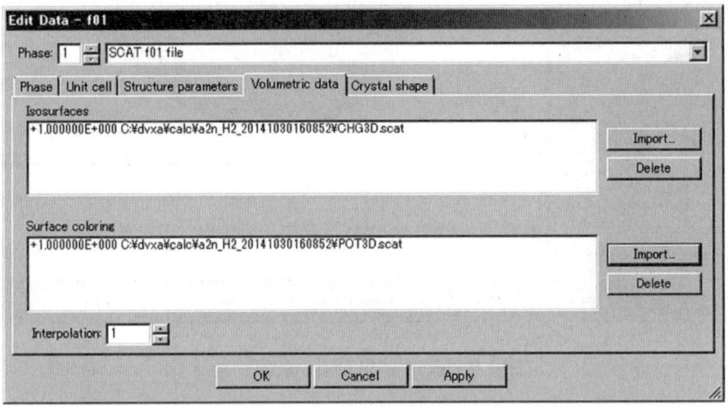

그림 6-18. Isosurfaces 부분(위)과 Surface coloring 부분(아래)

다음으로, 수소분자의 정전포텐셜 맵을 그립니다. 메뉴바의 [Edit]을 클릭하고 [Edit Data]의 [Volumetric Data…]를 클릭하여 Edit Data 대화 상자의 Volumetric data 페이지를 열고 위쪽에 있는 Isosurfaces 부분의 002_1SigU.sca를 선택한 뒤 [Delete] 버튼을 클릭합니다. 마찬가지로 Isosurfaces 부분에서 [Import…] 버튼을 클릭하고 CHG3D.scat을 선택하고 [열기] 버튼을 클릭합니다. Choose operations 대화 상자에서 [OK] 버튼을 클릭하십시오. 또한 같은 페이지에서 아래쪽에 있는 Surface coloring 부분(그림 6-18)에서 [Import…] 버튼을 클릭하고 POT3D.scat을 선택하고 [열기] 버튼을 클릭합니다. Choose operations 대화 상자에서 [OK] 버튼을 클릭하십시오.

마지막으로 [Apply] 버튼과 [OK] 버튼을 클릭하면 수소 분자의 정전포텐셜 맵(전자의 약간의 편차를 색상으로 표현하고 있으며, 붉은 부분은 전자가 많은 부분, 파란 부분은 전자가 적은 부분, 녹색 부분은 그 중간 부분)이 열립니다.(그림 6-19)

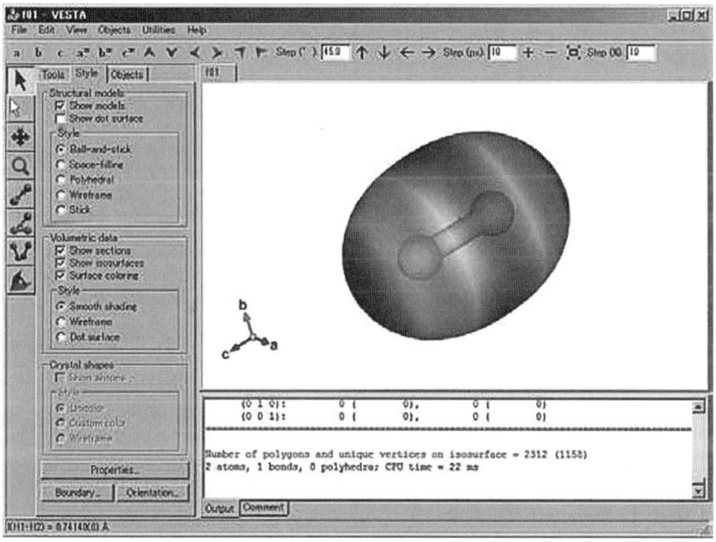

그림 6-19. 수소분자의 정전포텐셜 맵

6-3 통합 지원 환경 사용법

화합물의 분말 X선 구조해석이나 단결정 X선 구조해석으로부터 격자상수, 공간군, 원자 좌표(분율 좌표)가 알려진 경우 VESTA에서 결정구조를 표시하여, 클러스터(또는 분자)로 자르고, DV-Xα법으로 전자상태를 계산할 수 있습니다.

또는 분자역학계산에 최적화된 분자 구조 파일, 다른 양자화학계산 소프트웨어를 이용하여 구조최적화된 분자 구조 파일도 사용할 수 있습니다.

VESTA는 다양한 형식의 구조 파일을 읽어 들일 수 있습니다. DV-Xα 분자궤도 계산을 할 때 자주 사용되는 것은 아래 3가지입니다.

1. Crystallographic Information File(*. cif)

국제 결정학 연합(IUCr)이 사용을 권장하는 결정 구조 분석 결과를 기술한 파일 형식. 공간군, 격자상수, 원소이름, 원자 좌표 등이 적혀있습니다. 예를 들어 IUCr 오픈 전자 저널 Acta Crystallographica Section E : Structure Reports Online 웹 사이트 http://journals.iucr.org/e/에서 논문으로 발표되는 다양한 화합물의 CIF를 다운로드 할 수 있습니다.

2. MDL Molfile(*. mol)

직교좌표로서 원소이름과 원자좌표가 적혀있다. 분자역학 계산에 기초한 분자구조를 최적화할 수 있는 분자 모델링 소프트웨어에서 만든 입체적인 분자 모델도 이 형식으로 출력할 수 있습니다. 다양한 웹 사이트에서도 공개되어 다운로드 할 수 있습니다.

3. Protein Data Bank(*. pdb)

단백질 구조 데이터 뱅크에서 사용되고 있는 구조 데이터 형식. 수소를 포함한 분자의 모든 원자의 좌표가 실려 있으면 VESTA에서 읽은 후 바로 DV-Xα 분자궤도 계산을 할 수 있습니다. 평범한 Windows PC에서 원자수 500(총 전자수 2000) 정도의 분자라면 DV-Xα 분자궤도 계산이 가능합니다.

기타 OpenBabel(통합 지원 환경에서 maruo 편집기 매크로(M) -기타- Open Babel… 에서 시작)을 사용하면 구조 파일 형식을 자유 자재로 변환할 수 있습니다.
원자수가 비교적 적은 분자(또는 클러스터)이면 VESTA에서 공간군, 격자상수, 원소이름, 원자좌표를 직접 입력하여 DV-Xα 분자궤도 계산이 가능합니다.

6-3-1) f01 준비

여기에서는 이황화티탄 TiS_2를 예로 들어 $Ti_3S_4^{4+}$클러스터의 전자상태를 계산해 보겠습니다.

이황화 티탄 TiS_2의 결정학적 자료

공간 군 : $P\bar{3}m1$ (# 164)

격자 상수 : a=b=3.4073 (2) Å, c=5.6953 (2) Å, α=β=90°, γ=120°

원자 좌표(분율 좌표) : Ti=0, 0, 0 S=⅓, ⅔ (z=0.2501 (4))

논문 : R. R. Chianelli, J. C. Scanlon, A. H. Thompson, Mater. Res. Bull., 10, 1379 (1975).

먼저 maruo 편집기를 시작시켜 [VESTA] 버튼을 클릭하여 VESTA를 시작합니다.(그림 6-20)

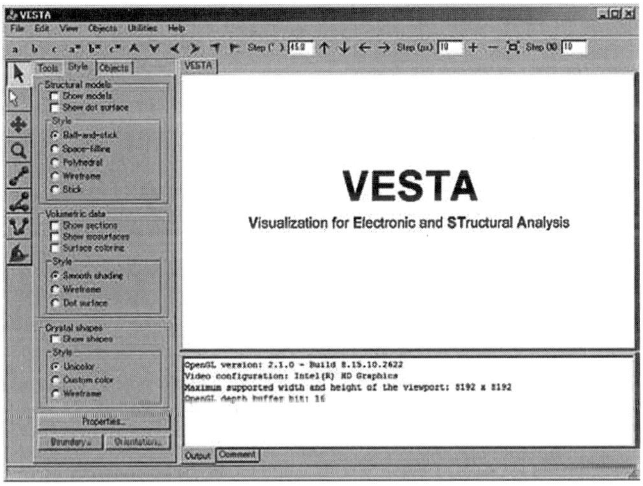

그림 6-20. VESTA 기동화면

메뉴바의 [File]의 [New Structure…]를 클릭하고 New Data 대화 상자를 엽니다.(그림 6-21) 이 상태에서 [Phase] 탭이 열려 있습니다.

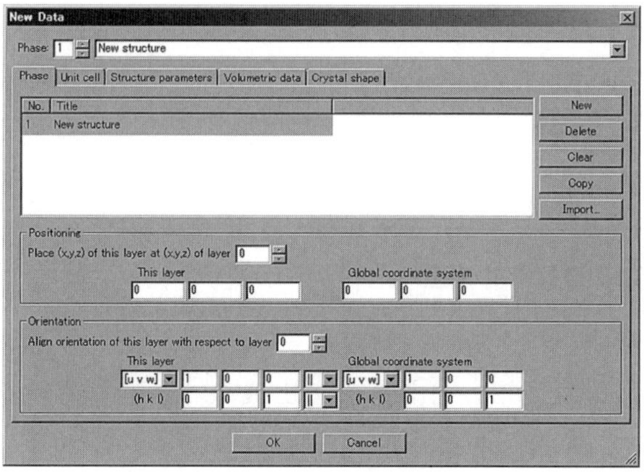

그림 6-21. New Data 다이얼로그박스

[Unit cell] 탭을 클릭하여 Unit cell 페이지를 열고 Symmetry의 Space Group을 스크롤하여 No. 164 P$\bar{3}$m1을 선택합니다. P$\bar{3}$m1는 공간군이며, 국제결정학연합(IUCr)이 발간한 International Tables for Crystallography의 공간군의 번호는 164번 입니다. 결정계는 자동으로 Trigonal이 선택됩니다.

Lattice parameters 부분에는 격자상수를 입력합니다. 결정계가 Trigonal이므로 a축과 b축 길이는 동일하고, 각도는 $\alpha=\beta=90°$, $\gamma=120°$로 정해져 있으므로, a축 길이와 c축 길이만 입력합니다. s.u. 부분에 표준편차값을 입력합니다.(표준편차값은 DV-Xα법에 의한 전자상태계산에는 중요하지 않으므로 입력하지 않아도 문제는 없습니다)(그림 6-22)

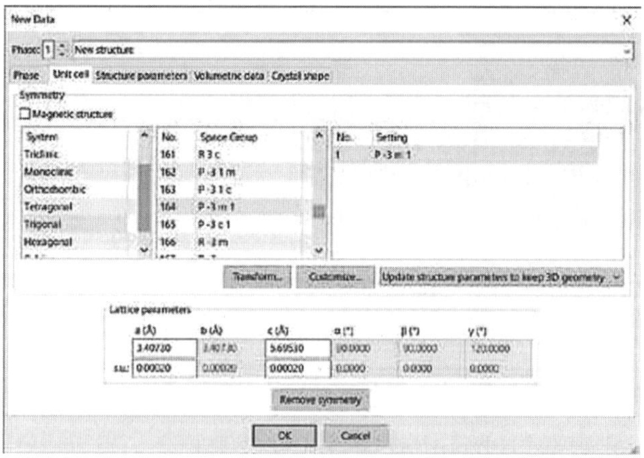

그림 6-22. 공간군 선택과 격자정수 입력

그런 다음 [Structure parameters] 탭을 클릭하여 Structure parameters 페이지를 열고 [New] 버튼을 클릭하고 [Symbol…] 버튼을 클릭하여 주기율표를 열어 원소를 선택합니다. 티타늄은 [Ti]을 클릭합니다. Label은 원자에 붙이는 이름입니다. 같은 원소에서 2종류 이상의 결정학적으로 독립적인 원자가 있는 경우 Ti1, Ti2, Ti3 라벨을 붙이면 좋습니다. 이번에는 1종류 티타늄 원자 밖에 없기 때문에, XX 부분을 Ti으로 씁니다. Ti는 원점(0,0,0) 이므로 원자좌표(분율 좌표) x = 0.0, y = 0.0, z = 0.0입니다.(기본 상태) 다음 두 번째 원자를 입력하기 위해 다시 [New] 버튼을 클릭하고, [Symbol…]로 표시된 버튼을 누르면 나타나는 주기율표에서 S를 클릭하고 원자라벨은 S를 입력합니다. S 원자좌표(분율좌표)는 ($\frac{1}{3}$, $\frac{2}{3}$, 0.2501(4))이므로 x = 0.333333, y = 0.666667, z = 0.250100 입력, su(z)는 0.0004를 입력합니다.(그림 6-23) 또한 VESTA 화면에서는 원자좌표를 분수로 입력할 수도 있기 때문에, x = 1/3, y = 2/3을 입력하면 편리합니다.

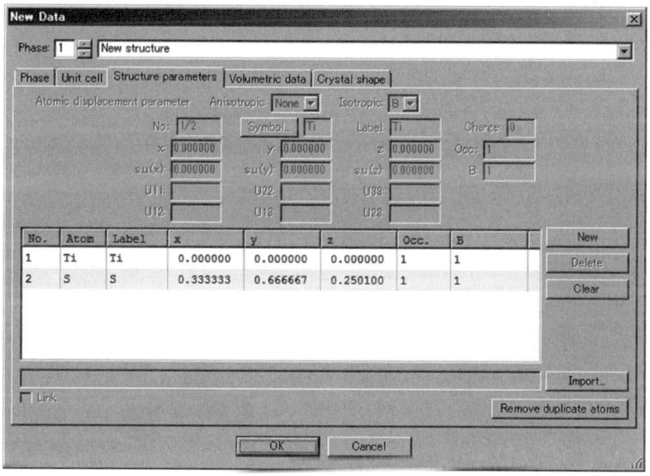

그림 6-23. 원자좌표(분율좌표) 입력

[OK] 버튼을 클릭하면 그래픽 영역에 TiS_2 결정 구조가 표시됩니다.(그림 6-24)

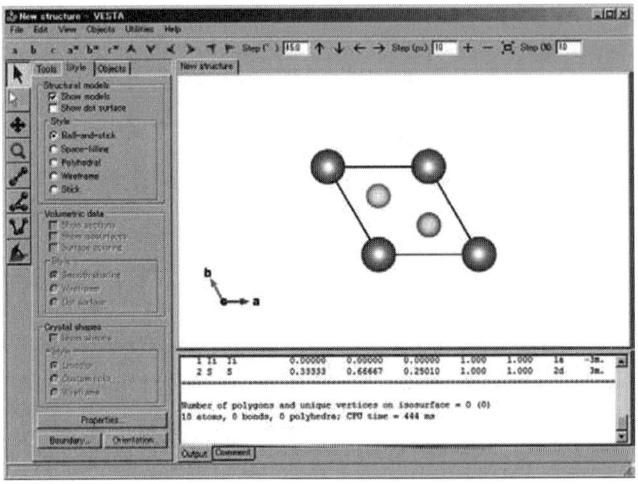

그림 6-24. Titanium disulfide 결정구조

그래픽 영역에서 드래그하여 결정구조를 적당히 회전시켜 티타늄 원자(하늘색 공)와 황 원자(노란색 공)의 원자간 거리를 확인합니다. VESTA 화면의 가장 왼쪽에 세로로 표시되는 도구 모음을 [검은색 화살표]에서 [두 원자 사이에 양방향 화살표]로 전환, 티타늄 원자의 중앙과 황 원자의 중앙을 클릭합니다. 그러면 원자간 거리가 아래의 텍스트 영역에 표시됩니다.(그림 6-25)

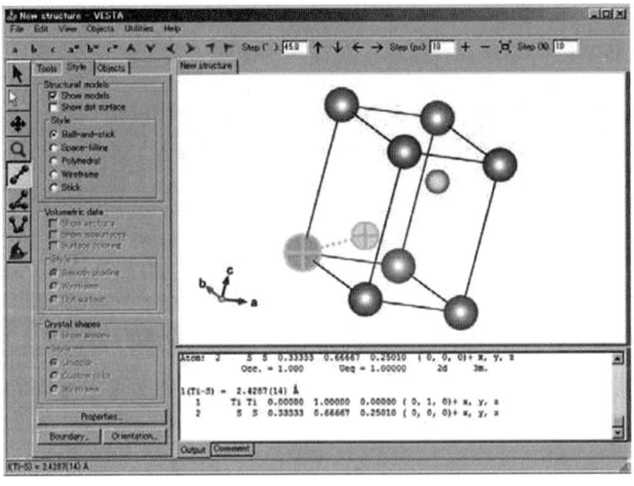

그림 6-25. 원자간거리를 알아봄

선택된 원자의 선택을 취소하려면 키보드의 Esc 키를 누릅니다. 결정 구조를 드래그하여 회전하려면 세로로 표시되는 도구 모음의 선택을 [검은색 화살표]로 되돌립니다.

이번 결정 구조는 티타늄 원자와 황 원자의 원자간 거리가 2.4287(14) Å입니다.

원자간 거리를 알았으므로, 티타늄 원자와 황 원자 사이에 연결선을 그립니다. 메뉴바의 [Edit]의 [Bonds…]에서 Bonds 대화 상자를 열고 [New] 버튼을 클릭하고 A1:Ti, A2:S, Max. length : 2.5을 설정하고 [Apply] 버튼과 [OK] 버튼을 클릭합니다. 티타늄 원자와 황 원자 사이의 결합선이 그려집니다.(그림 6-26)

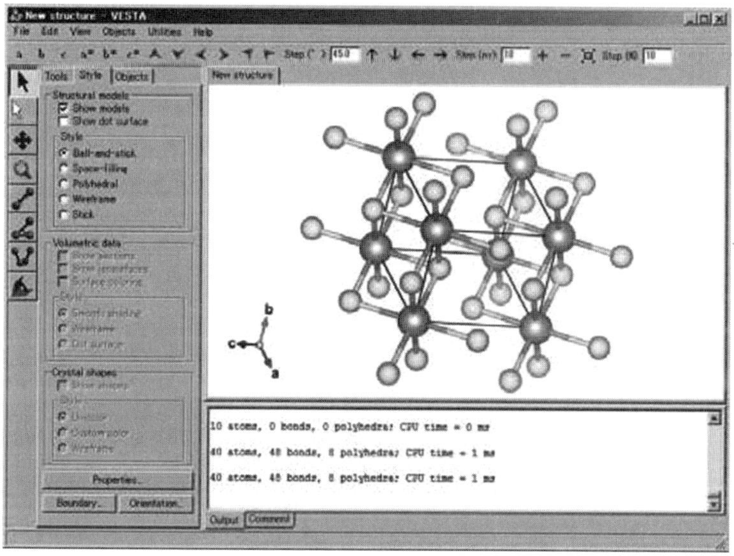

그림 6-26. 결합선을 그리기

왼쪽 사이드 패널의 왼쪽 아래에 있는 [Boundary…] 버튼을 클릭하면 [Boundary] 대화 상자가 열립니다.(그림 6-27)

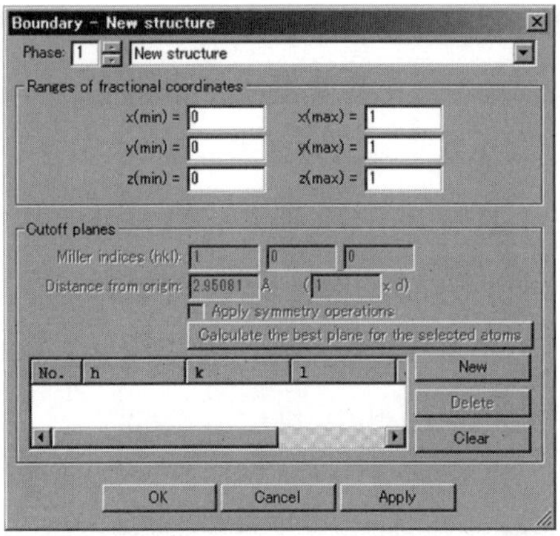

그림 6-27. Boundary Dialog box

Ranges of fractional coordinates에서 초기값은 x(min)=0, x(max)=1, y(min)=0, y(max)=1, z(min)=0, z(max)=1로 되어 있습니다. 이것은 분율좌표에서 x축(a축)이 0.0~1.0, y축(b축)이 0.0~1.0, z축(c축)이 0.0~1.0 범위의 그래픽 영역에서 결정 구조를 그린다는 것을 나타냅니다.(범위 내의 원자에서 범위를 벗어난 원자에 결합선이 그려져 있을 때에는 그 범위외의 원자까지 그려집니다) 분율좌표는 단위격자 a축, b축 c축이 교차하는 각도도 그대로 축으로 취한 좌표계이며 x=1.0, 즉 a축 길이를 의미하며, x=0.5라는 것은 a축 길이가 절반임을 의미하기 때문에, 초기 값 x=0.0~1.0, y=0.0~1.0, z=0.0~1.0은 단위격자 1개 만큼의 범위에서 결정 구조를 그리고 있다는 것을 의미합니다.(그래픽 영역에서 단위격자는 검은선으로 표시되어 있습니다) 이 [Boundary 대화] 상자에서 예를 들면 z축(c축)의 범위를 -1.0~1.0으로 변경하고 [Apply] 버튼과 [OK] 버튼을 클릭하면 c축 방향으로 격자 상수 두 개만큼의 결정구조가 그래픽 영역에 그려집니다.(그림 6-28)

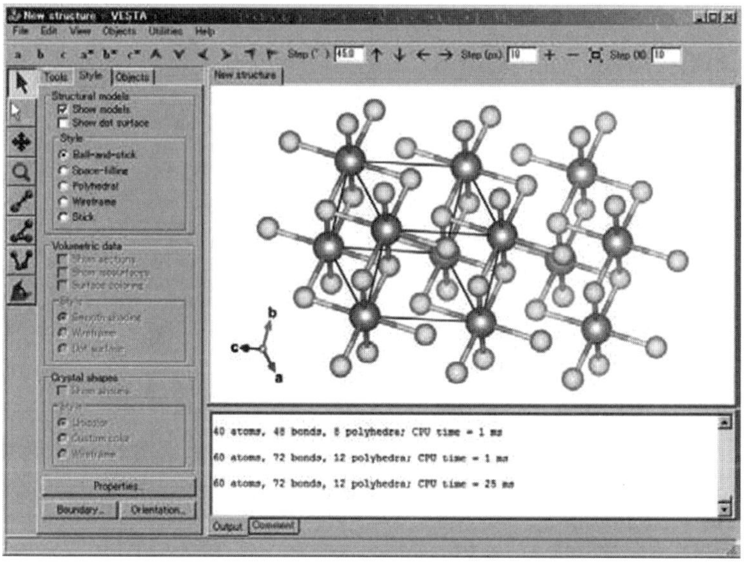

그림 6-28. c축 방향으로 격자정수 2개만큼의 결정구조를 그린 예

이와 같이, 결정 구조는 임의의 좌표 범위에서 그릴 수 있으므로 필요에 따라 [Boundary] 대화 상자에서 Ranges of fractional coordinates 값을 변경하십시오. TiS_2 클러스터 $Ti_3S_4^{4+}$를 자르기 위해서는 단위격자 1개만큼을 그리면 충분하므로, z축(c축)의 범위는 0.0~1.0로 되돌려 놓습니다.

표시된 결정구조를 가지고 DV-Xα법으로 전자상태를 계산하는 부분을 잘라냅니다. 분자, 이온 착체, 착 이온 등 독립하고 있는 것(불연속적인 것)의 경우, 독립적인 단위로 잘라내면 좋은데 이번 TiS_2와 같이 강한 결합을 하고 있어 모두 연결되어 있는 고체의 경우, 그 고체의 전자상태를 대표하고 표현(계산)할 수 있는 부분(클러스터)을 절단해야 합니다. 이번 TiS_2에 대해 $Ti_3S_4^{4+}$를 잘라보겠습니다.

DV-Xα 분자궤도 계산에 포함된 원자이외는 숨겨진 깃발을 세워 표시되지 않도록 합니다. VESTA 화면 왼쪽에 세로로 표시되는 도구 모음을 [검은색 화살표]에서 [흰색 화살표]로 전환합니다. 숨겨진 깃발을 세우려고 생각하는 원자의 범위를 드래그하여(그림 6-29) 선택합니다.(그림 6-30) 키보드의 Delete 키를 눌러 숨길 수도 있습니다.(그림 6-31)

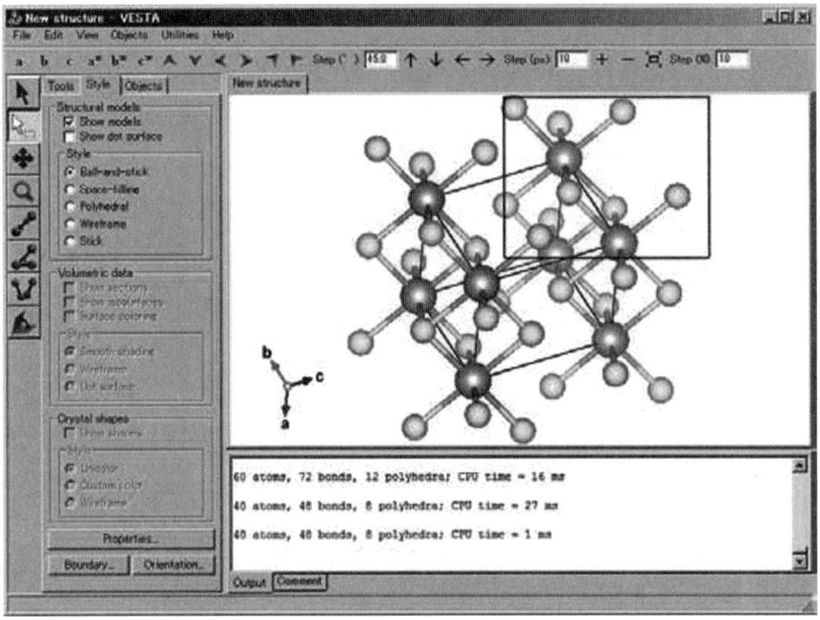

그림 6-29. 비표시원자를 드래그 함

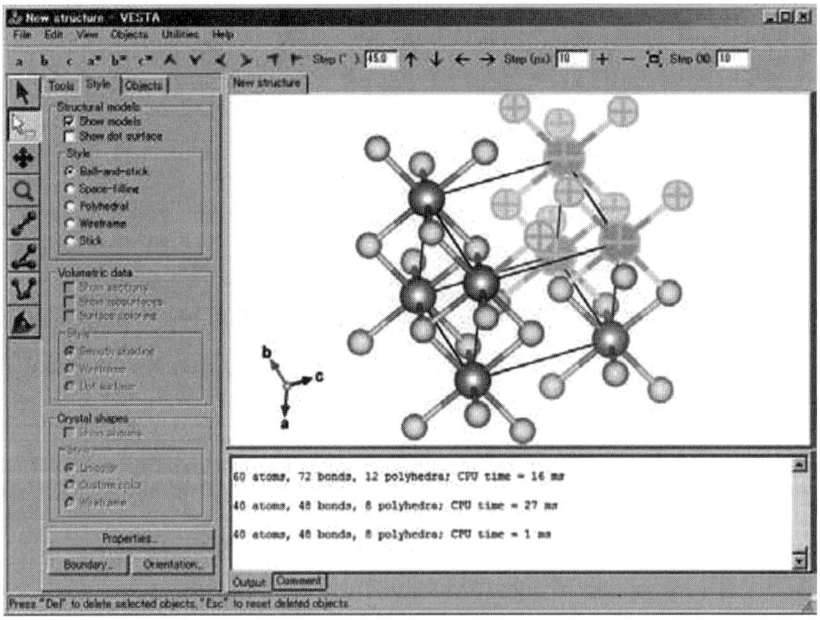

그림 6-30. 비표시원자를 선택함

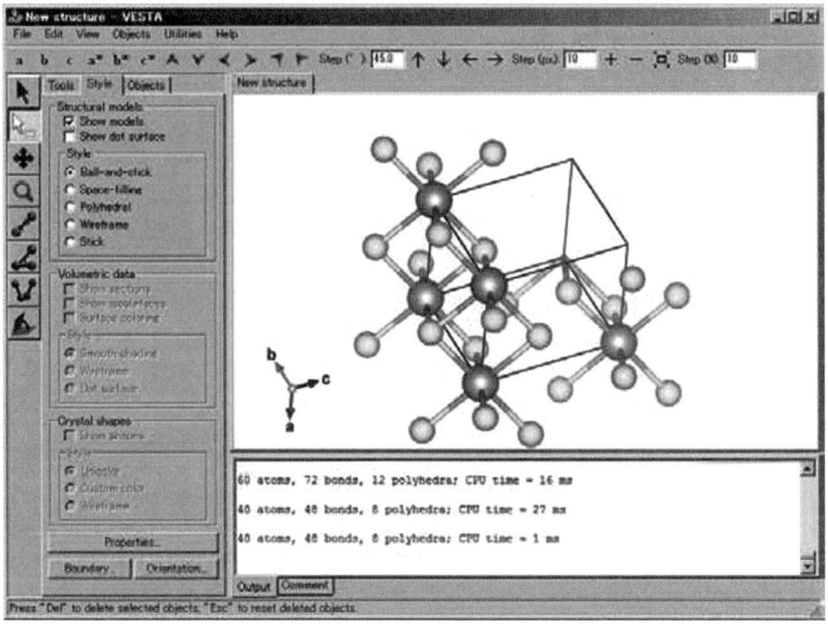

그림 6-31. 선택한 원자를 비표시로 함

그래픽 영역에 표시되어있는 원자들을 회전은 왼쪽 툴바에서 [흰색 화살표]를 [검은 화살표]로 전환합니다. 그리고 다시 [검은 화살표]를 [흰색 화살표]로 전환하여 숨길 원자군을 선택합니다. 이렇게하여 DV-Xα 분자궤도 계산에 포함시키지 않는 원자를 숨길 수 있고, $Ti_3S_4^{4+}$만 표시되는 상태로 합니다.(그림 6-32) 만약 의도하지 않은 원자를 잘못 숨겨 버린 경우엔 키보드의 Esc 키를 누르면 그때까지 숨겨진 원자가 원래 상태로 돌아갑니다. 다시 처음부터 원자를 숨기는 작업을 시도하십시오. 또한 선택된 클러스터 전체의 전하는 나중 단계에서 지정하기 때문에 이 단계에서는 고려하지 않습니다.

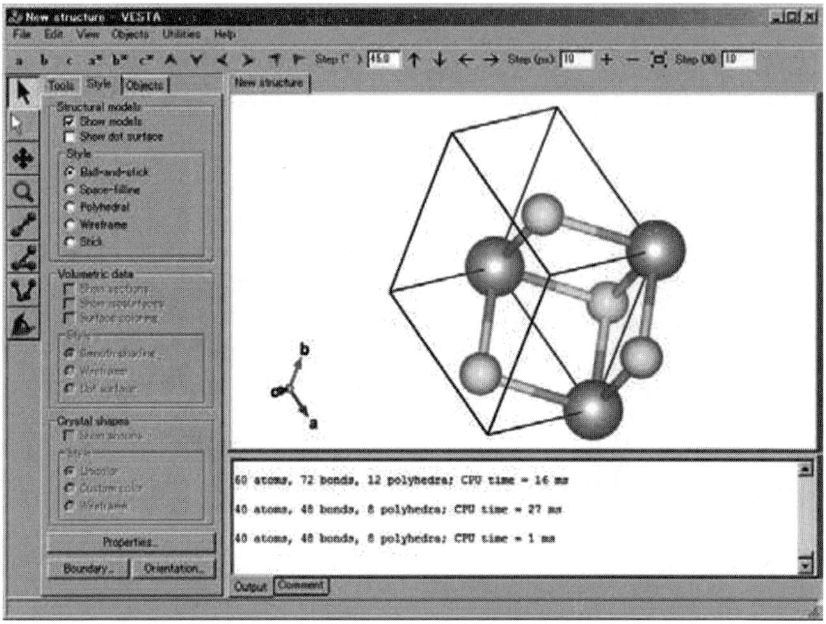

그림 6-32. DV-Xa 분자궤도 계산에 포함된 원자만 표시된 상태

메뉴바의 [File]의 [Export Data…]를 선택하고 Export Data 대화상자를 엽니다. C: 드라이브 안의 dvxa 폴더에서 calc 폴더를 선택하고 마우스 오른쪽 클릭으로 메뉴를 표시한 후 [새로 만들기]의 [폴더]를 선택하여 새 폴더를 만듭니다.(그림 6-33) 이번에는 새로 만든 폴더의 이름을 tis2로 합니다.

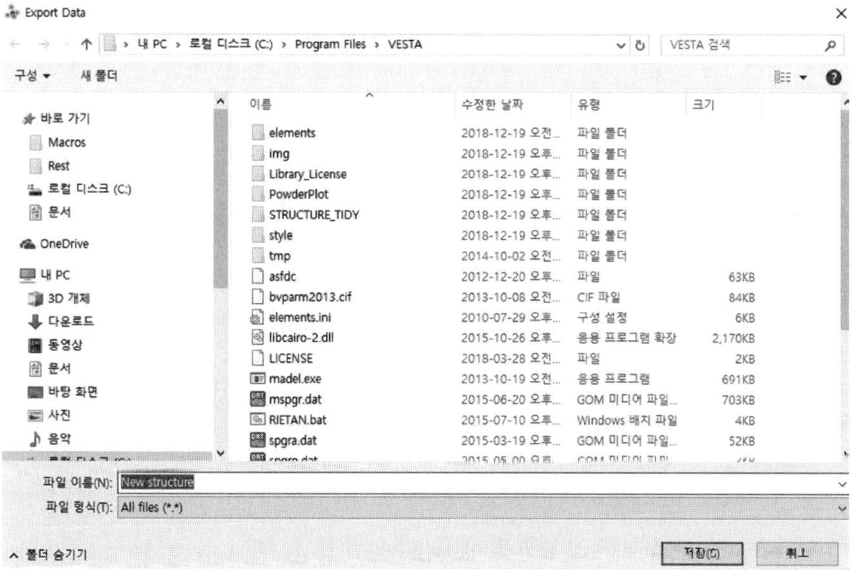

그림 6-33. 선택한 원자를 저장 함

그림 6-34. 파일 종류 선택

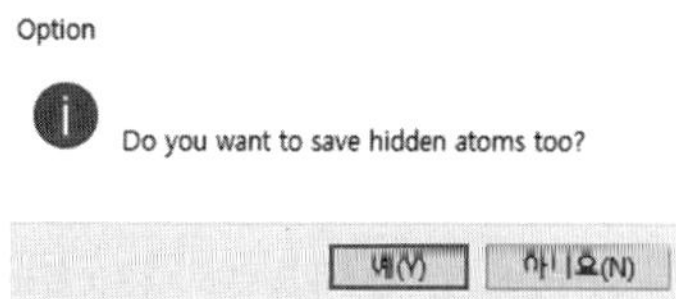

그림 6-35. 반드시 [NO]를 선택

파일을 저장할 폴더가 C:₩dvxa₩calc₩tis2로 선택된 상태에서 저장 파일 형식을 풀다운 메뉴에서 XYZ file(*. xyz)로 설정합니다.(그림 6-34) 파일 이름은 tis2.xyz로 합니다. [저장]을 클릭하면 그림 6-35와 같이, Option 대화 상자가 열립니다. Do you want to save hidden atoms too?라고 질문하는데 여기서 말하는 hidden atoms은 지금까지 작업으로 숨겨진 깃발을 세워 표시되지 않도록 한 원자군입니다. 기본적으로 Yes로 되어 있지만, 여기에서는 반드시 아니오를 선택하십시오. 만약 예를 선택해 버리면, 모처럼 숨긴 원자좌표들도 출력되어 버립니다. 이번에는 이 상태에서 그래픽 영역에 표시되는 티타늄은 3개 원자, 황은 4개 원자 좌표를 출력하고 싶기 때문에, 아니오를 선택합니다. 이상의 조작으로 C:₩dvxa₩calc₩tis2 폴더에 $Ti_3S_4^{4+}$ 에 해당하는 7개 원자 만큼의 좌표만 적혀있는 tis2.xyz 파일이 생성됩니다.

현재 VESTA의 상태를 저장하려면 메뉴 바에서 [File]의 [Save As…]를 클릭하여 Save As 대화 상자를 열고 C:₩dvxa₩calc₩tis2 폴더에 tis2.vesta 라는 이름으로 파일을 저장합니다. 메뉴 바의 [File]의 [Exit] 로 VESTA을 종료시킵니다. 만약 저장된 VESTA 상태를 재현하려면 maruo 편집기에서 C:₩dvxa₩calc₩tis2₩tis2.vesta을 열고 [VESTA] 버튼을 클릭하면 저장된 상태에서 VESTA가 시작됩니다.

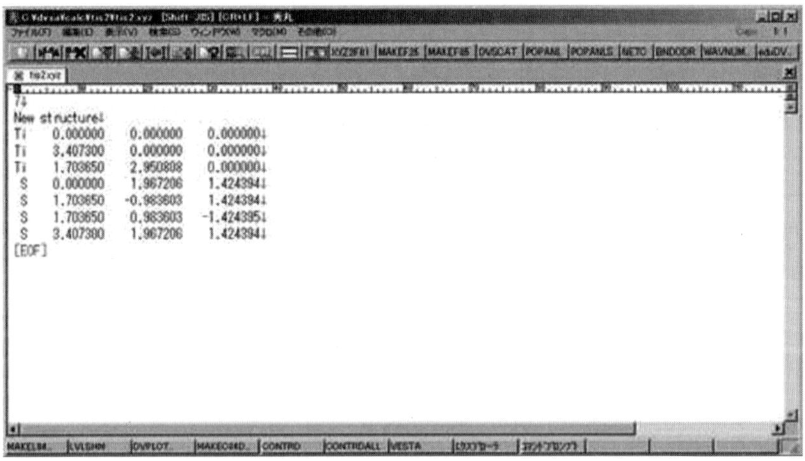

그림 6-36. maruo 편집기로 tis2.xyz를 열기

maruo 편집기에서 C:₩dvxa₩calc₩tis2₩tis2.xyz를 엽니다.(그림 6-36) maruo 편집기 도구 모음에서 XYZ2F01 버튼을 클릭하면 tis2.xyz가 F01로 서식 변환되어 새 탭 창에서 F01이 열립니다.(그림 6-37)

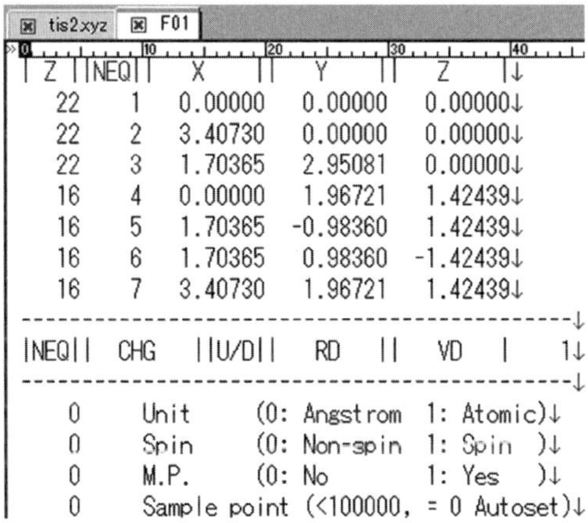

그림 6-37. F01

클러스터(분자)의 전하가 중성의 경우는 이대로 좋지만, 양이온 또는 음이온의 경우는 여기에 전하를 입력해야합니다.(중성의 경우에도 DV-Xα 분자궤도 계산에서 원자의 출발전하(self-consistent된 반복계산으로 원자의 전하(Net Charge)는 변화하고 수렴 할 것 입니다)를 0 이외로 하는 경우에는 역시 여기에 원자의 시작전하를 입력합니다) 이번에는 TiS_2의 결정구조에서 만들어낸 Ti_3S_4 클러스터이므로 티타늄 원자의 산화수를+4, 황 원자의 전하는 –2로 하여, Ti_3S_4 클러스터 전체 전하를+4로 하여 DV-Xα 분자궤도 계산을 해봅니다.($Ti_3S_4^{4+}$는 플러스 전하를 가진 클러스터로 계산하는 것이 됩니다) 잘라낸 클러스터의 전하를 어떻게 설정해서 전자상태계산을 할까는 클러스터의 총 전자수를 결정하는 것과 다름없이 매우 중요합니다. 클러스터의 전하를 어떻게 생각할지 잘 모르는 경우는 그야말로 계산기 실험이므로 여러 가지를 고려하여 각각 계산한 뒤에, 계산 결과를 비교 검토하면 좋을 것입니다. 중성 모델에서 전자를 뺀 것은 산화제, 전자를 더한 것은 환원제 세산에 해당합니다.

원자의 전하를 지정하려면 먼저 원자의 NEQ(원자의 종류 번호)를 확인합니다. 그림 6-38은 티타늄 원자 3개(Z=22)의 NEQ 1, 2, 3, 황 원자 4개(Z=16)의 NEQ는 4, 5, 6, 7 입니다. "|NEQ|| CHG ||U/D|| RD || VD | 1"행 다음에 새 행을 삽입하고 그림 6-38과 같이 NEQ 번호와 해당 초기 전하를 입력하고 파일을 저장합니다.

```
| Z ||NEQ||   X    ||    Y    ||    Z    |↓
  22    1  0.00000   0.00000   0.00000↓
  22    2  3.40730   0.00000   0.00000↓
  22    3  1.70365   2.95081   0.00000↓
  16    4  0.00000   1.96721   1.42439↓
  16    5  1.70365  -0.98360   1.42439↓
  16    6  1.70365   0.98360  -1.42439↓
  16    7  3.40730   1.96721   1.42439↓
--------------------------------------------↓
|NEQ||  CHG   ||U/D||  RD  ||  VD  |    1↓
    1   4.00000↓
    2   4.00000↓
    3   4.00000↓
    4  -2.00000↓
    5  -2.00000↓
    6  -2.00000↓
    7  -2.00000↓
--------------------------------------------↓
    0     Unit    (0: Angstrom  1: Atomic)↓
    0     Spin    (0: Non-spin  1: Spin  )↓
    0     M.P.    (0: No        1: Yes   )↓
    0     Sample point (<100000, = 0 Autoset)↓
```

그림 6-38. 원자의 초기전하를 입력함

6-3-2) SCAT 실행

툴바 버튼 [MAKEF05]을 클릭한 다음 [DVSCAT]을 클릭하면 $Ti_3S_4^{4+}$의 DV-Xα 분자궤도 계산(프로그램 SCAT 실행)이 시작됩니다. Convergence : 값이 거의 제로가 되면 계산이 수렴된 것입니다. 이번 조사에서는 75사이클에서 수렴에 이르렀습니다.

6-3-3) SCAT 계산 결과의 확인

f08e 탭을 클릭하면 계산 결과의 전체 분자궤도 에너지고유값을 볼 수 있습니다. 이

번에는 대칭궤도를 만들지 않고 계산했기 때문에 분자궤도는 점군에 근거한 이름은 붙어 있지 않습니다.(내각부터 일련 번호가 분자궤도의 이름입니다) HOMO는 63, LUMO는 64입니다.

메뉴바의 [매크로]의 [기타]의 [HLGAP]를 선택하면 HOMO(63)와 LUMO(64)의 에너지간격(밴드갭에 해당)이 표시됩니다.(그림 6-39)

```
***************************↓
***  HOMO - LUMO GAP  ***↓
***************************          [eV]     No.Electron↓
*** LUMO   64                    -22.46500        0.0↓
*** HOMO   63                    -23.70401        2.0↓

*** f r o m *** ==> ***   t o   ***  [eV]    [cm-1]      [nm]↓
63              ==>  64               1.239    9993.3   1000.7↓
```

그림 6-39. HOMO와 LUMO의 에너지 간격

[메그로]의 [클러스터 모델]의 [ATLIST]를 선택하면 Ti_3S_4 클러스터의 전하가 4.0임을 확인할 수 있습니다.(그림 6-40)

```
   1 Ti(1)    2 Ti(2)    3 Ti(3)    4 S (4)    5 S (5)↓
   6 S (6)    7 S (7)↓
↓
 Ti3 S 4↓
↓
 charge =     4.00000↓
↓
   1  Ti    1 atoms    2  Ti    1 atoms    3  Ti    1 atoms↓
   4  S     1 atoms    5  S     1 atoms    6  S     1 atoms↓
   7  S     1 atoms↓
```

그림 6-40. 클러스터 전체의 전하를 확인

클러스터 전체의 +4 전하가 각 원자들에 어떻게 나뉘어 있는지는 툴바의 버튼 NETC을 클릭하면 볼 수 있습니다. 이것은 각 원자의 순 전하(Net Charge)에 해당합니다.(그림 6-41)

```
EFFECTIVE CHARGE  ↓
LU                           NET CHARGE↓
 1   TI        20.68257         1.31743↓
 2   TI        20.71538         1.28462↓
 3   TI        20.69375         1.30625↓
 4   S         15.91145         0.08855↓
 5   S         15.89906         0.10094↓
 6   S         10.19187        -0.19187↓
 7   S         15.90588         0.09412↓
```

그림 6-41. 각 원자들의 순수전하

[BNDODR]을 클릭하면 유효공유결합전하를 볼 수 있습니다.(그림 6-42)

```
BOND OVERLAP POPULATION BETWEEN ATOMS ↓

        ( 1 TI) ( 2 TI) ( 3 TI) ( 4 S ) ( 5 S ) ( 6 S ) ( 7 S )
( 1)   19.9542↓
( 2)    0.0276  19.9677↓
( 3)    0.0268   0.0284  19.9614↓
( 4)    0.4889  -0.0030   0.5143  15.4004↓
( 5)    0.5013   0.5060  -0.0027   0.0139  15.3866↓
( 6)    0.4146   0.4273   0.4065  -0.0064  -0.0067  15.5790↓
( 7)   -0.0025   0.5091   0.4914   0.0145   0.0133  -0.0095  15.3978↓
```

그림 6-42. 각 원자간 유효공유결합전하

티타늄 원자의 유효공유결합전하, Ti(1)-Ti(2) : 0.0276, Ti(1)-Ti(3) : 0.0268, Ti(2)-Ti(3) : 0.0284에 비해 티타늄 원자와 3개의 티타늄 원자에 붙어 있는 황 원자(μ3-S=S(6)) 사이의 유효공유결합전하, Ti(1)-S(6) : 0.4146, Ti(2)-S(6) : 0.4273, Ti(3)-S(6) : 0.4065 결합이 강하고, 티타늄 원자와 두 개의 티타늄 원자에 붙어 있는 황 원자(μ-S, S(4), S(5), S(7)) 사이의 유효공유결합전하, Ti(1)-S(4) : 0.4889, Ti(1)-S(5) : 0.5013, Ti(2)-S(5) : 0.5060, Ti(2)-S(7) : 0.5091, Ti(3)-S(4) : 0.5143, Ti(3)-S(7) : 0.4914는 같은 Ti-S 사이 일지라도 Ti-μ3-S간에 비해 더욱 강하게 결합되어 있음을 알 수 있습니다.(평균, Ti-Ti : 0.0276, Ti-μ3-S : 0.4161, Ti-μ-S : 0.5018)

[POPANL]을 클릭하면 각 분자궤도 성분(어떤 원자의 어떤 원자궤도가 몇 퍼센트인가)을 자세히 볼 수 있습니다. 예를 들어 HOMO 인 63번째의 분자 궤도를 살펴봅니다.(그림 6-43)

```
E( 63)        -23.7040 EV↓
( 1 1s) 0.0000  ( 1 2s) 0.0000  ( 1 2p) 0.0000  ( 1 3s) 0.0000↓
( 1 3p) 0.0000  ( 1 3d) 0.0706  ( 1 4s) 0.0002  ( 1 4p) 0.0054↓
( 2 1s) 0.0000  ( 2 2s) 0.0000  ( 2 2p) 0.0000  ( 2 3s) 0.0000↓
( 2 3p) 0.0000  ( 2 3d) 0.0509  ( 2 4s) 0.0002  ( 2 4p) 0.0060↓
( 3 1s) 0.0000  ( 3 2s) 0.0000  ( 3 2p) 0.0000  ( 3 3s) 0.0000↓
( 3 3p) 0.0001  ( 3 3d) 0.2121  ( 3 4s) 0.0011  ( 3 4p) 0.0029↓
( 4 1s) 0.0000  ( 4 2s) 0.0000  ( 4 2p) 0.0000  ( 4 3s) 0.0001↓
( 4 3p) 0.0977  ( 4 3d) 0.0095  ( 5 1s) 0.0000  ( 5 2s) 0.0000↓
( 5 2p) 0.0000  ( 5 3s) 0.0007  ( 5 3p) 0.3947  ( 5 3d) 0.0131↓
( 6 1s) 0.0000  ( 6 2s) 0.0000  ( 6 2p) 0.0000  ( 6 3s) 0.0000↓
( 6 3p) 0.0006  ( 6 3d) 0.0013  ( 7 1s) 0.0000  ( 7 2s) 0.0000↓
( 7 2p) 0.0000  ( 7 3s) 0.0002  ( 7 3p) 0.1224  ( 7 3d) 0.0100↓
```

그림 6-43. HOMO(63) 성분에서 원자궤도 비율

HOMO(63)는 μ-S 인 S(5)의 3p 궤도가 39.47%, Ti(3)의 3d 궤도가 21.21%, μ-S 인 S(7)의 3p 궤도가 12.24%, μ -S인 S(4)의 3p 궤도가 9.77%, Ti(1)의 3d 궤도가 7.06%, Ti(2)의 3d 궤도가 5.09% 등의 원자궤도로 구성되어 있으며, μ3-S로 있는 S(6)의 원자궤도는 거의 포함되어 있지 않는 것을 알 수 있습니다.(S(6)의 3d 궤도는 0.13%, 3p 궤도 0.07%)

maruo 편집기 화면의 아래쪽에 있는 상태 표시줄에 버튼 [MAKEL04…]를 누르면 명령 프롬프트가 시작됩니다. 여기에서는 키보드의 [3]과 [Enter]를 누릅니다. 다음 버튼 [LVLSHM]을 누르면 $Ti_3S_4^{4+}$의 에너지 준위 그림이 그려집니다.(그림 6-44)

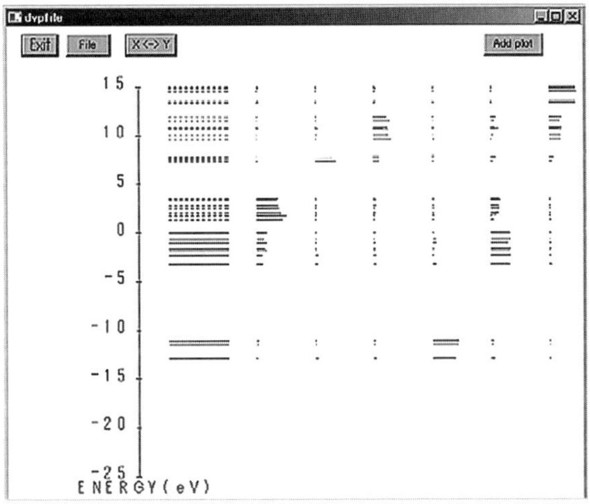

그림 6-44. $Ti_3S_4^{4+}$에너지 준위도

분자궤도(점유궤도는 실선, 빈 궤도는 점선) 옆의 여섯 열은 왼쪽에서 각각 티타늄(3원자의 합계)의 3d, 4s, 4p, 황(4원자의 합계, 여기서는 μ3-S와 μ-S를 구분하지 않음) 3s, 3p, 3d입니다. HOMO 근방의 점유궤도는 티타늄의 3d 궤도가 20% 정도, 황 3p 궤도가 80% 정도로 되어 있고, LUMO 근방의 빈 궤도는 반대로 티타늄 3d 궤도가 80% 정도, 황 3p 궤도가 20% 정도로 되어 있음을 알 수 있습니다. 에너지 준위 그림이 표시되는 창이 왼쪽 상단의 아이콘을 클릭하면 풀다운 메뉴가 나타납니다. 여기에서 복사를 클릭하면 에너지 준위 그림의 이미지가 Windows 클립보드에 복사됩니다. Windows 보조 프로그램의

그림판과 같은 적당한 페인트계 소프트웨어에 붙여 넣기를 하여 여분의 여백을 잘라 내거나 글을 입력할 수 있습니다. 에너지준위 그림이 표시되는 창은 반드시 왼쪽에서 Exit 버튼을 클릭하여 종료하십시오. 오른쪽 상단의 ×버튼으로 종료하면 명령 프롬프트 화면이 남아 버립니다.

6-3-4) 파동함수의 3차원 가시화

maruo 편집기 화면의 아래쪽에 있는 상태 표시 줄에 버튼 [MAKEC04D…]를 누르면 명령 프롬프트가 시작됩니다. 여기에서는 키보드의 [0]와 [Enter]를 누릅니다. 다음 버튼 [CONTRD]을 누르면 VESTA에서 읽을 수 있는 3차원 파동함수의 데이터 파일, 3차원 전자밀도 데이터 파일, 3차원 정전포텐셜 데이터 파일이 생성됩니다.(그림 6-45) 덧붙여 이번에 계산한 $Ti_3S_4^{4+}$의 f08e를 보면 분자궤도의 총 갯수는 110개지만, 만약 분자궤도의 총 갯수가 99개 이하의 DV-Xα계산의 경우 [MAKEC04D…], [CONTRD] 대신 [CONTRDALL]을 누르기만하면 모든 분자궤도의 3차원 데이터 파일을 자동으로 만들 수 있습니다. 이 경우, 분자궤도의 명칭이 그대로 이름이 됨으로 매우 편리합니다.

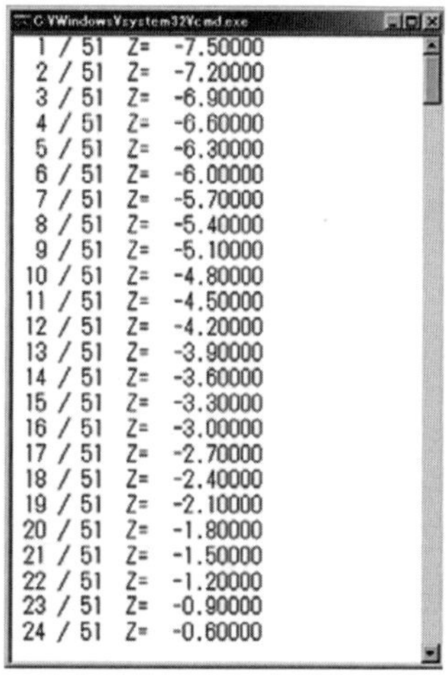

그림 6-45. VESTA에서 읽어들인 3차원 데이터 파일의 작성

maruo 편집기에서 [F01] 탭을 클릭하고 F01이 화면에 표시되어 있는 상태로 됩니다.(그림 6-46)

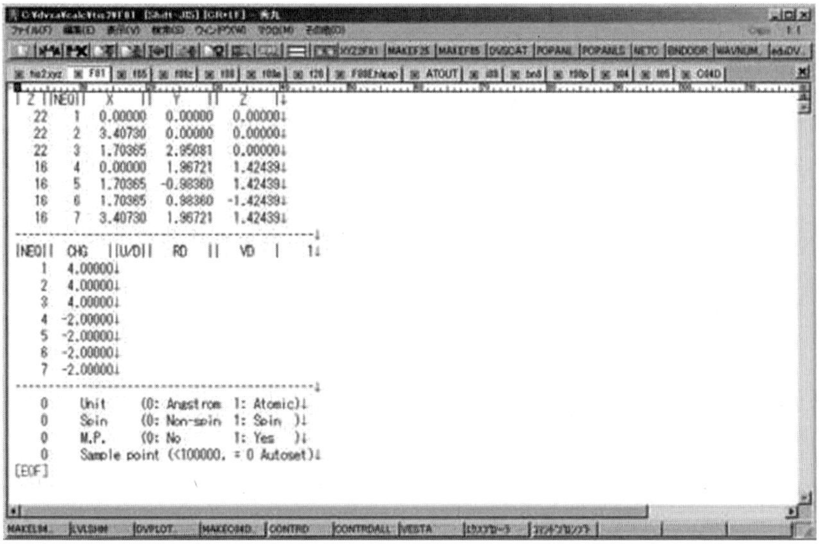

그림 6-46. F01이 표시되어 있는 상태

화면 하단의 상태 표시 줄에서 [VESTA] 버튼을 클릭하여 VESTA를 시작합니다.(그림 6-47)

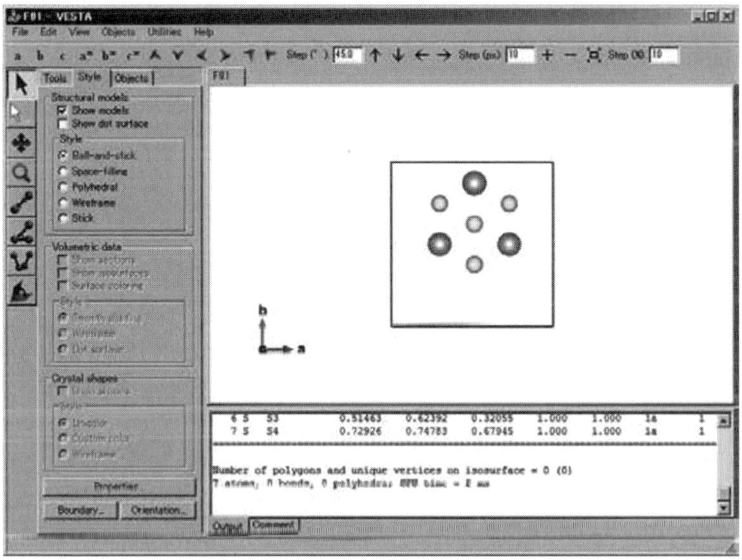

그림 6-47. VESTA에서 F01을 표시함

그래픽 영역에 그려져 있는 검은 테두리는 CONTRD로 3차원 파동함수, 전자밀도, 정전포텐셜 데이터를 계산·출력한 범위를 나타냅니다.(격자상수가 아님) DV-Xα 분자궤도 계산 결과를 VESTA에서 3차원으로 시각화할 때는 이 검은 테두리 표시가 필요하지 않습니다. 왼쪽 사이드 패널의 [Properties…] 버튼을 클릭하십시오.(그림 6-48)

[Unit cell]의 [Line]에서 Do not show 라디오 버튼을 선택하고 검은 테두리 표시를 지웁니다. [OK] 버튼을 클릭하여 Properties 대화 상자를 닫습니다.

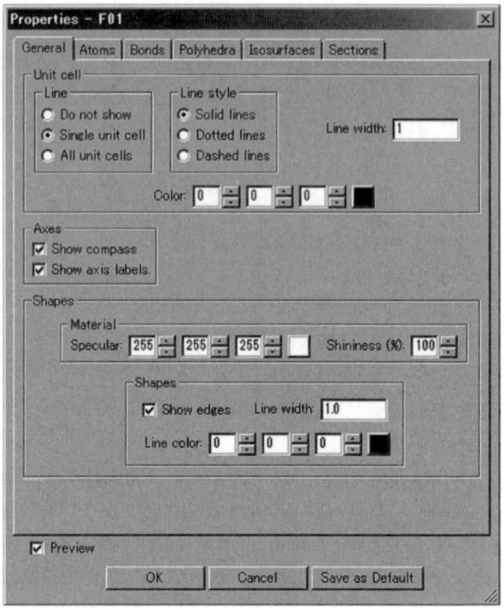

그림 6-48. Properties Dialog box

티타늄 원자(하늘색 공)와 황 원자(노란색 공) 사이에 결합선을 긋습니다. 메뉴 바의 [Edit]의 [Bonds…]에서 Bonds 대화 상자를 열어 [1 XX XX 0 1.6 1 □] 행을 선택하고 [Search mode]에서 Search A2 bonded to A1을 선택합니다. A1 : Ti, A2 : S, Max. length : 2.5을 설정하고 [Apply] 버튼과 [OK] 버튼을 클릭합니다.(그림 6-49)

메뉴 바의 [Edit]를 클릭한 다음 [Edit Data]의 [Volumetric Data…]를 선택하고 Edit Data 대화 상자의 Volumetric data 페이지를 엽니다. Isosurfaces에서 [Import…] 버튼을 클릭하여 w63-3d.scat을 선택하고 [열기] 버튼을 클릭합니다. Choose operations 대화 상자가 열리므로 [OK] 버튼을 클릭하십시오. 마지막으로 [Apply] 버튼과 [OK] 버튼을 클릭합니다.(그림 6-50)

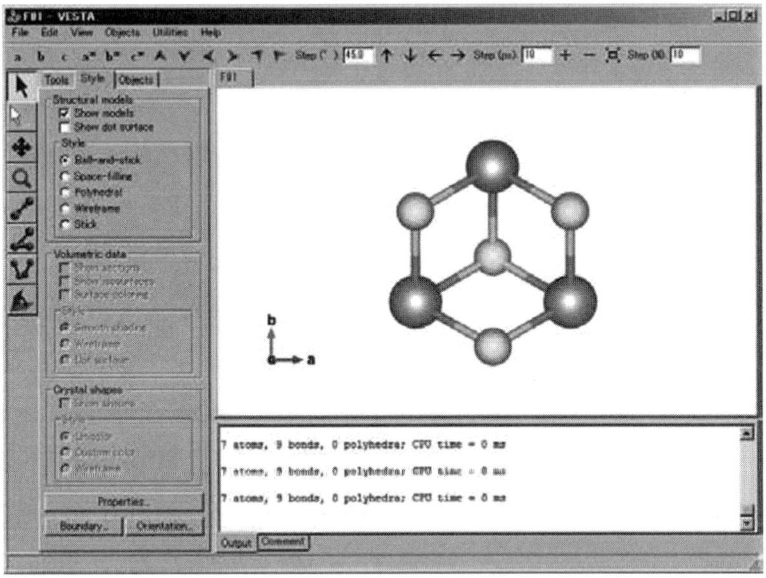

그림 6-49. 티타늄원자와 황원자간 결합선을 그림

그림 6-50은 $Ti_3S_4^{4+}$의 HOMO(63) 그림입니다. 동일한 높이를 선으로 연결한 그림은 등고선인데 동일한 크기의 물리량(이 경우는 파동함수의 값)을 면으로 그린 그림입니다. 지도의 등고선은 여러 개의 [동일한 높이]에서 몇 개의 선을 그리는데 반해 그림 6-51 그림에서는 [절대값이 동일한 크기]로 플러스측(노란색)과 음극측(하늘색)을 그립니다.(VESTA는 여러 개의 [절대값이 동일한 크기]로 여러 면을 겹쳐 그리는 기능도 있습니다)

하늘색 표면의 끝부분으로 [진한 청색 평면]으로 되어 있습니다.(그림 6-51) 이것은 C04D에서 설정되어 있는 [파동함수의 3차원 데이터를 계산하여 저장하는 범위]로 부디 현재 그리고 있는 파동함수(HOMO(63))가 돌출되는 부분이 있는데, 그 부분이 그려져 있지 않고, 생긴 단면이 짙은 색으로 표현되어 있습니다.

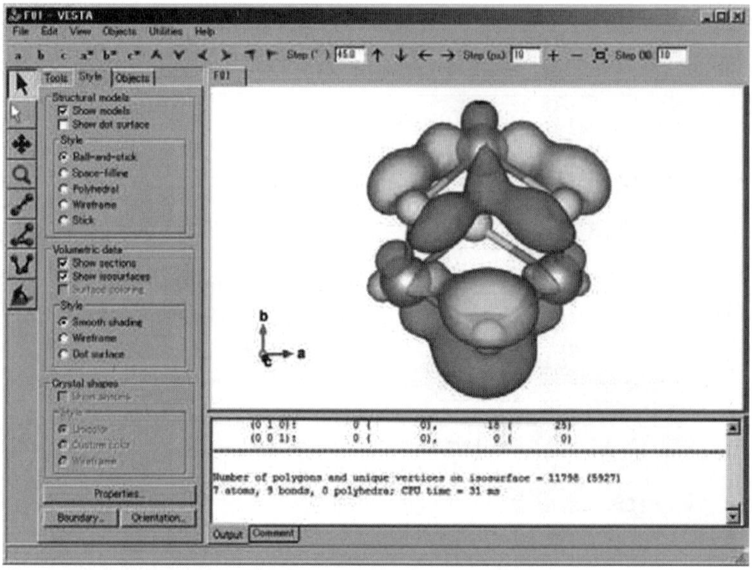

그림 6-50. $Ti_3S_4^{4+}$의 HOMO(63)의 등값표면도

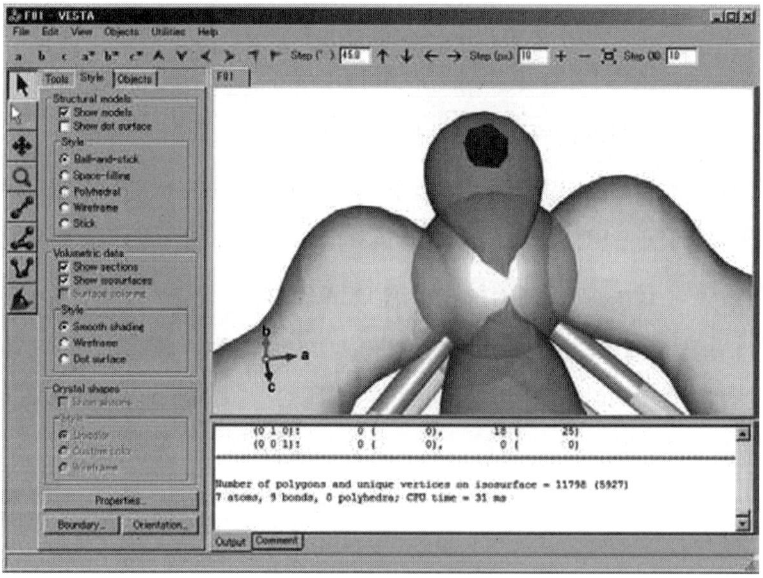

그림 6-51. 짙은 청색의 평면

왼쪽 사이드 패널의 [Properties…] 버튼을 클릭하여, 열린 Properties 대화 상자의 [Isosurfaces] 탭을 클릭합니다.(그림 6-52)

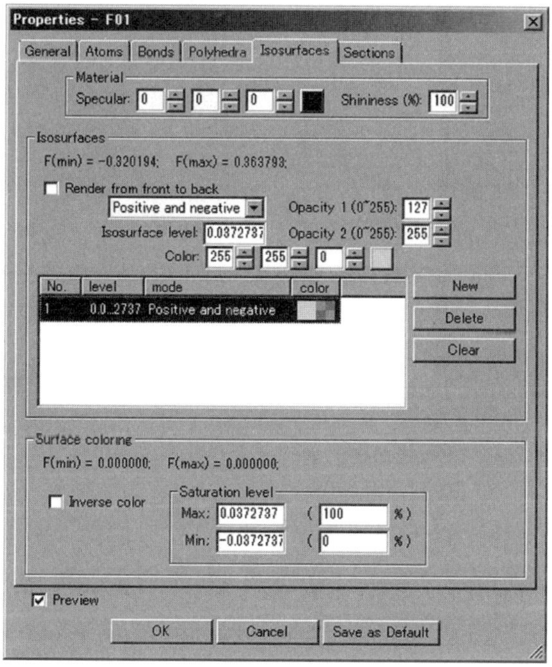

그림 6-52. Properties Dialog box의 Isosurfaces 페이지

[1 0.0372737 Positive and negative] 행을 클릭하여 선택하고 그 위에 있는 [Isosurfacelevel] 값을 변경합니다. 그래픽 영역의 파동함수 그림은 Isosurface level 값의 플러스(Isosurface level :+0.0372737 노란색 표면)과 음극(Isosurfacelevel : -0.0372737 하늘색 표면) 면이 그려집니다 . Isosurface level의 값을 크게 하면 그림은 작고, Isosurface level의 값을 작게하면 그림은 커집니다.

이번에는 HOMO(63) 그림이 너무 커서 C04D으로 설정되어있는 [파동함수의 3차원 데이터를 계산하여 저장하는 범위]에서 벗어나 있기 때문에 그림을 작게 조절합니다. 이 경우 Isosurface level의 값을 크게 하면 되는 데 이번에는 Isosurface level의 값을 0.0372737에서 0.05로 변경하고(그림 6-53) OK를 누릅니다.

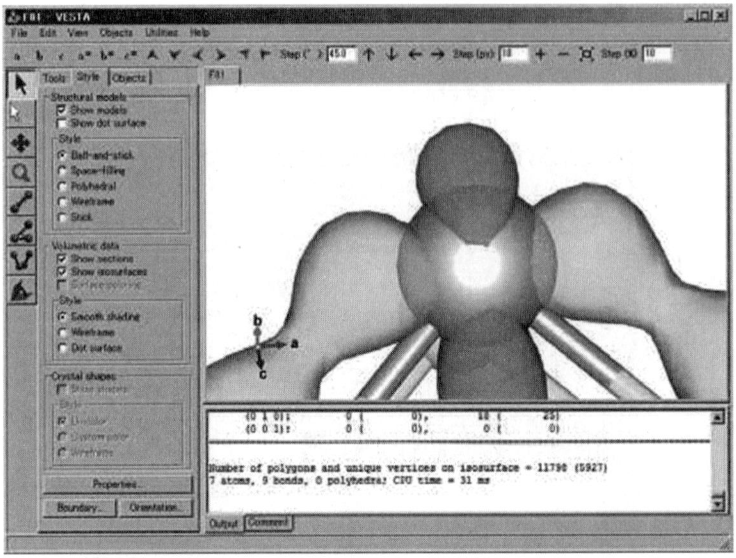

그림 6-53. Isosurface level 값을 크게 해서 짙은 청색 평면을 지움

왼쪽 사이드 패널의 [Style] 라디오 버튼을 이용하는데 기본적으로 [Ball-and-stick]이 선택되어 있습니다. 파동함수를 그릴 때 원자의 중심 부분이 원자공에 의해 숨겨져 버리기 때문에, [Wireframe] 또는 [Stick]을 선택하는 것이 좋습니다.(그림 6-54)

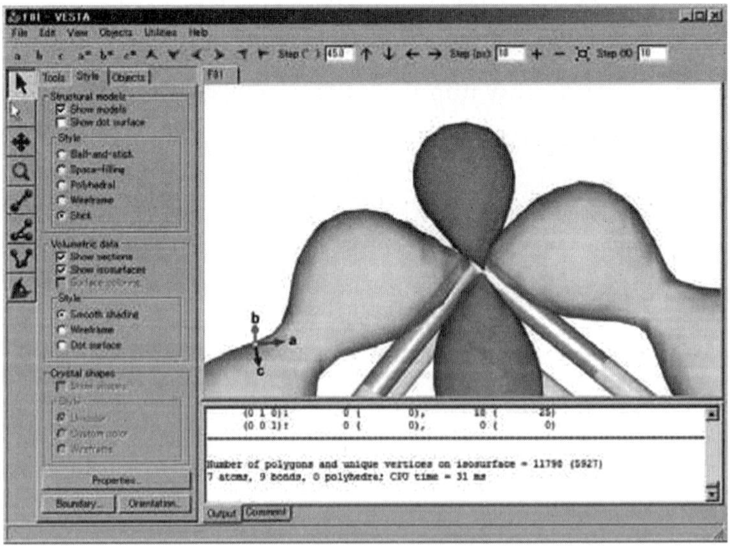

그림 6-54. Style를 Ball-and-stick에서 Stick로 변경함

위쪽에 가로로 표시되는 툴바(그림 6-55)에서 적당하게 확대, 축소, 이동(상하 좌우), 회전합니다.(그림 6-56)

그림 6-55. Horizontal Toolbar에서 회전, 이동, 확대/축소시킴

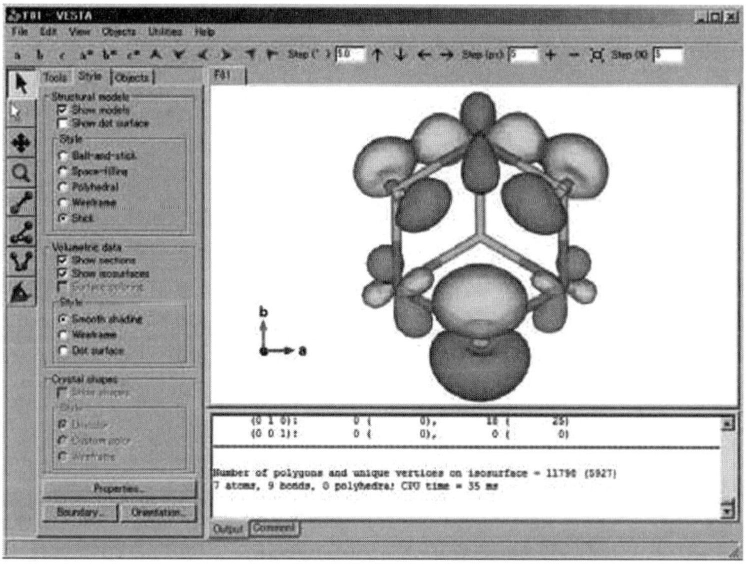

그림 6-56. 조정후의 $Ti_3S_4^{4+}$의 HOMO(63)등값표면도

그래픽 영역의 이미지를 파일로 저장합니다. 메뉴 바의 [File]의 [ExportRaster Image…]를 선택하고 Export Raster Image 대화 상자에서 저장할 파일 형식(그림 6-57)을 선택하고 파일 이름에 적당한 이름을 지정 후 [저장]을 클릭 있습니다.

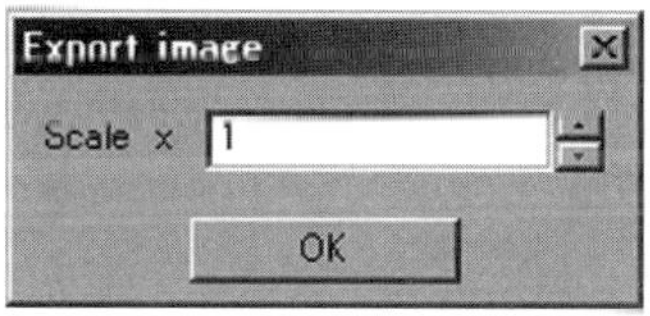

그림 6-57. Export image Dialog box

그림 6-57와 같이 Export image 대화 상자가 열립니다. 기본적으로 1이 입력되어 있

는데, 이대로 OK를 누르면 현재 열려있는 VESTA 그래픽 영역 화면과 동일한 크기의 이미지 파일로 저장됩니다.(예를 들어, 610×364픽셀) 만약 2를 입력하면 2배 크기의 이미지(1220×728픽셀)가 저장됩니다. 3은 3배(1830×1092픽셀), 4는 4배(2440×1456픽셀), 5는 5배(3050×1820픽셀), 6은 6배(3660×2184픽셀)로 이미지가 저장됩니다. 포스터 발표를 하는 경우 VESTA로 그린 그림을 크게 인쇄하려면 큰 그림을 출력하는 것이 좋습니다.

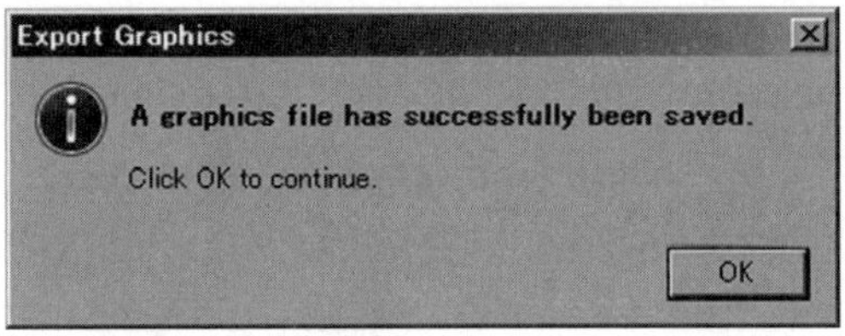

그림 6-58. Export Graphics Dialog box

이미지 파일로 저장되면 A graphics file has successfully been saved.라는 메시지가 표시됩니다.(그림 6-58) 그러면 [OK] 버튼을 클릭하십시오.

VESTA로 그림을 더 효과적으로 시각화 하기 위해서는 몇 가지 노하우가 있습니다. 왼쪽 사이드 패널의 [Properties…]에서 Properties 대화상자를 열고 [Atoms] 태그를 클릭합니다. 이 Atoms 페이지의 [Resolution] (그림 6-59)의 Stacks:와 Slices: 값을 크게 하면 원자공이 더 섬세하게 표현됩니다.(그림 6-60, 그림 6-61)

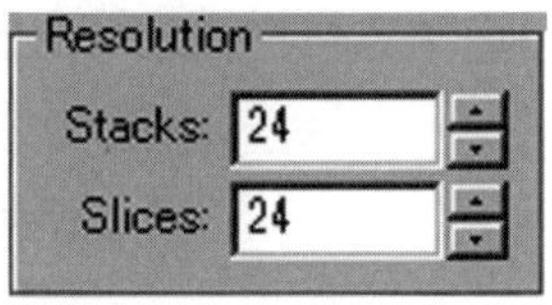

그림 6-59. 원자구의 해상도

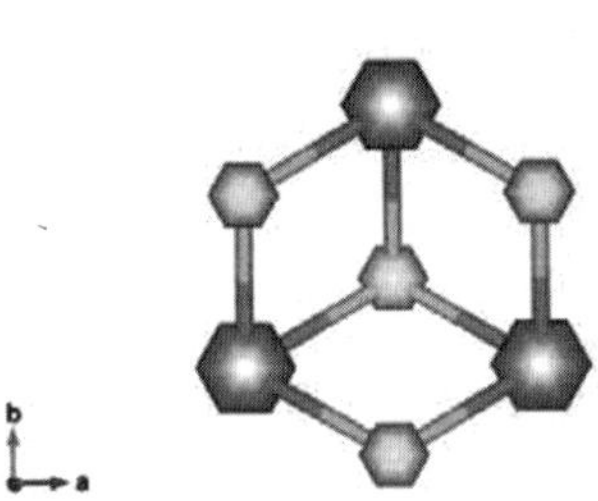

그림 6-60. Stacks: 6, Slices: 6

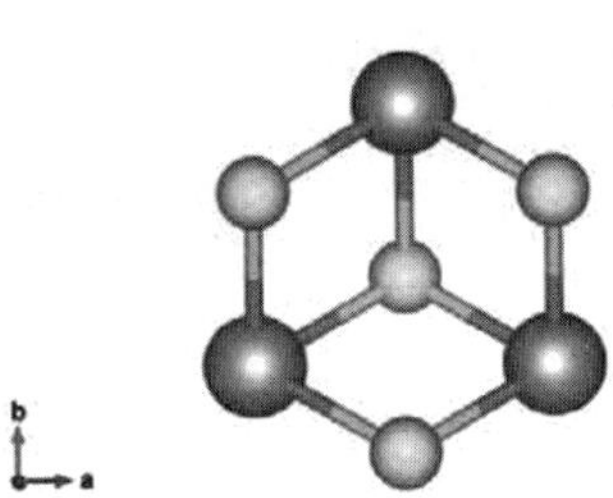

그림 6-61. Stacks: 96, Slices: 96

왼쪽 사이드 패널의 [Properties…]에서 Properties 대화상자를 열고 [Bonds] 태그를 클릭합니다. 이 Bonds 페이지의 [Resolution](그림 6-62)의 Stacks: 와 Slices: 값을 크게 하면, 결합 막대가 더 섬세하게 표현됩니다.(그림 6-63, 그림 6-64)

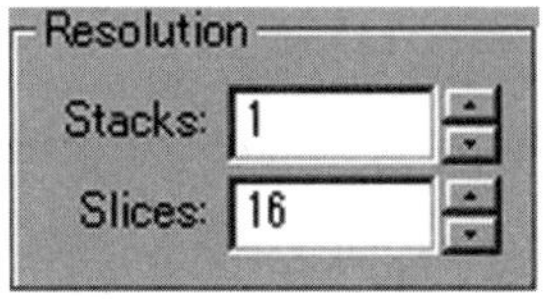

그림 6-62. 결합봉의 해상도

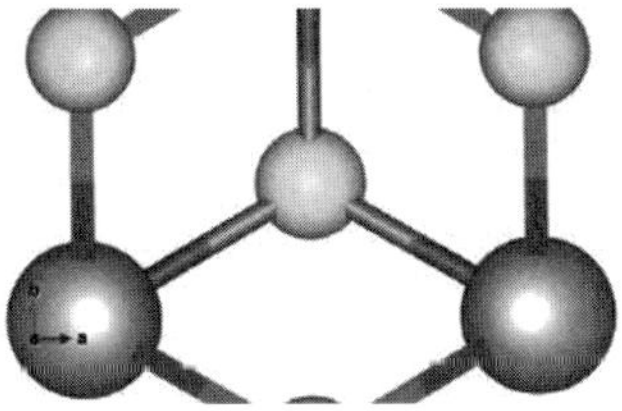

그림 6-63. Stacks: 1, Slices: 3

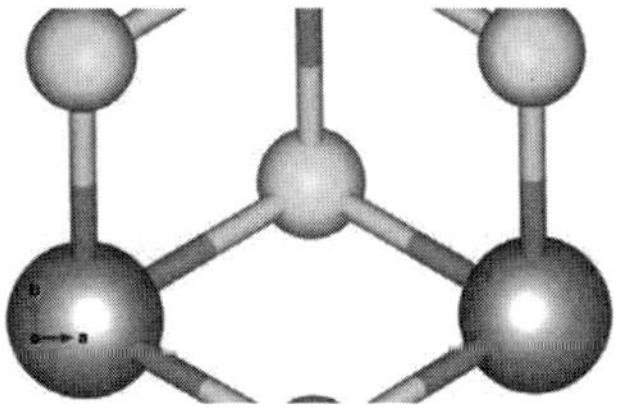

그림 6-64. Stacks: 4, Slices: 64

그림을 더 아름답게 하려면 파일 C04D을 편집해야 합니다. maruo 편집기 화면으로 돌아간 다음 C04D 탭을 클릭하십시오. C04D의 첫 번째 줄은 3I5 형식, 즉 정수 5자리가 3번 반복됩니다. 이 첫 번째 줄의 세 숫자는 CONTRD에서 3차원의 물리량 데이터를 계산하여 저장할 때의 x축, y축, z축 방향의 메시수가 있습니다. 이 숫자를 크게 하면 VESTA에서 더 높은 그림을 그릴 수 있지만 파일(* .scat)의 크기가 커지고 VESTA에서의 처리 시간도 오래 걸리게 됩니다. 이 메시수는 기본적으로 51로 되어 있으며(그림 6-65) 일반적으로 이것으로 충분합니다. 더 세밀하게 그릴 필요가 있을 때 101과 같이 큰 숫자(최대 251)로 변경합니다. 열이 흐트러지지 않게(메시수가 51의 경우 "␣␣␣51␣␣␣51␣␣␣51", 메시수가 101의 경우 "␣␣101␣␣101␣␣101") 주의해서 C04D의 첫 줄을 다시(그림 6-66) 편집한 후 파일을 저장합니다.

```
   51   51   51↓
 15.00000  15.00000  15.00000↓
  3.00000   0.00000   0.00000↓
    2   63   64↓
```

그림 6-65. C04D(메쉬수 51)

```
  101  101  101↓
 15.00000  15.00000  15.00000↓
  3.00000   0.00000   0.00000↓
    2   63   64↓
```

그림 6-64. C04D(메쉬수 101)

maruo 편집기 화면 하단의 상태 표시 줄에 버튼 CONTRD를 시작합니다. 그림 6-67에 C04D 메쉬 수를 31로하고 CONTRD를 실행 한 후 VESTA로 그린 $Ti_3S_4^{4+}$의 HOMO(63) 그림을 그림 6-68에 메쉬 수를 101으로 했을 때의 같은 그림을 보여줍니다. 메시 31은 거칠지만, 101는 충분히 매끄럽게 되어 있습니다.

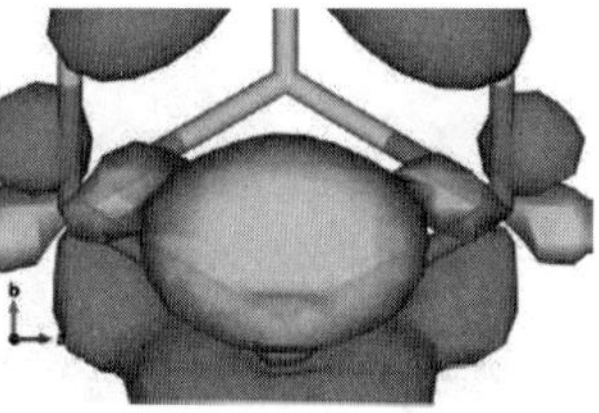

그림 6-67. 등값표면도(메쉬수 31)

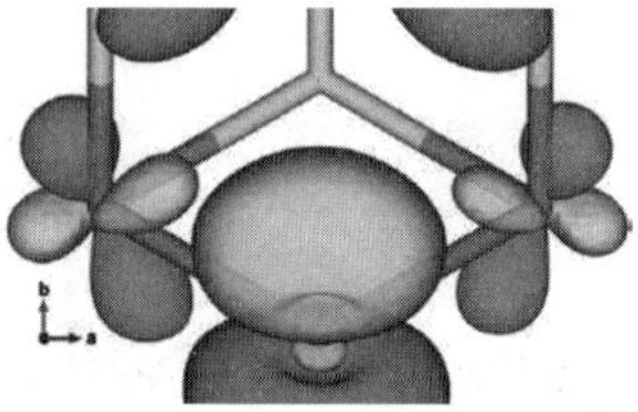

그림 6-68. 등값표면도(메쉬수 101)

또한 maruo 편집기 화면 하단 상태 표시 줄에서 [MAKEC04D…]에서 만든 C04D는 기본적으로 HOMO와 LUMO의 파동함수 (및 전자밀도, 정전포텐셜) 파일만 생성되도록 설정되어 있는데, HOMO와 LUMO 이외의 파동함수(f08e에 출력되는 모든 분자궤도(내각의 분자궤도에서 외각 공궤도까지)를 VESTA로 그릴 수 있습니다. 예를 들어, HOMO의 한 개 아래의 궤도(HOMO-1(62)) 두개 아래의 궤도(HOMO-2(61)), LUMO의 하나 위에 있는 궤도(LUMO+1(65)) 두 개 위의 궤도(LUMO+2(66))도 함께 VESTA로 그리고 싶은 경우 C04D을 그림 6-69과 같이 편집, 저장합니다. C04D의 네 번째 줄은 16I5(정수 5자리를 16회 반복) 형식으로, 첫 번째 I5(정수 5자리)는 파일에 출력하는 파동함수의 수, 두 번째 이후는 파동함수의 번호입니다. 이번 파동함수 번호 61, 62, 63, 64, 65, 66 등 6개의 파동함수를 출력하기 때문에 기본 "␣␣␣␣2␣␣␣63␣␣␣64"가 되어 줄(4번째 줄)을 "␣␣␣␣6␣␣␣61␣␣␣62␣␣␣63␣␣␣64␣␣␣65␣␣␣66"로 변경합니다.

```
   51   51   51↓
 15.00000  15.00000  15.00000↓
  3.00000   0.00000   0.00000↓
    6   61   62   63   64   65   66↓
```

그림 6-69. C04D(6개 파동함수를 그림)

[CONTRD] 버튼을 클릭하고 VESTA로 파동함수를 그립니다.(그림 6-70~그림 6-75) 이번에는 Isosurface level: 값을 0.07로 통일하여 그렸습니다.

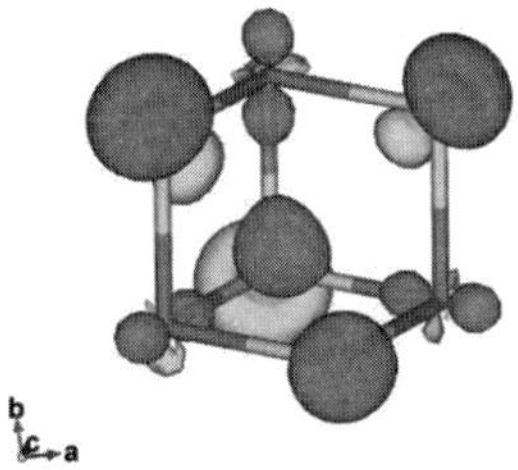

그림 6-70. HOMO-2(61)
(-24.36516eV)

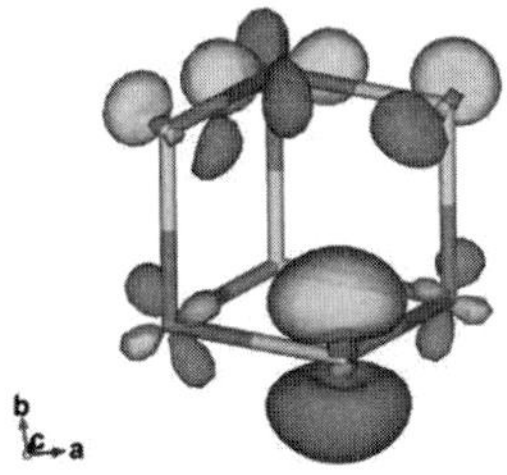

그림 6-71. HOMO-1(62)
(-23.76012eV)

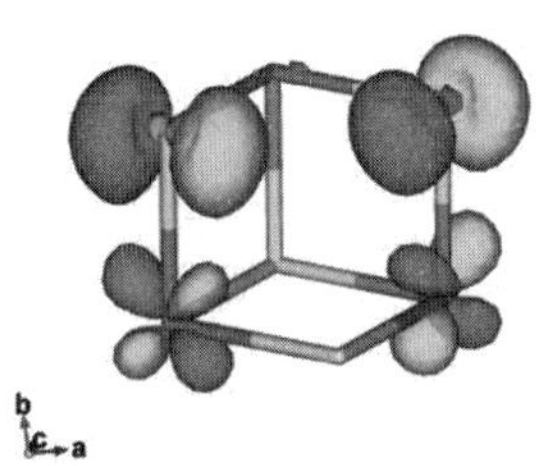

그림 6-72. HOMO(63)
(-23.70401eV)

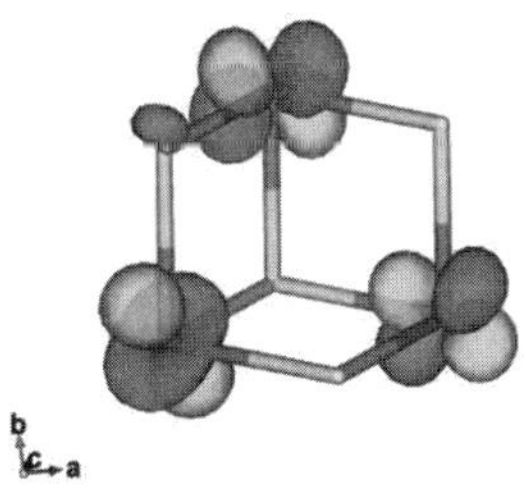

그림 6-73. LUMO(64)
(-22.46500eV)

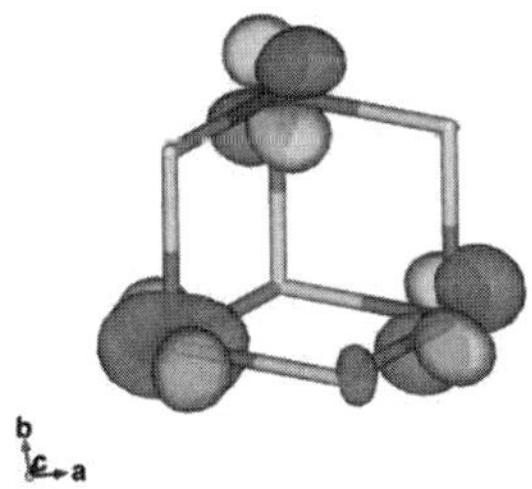

그림 6-74. LUMO+1(65)
(-22.36968eV)

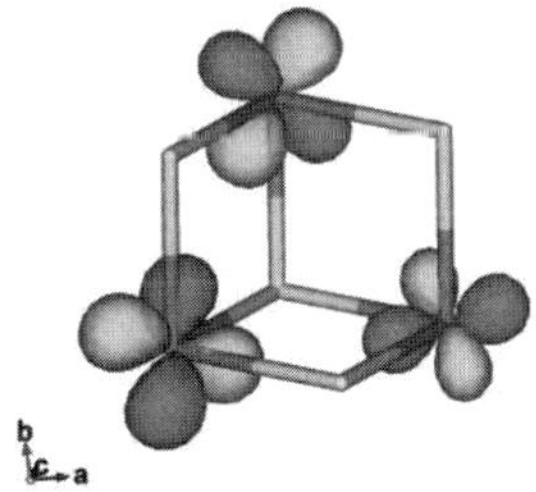

그림 6-72. LUMO+2(66)
(-21.96513eV)

6-3-5) 대칭궤도를 이용한 SCAT 계산

$Ti_3S_4^{4+}$의 DV-Xα 분자궤도 계산을 대칭궤도를 사용하여 다시 계산합니다. C:₩dvxa₩calc에 tis2_c3v라는 새 폴더를 만들고 C:₩dvxa₩calc₩tis2₩F01을 tis2_c3v에 복사하십시오. maruo 편집기를 다시 시작하여 C:₩dvxa₩calc₩tis2_c3v₩F01를 엽니다.(그림 6-76)

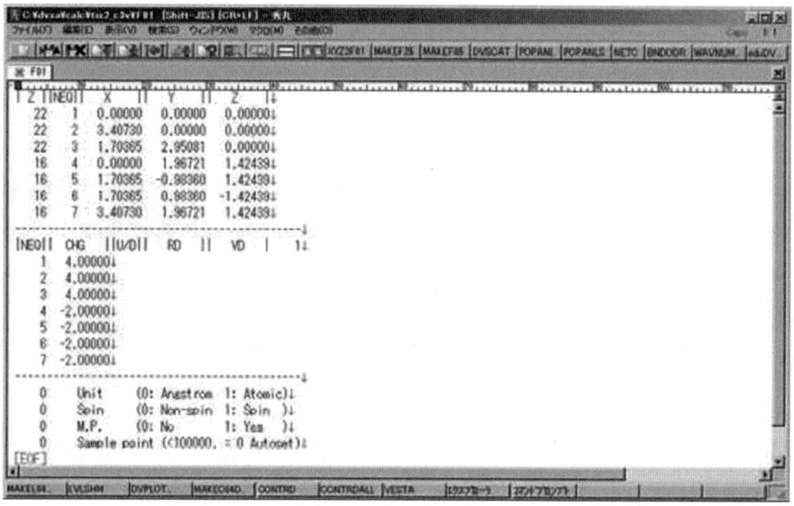

그림 6-76. C:\dvxa\calc\tis2_c3v\F01

maruo 편집기 아래쪽의 상태 표시 줄에서 [VESTA] 버튼을 클릭하여 VESTA를 시작합니다. VESTA 위쪽 메뉴 바의 [Edit]-[Bonds…]에서 Bonds 대화 상자를 열고 [1 XX XX 0 1.601 1 ㅁ] 행을 선택하고 Search mode 라디오 버튼에서 [SearchA2 bonded to A1]을 선택, A1: Ti, A2: S, Max. length: 2.5를 지정하고 [Apply], [OK] 버튼을 누릅니다.(그림 6-77)

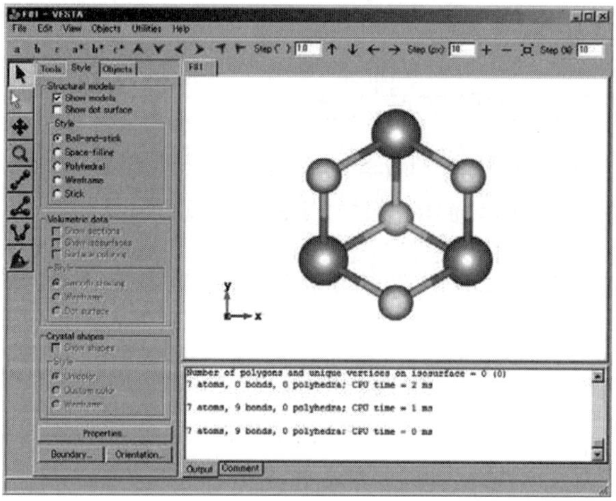

그림 6-77. VESTA에서 F01을 읽기

왼쪽 패널의 위쪽 [Style] 탭을 [Objects] 탭으로 전환합니다. [Site r(Å) C LS V]의 항목이 줄지어 있는 표에서 Ti와 S의 L 부분의 체크 박스를 클릭하여 체크 표시를 표시합니다. 원자공에 원자 라벨이 표시됩니다.(그림 6-78)

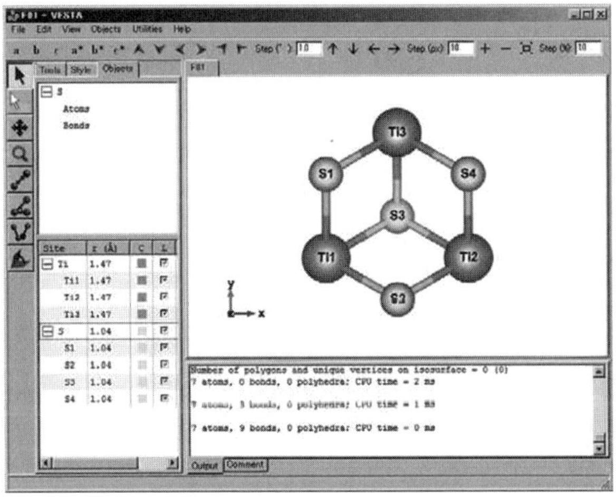

그림 6-78. 원자구에 원자라벨을 표시함

대칭궤도를 만들 때, 예를 들어 C3v의 경우 분자(클러스터)의 회전주축을 z축에 일치시킬 필요가 있습니다. [Objects] 탭을 [Style] 탭으로 되돌리고 $Ti_3S_4^{4+}$의 원자좌표를 파악합니다. [Ti1] 원자공을 더블 클릭하면 오른쪽 아래의 텍스트 영역에 Ti1 원자 좌표가 표시됩니다. Ti1은 현재 원점으로 되어 있습니다.(Atom:1 Ti1 Ti 0.00 0.000.00) Ti2 z=0.00, Ti3 z=0.00으로 3개의 티타늄 원자의 z 좌표는 모두 0이기 때문에, Ti1-Ti2-Ti3 삼각형은 X-Y 평면에 올려져 있습니다.

다음으로 황 원자의 좌표를 확인합니다. 3개의 μ-S, 즉 S1, S2, S4의 z 좌표를 보면 모두 1.42439Å이며, S1-S2-S4 삼각형의 평면은 X-Y 평면과 평행임을 알 수 있습니다. μ3-S인 S3의 좌표는(Atom: 6 S3 S 1.70365 0.98360 -1.42439)로 되어 있습니다. $Ti_3S_4^{4+}$의 3회 회전축(주축)은 S3 원자, 삼각형 Ti1-Ti2-Ti3의 중심, 삼각형 S1 S2 S4의 중심을 통과합니다. 주축을 z축에 일치시키려면 S3 원자를 z축에 올려 놓으면 좋고, 7개 원자는 각각의 좌표에 x축 방향으로 -1.70365, y축 방향으로 -0.98360만큼 평행 이동 시키면 좋습니다.

VESTA를 종료하고 maruo 편집기로 돌아갑니다. F01의 원자좌표를, 계산기 등을 사용하여 수동으로 평행 이동시켜도(숫자를 다시해도) 상관없으며, 평행 이동을 위한 프로그램도 별도로 준비되어 있습니다. 여기에서는 이 프로그램을 사용해 보겠습니다.

아래 상태 표시 줄의 오른쪽 끝에 있는 [명령 프롬프트]를 클릭하여 명령 프롬프트를 시작합니다.

```
C:₩dvxa₩setdvxa [Enter]
F01add [Enter]
-1.70365 [Enter]
-0.98360 [Enter]
0.0 [Enter]
```

를 입력합니다.(그림 6-79)

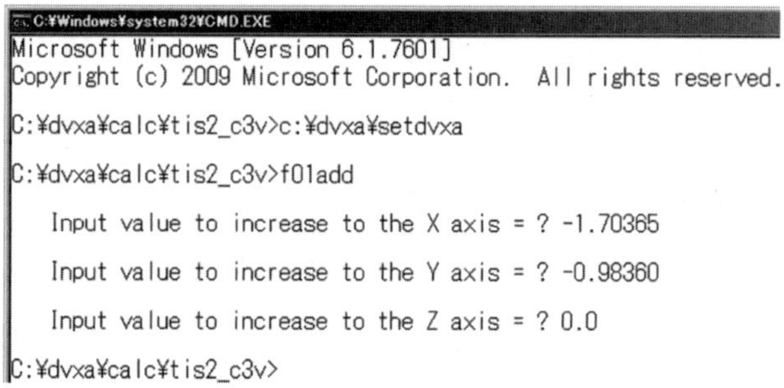

그림 6-79. 명령 프롬프트 화면

```
dir [Enter]
```

라고 입력하면 C:₩dvxa₩calc₩Tis2_c3v 폴더에 어떤 파일이 있는지 표시됩니다. 파일 F01add.org 은 프로그램 f01add를 실행하기 전 F01이고, F01은 실행 후 F01입니다.

```
exit [Enter]
```

라고 입력하면 명령 프롬프트 창을 닫을 수 있습니다.

maruo 편집기에서 다시 F01을 닫은 후 다시 열어주세요.(그림 6-80) NEQ=6인 황원자가 z축에 놓여 있는 것을 확인할 수 있습니다. 이제 회전의 주축은 z축에 일치합니다.

```
F01
| Z ||NEQ||    X     ||    Y     ||    Z     |↓
  22    1  -1.70365  -0.98360   0.00000↓
  22    2   1.70365  -0.98360   0.00000↓
  22    3   0.00000   1.96721   0.00000↓
  16    4  -1.70365   0.98361   1.42439↓
  16    5   0.00000  -1.96720   1.42439↓
  16    6   0.00000   0.00000  -1.42439↓
  16    7   1.70365   0.98361   1.42439↓
---------------------------------------------↓
|NEQ||  CHG   ||U/D||   RD   ||   VD   |    1↓
---------------------------------------------↓
   0      Unit      (0:angstrom  1:atomic)↓
   0      Spin      (0:non-spin  1:spin  )↓
   0      M.P.      (0:No        1:Yes   )↓
   0      Sample Point ( <100000, =0 autoset )↓
```

그림 6-80. 회전 주축을 z축으로 일치시킴

[VESTA] 버튼으로 VESTA를 시작하고 $Ti_3S_4^{4+}$좌표계에서의 위치를 확인합니다. [Edit]의 [Bonds…]에서 티타늄과 황사이에 연결선을 긋습니다.(A1: Ti, A2: S, Max. length: 2.5) 각 원자공을 더블 클릭하면 원자좌표가 텍스트 영역에 표시됩니다.

xyz 축을 그려봅니다. 현재의 원자위치는 원점에 원자가 존재하지 않기 때문에 원점에 모형(dummy) 원자를 놓습니다. [Edit]의 [Edit Data]의 [Structure Parameters…]을 선택하고 EditData 대화 상자의 Structure parameters 페이지를 엽니다. [New] 버튼을 클릭하여 새 원자를 추가합니다.

모형 원자이므로 원소는 무엇이든 상관 없습니다. 여기에서 쉬게 찾아 사용한 수 없는 Xe를 선택하려고합니다. Label :는 origin으로 둡니다.(0에서도 좋은) 좌표 x=0.0, y=0.0, z=0.0로 유지됩니다.(그림 6-81) [Apply], [OK] 버튼을 클릭하여 대화 상자를 닫습니다.

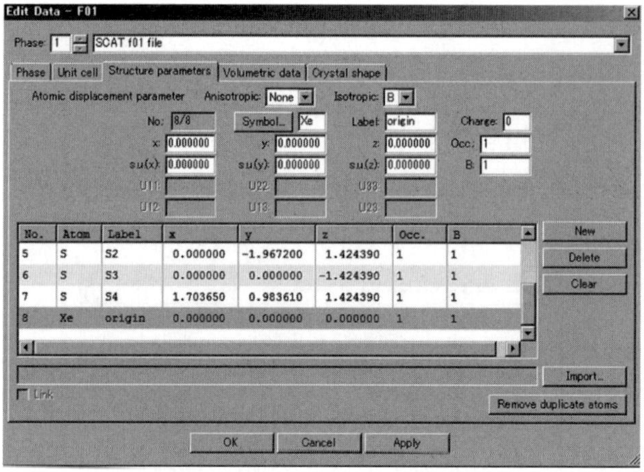

그림 6-81. dummy 원자를 추가함

[Edit]의 [Vectors…]에서 Vectors 대화 상자를 열고 오른쪽의 Vectors의 [New] 버튼을 클릭하여 Create a New Vector 대화 상자를 엽니다. Radius: 0.05로 설정하고 Vector components에서 Lattice vector notation(u, v, w) : 3 0 0을 입력합니다.(그림 6-82) [OK] 버튼을 누릅니다.

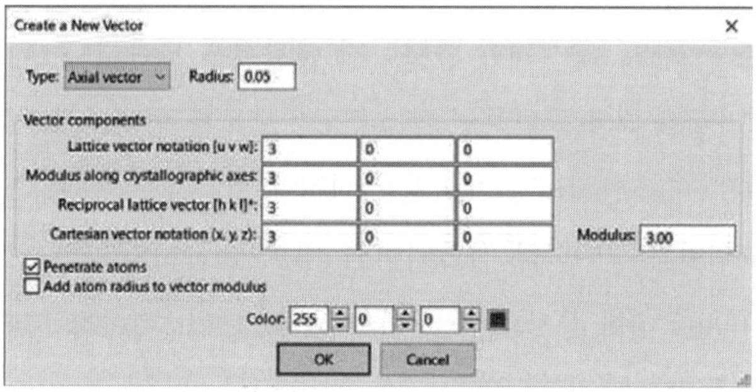

그림 6-82. Create a New Vector Dialog box

다시 Vectors 대화 상자의 오른쪽 Vectors에서 [New] 버튼을 눌러 이번에는 Radius: 0.05 Lattice vector notation(u, v, w): 0 3 0을 입력하고 [OK] 버튼을 누릅니다. 또한 다시 Vectors 대화 상자의 오른쪽 Vectors에서 [New] 버튼을 눌러 이번에는 Radius: 0.05 Lattice vector notation(u, v, w) : 0 0 3을 입력하고 [OK] 버튼을 누릅니다.

Vectors 대화 상자의 왼쪽 Crystallographic Sites의 8번째, No 8 origin을 선택하고 오른쪽의 Vectors 1번째, No. 1 [uvw] [3.00000 0.00000 0.00000]을 선택한 뒤, 그 상태에서 중앙의 [《Set] 버튼을 클릭합니다. 오른쪽의 Vectors 2번째, No. 2 [u v w] [0.00000 3.00000 0.00000을 선택하고, 그 상태에서 중앙의 [《Set] 버튼을 클릭합니다. 또한 오른쪽의 Vectors 3번째, No. 3 [u v w] [0.00000 0.00000 3.00000]을 선택한 뒤, 그 상태에서 중앙의 [《Set] 버튼을 클릭합니다.(그림 6-83)

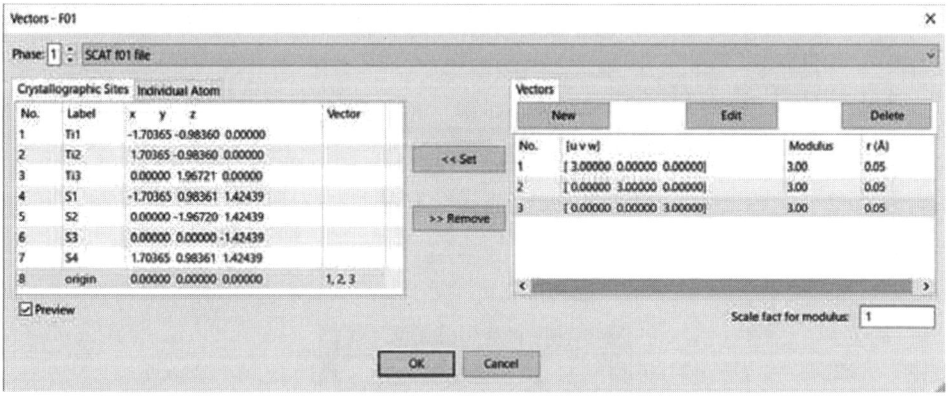

그림 6-83. Vectors Dialog box

OK를 눌러 Vectors 대화 상자를 닫으면 xyz 축이 그려집니다.(그림 6-84)

왼쪽 패널에서 [Objects] 탭을 클릭하고, Xe의 L확인란에 확인 표시를 켜면 원점에 origin(또는 0)으로 표시됩니다. 사이드 패널의 [Style] 탭을 클릭하고 하단의 [Properties…] 버튼을 클릭한 뒤, Atoms 탭을 클릭하고 [Radius and color](그림 6-85)에서 Xe의 Radius를 2.18에서 0으로 변경하고 OK를 누릅니다.(그림 6-86)

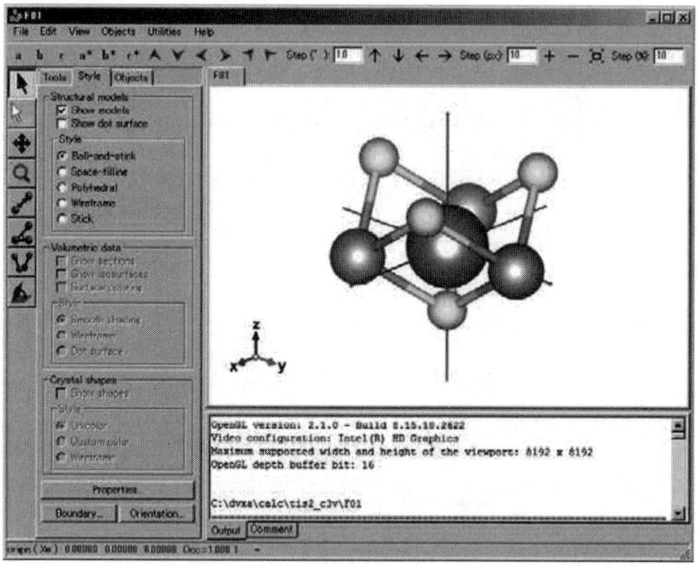

그림 6-84. x축, y축, z축을 그림

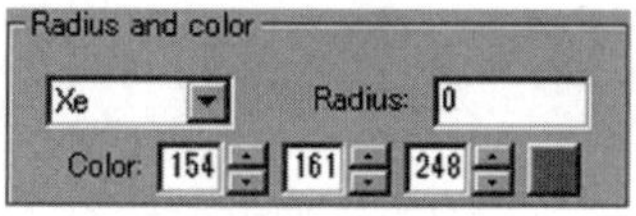

그림 6-85. 제논 원자구 반경을 0으로 해서 표시를 지움(라벨만 남음)

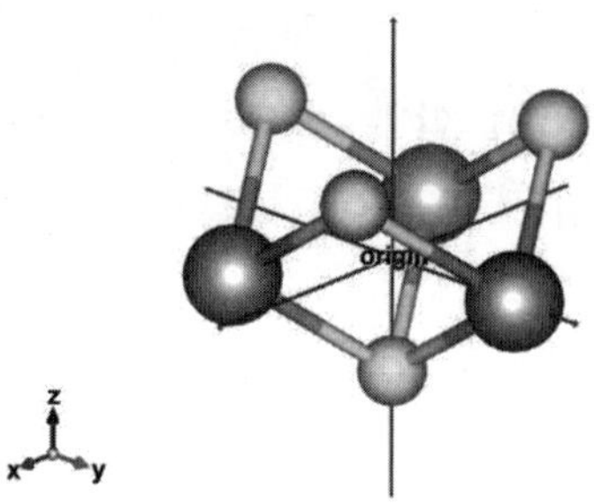

그림 6-86. 원점에 origin 또는 0으로 표시됨

필요에 따라 x축, y축, z축 끝에 x, y, z 레이블을 표시할 수 있습니다. 메뉴 바의 [Edit]의 [Edit Data]의 [Structure Parameters…]에서 [New]를 눌러 원자를 추가하고 원소기호를 He, Label을 x, 좌표 x=3.0, y=0.0, z=0.0로 설정합니다. 또한 [New]로 원자를 추가하여, 이번에는 원소기호는 He, Label은 y, 좌표 x=0.0, y=3.0, z=0.0로 합니다. 마지막으로 다시 다음 [New] 원자를 추가, 원소기호는 He, Label은 z, 좌표는 x=0.0, y=0.0, z=3.0으로 합니다.(그림 6-87) [Apply] 다음 OK를 누릅니다.

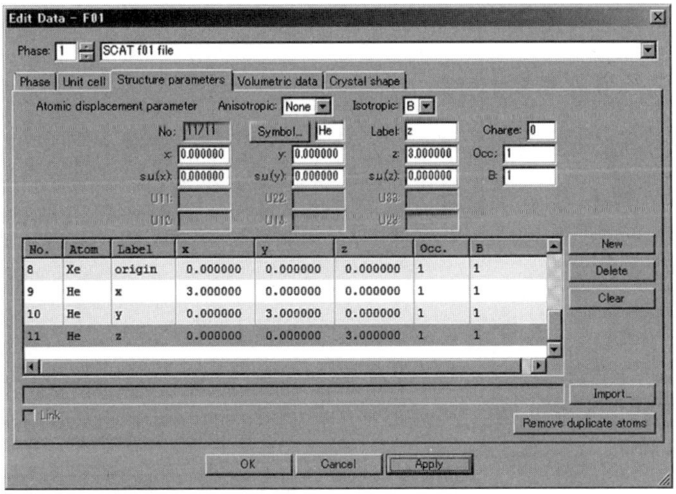

그림 6-87. 축라벨표시를 위해 dummy 원자를 3개 추가함

왼쪽 패널에서 [Objects] 탭을 클릭하고 He의 L 체크박스에 체크 마크를 넣으면 3개의 헬륨 원자에 축라벨이 각각 표시됩니다. 사이드 패널의 [Style] 탭을 클릭하고 하단의 [Properties…] 버튼을 클릭한 뒤, [Atoms] 탭을 클릭하고 [Radius and color]에서 He의 Radius를 1.22에서 0으로 변경하고 OK를 누릅니다.(그림 6-88)

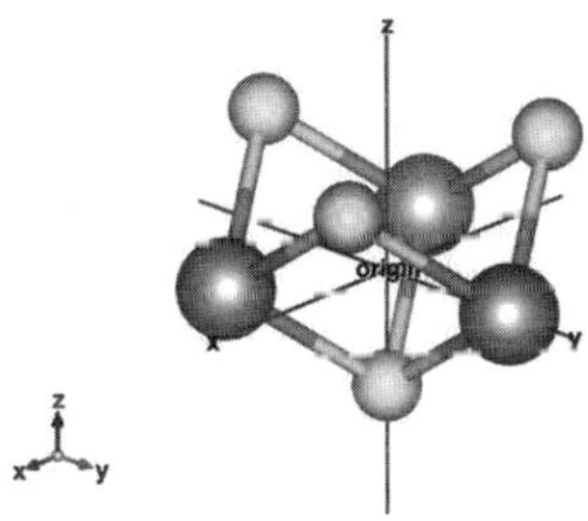

그림 6-88. xyz축 및 라벨표시 완료

사이드 패널의 [Properties] 버튼을 눌러 Axes의 Show compass의 확인란에 있는 체크 표시를 해제하고 [OK]를 누릅니다. 이미 xyz 축이 라벨 부착으로 표시되어 있기 때문에 왼쪽 나침반의 표시가 필요 없습니다. 사이드 패널 탭을 [Objects]로 전환, Ti와 S의 L 확인란에 확인 표시를 넣으면 앞으로 DV-Xα 분자궤도 계산을 할 클러스터 $Ti_3S_4^{4+}$에서 원자의 위치관계·대칭이 읽기 쉽도록 그림이 완성됩니다.(그림 6-89)

사이드 패널 탭을 [Tools]로 전환하고 Rotation modes 라디오 버튼의 선택을 [Drag]에서 [Animation]로 전환하면 보다 3차원적으로 $Ti_3S_4^{4+}$모양을 파악할 수 있습니다. 이 동영상을 프레젠테이션 소프트웨어에 붙여 넣으려면 Rotation Modes은 [Drag]으로 다시 메뉴 표시줄 바로 아래 툴바(그림 6-90)에서, 예를 들어 y 축 주위에 15° 씩 회전시켜 각각 JPEG 파일로 저장 것입니다. 파일의 순서를 파악하기 위해, 1.jpg, 2.jpg 등등 일련 번호(숫자) 파일 이름으로 저장하면 좋습니다.

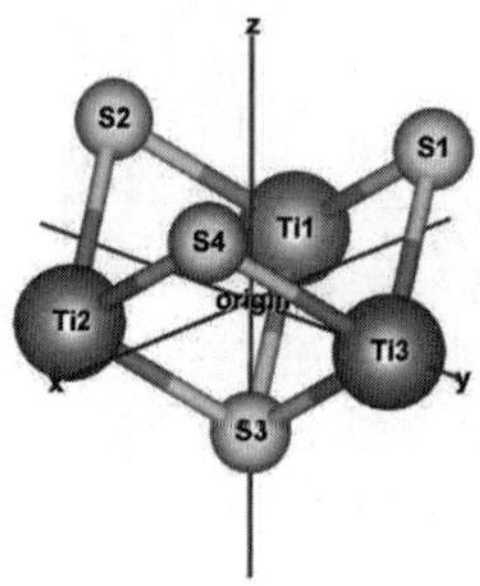

그림 6-89. 회전 주축을 z축으로 일치시킨 $Ti_3S_4^{4+}$클러스터

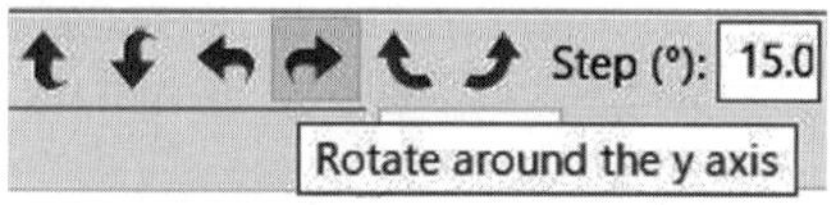

그림 6-90. 15° 씩 y축 주위로 회전시킴

1.jpg(0°), 2.jpg(15°), 3.jpg(30°), 4.jpg(45°), 5.jpg(60°), 6.jpg(75°), 7.jpg(90°), 8.jpg(105°), 9.jpg(120°), 10.jpg(135°), 11.jpg(150°), 12.jpg(165°), 13.jpg(180°), 14.jpg(195°), 15.jpg(210°), 16.jpg(225°), 17.jpg(240°), 18.jpg(255°), 19.jpg(270°), 20.jpg(285°), 21.jpg(300°), 22.jpg(315°), 23.jpg(330°), 24.jpg(345°)와 같이 총 24개의 JPEG 파일을 저장하여, 여러 JPEG 파일을 로드한 뒤 GIF 애니메이션을 만들 수 있는 소프트웨어(예를 들어, 무료 GIF 애니메이션 제작 소프트웨어 Giam)에서 동영상 파일을 만듭

니다. 이것을 Microsoft Power Point 슬라이드에 붙이면, VESTA 동영상을 프레젠테이션에 사용할 수 있습니다(파동함수와 정전포텐셜 맵 등도 마찬가지로 GIF 애니메이션으로 만들 수 있습니다.)

[File]의 [Save As…]에 적당한 이름을 붙여 *.vesta를 저장합니다. VESTA를 종료하고 maruo 편집기로 돌아갑니다.

툴바 버튼 [MAKEF25]을 클릭합니다. F01의 좌표에 C_3과 C_{3v} 대칭(속하는 점군)이 발견되는데, 여기에서는 C_{3v}을 선택하고 키보드에서 110 [Enter] 키를 입력합니다. 다음은 대칭궤도 파일 f25에 기록할 원자궤도의 각도 성분(구면조화함수)의 범위(1: s, p, d 궤도에 대해 만들어 둔다 2: s, p, d, f 궤도에 대해 만들어 둔다)를 물어 보는데, 4f 궤도와 5f 궤도를 사용할 가능성이 있는 경우 2, f 궤도를 사용할 가능성이 없는 경우는 1을 키보드로 입력합니다. 이번에는 티타늄 원자는 1s, 2s, 2p, 3s, 3p, 3d, 4s, 4p 원자궤도를, 황 원자는 1s, 2s, 2p, 3s, 3p, 3d 원자궤도를 사용하기(계산의 계획에 따라 더 외부에 있는 원자궤도까지 포함해 DV-Xα 분자궤도 계산을 할 수 있습니다) 때문에, f 궤도의 각도성분(방위 양자 수=3)을 f25에 쓸 필요는 없을 것입니다. 1 [Enter]를 입력합니다. 마지막으로, f01 원자의 종류번호(NEQ)를 재설정할 것인지 물어 봅니다.

MAKEF25를 실행하기 이전 f01(그림 6-82) 에서는 7개의 원자 NEQ는 1, 2, 3, 4, 5, 6, 7로 되어 있었습니다. C_{3v} 대칭궤도 f25는 ① 티타늄(Ti) 3개 원자에 대한 대칭궤도, ② 황(μ-S) 3개 원자에 대한 대칭궤도, ③ 황(μ3-S) 1개 원자에 대한 대칭궤도 등 3개의 그룹에 대한 대칭궤도가 적혀 있기 때문에 원자종류(NEQ)는 3종류(①~③)입니다. 리셋하지 않으면 각 그룹의 첫 번째 원자의 이전 NEQ가 그대로 사용되고 1, 1, 1, 4, 4, 4, 6으로 되지만 리셋하면 1, 1, 1, 2, 2, 2, 3으로 됩니다. 대칭궤도를 만든 경우는 일반적으로 [1 : Yes 2 : No]는 1 [Enter]를 입력하십시오.(그림 6-91)

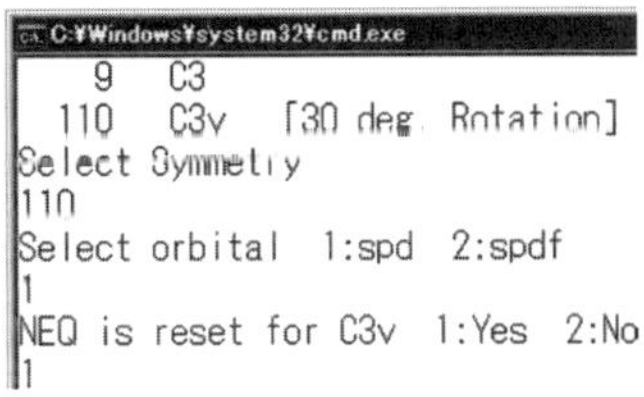

그림 6-91. MAKEF25 실행화면

maruo 편집기에는 새롭게 설정된 원자의 순서와 NEQ가 다시 써져있고 대칭궤도 파일 f25가 표시됩니다.(그림 6-92) MAKEF25 실행 이전 f01는 f01.org로 저장되어 있습니다. f01 탭을 클릭하고 NEQ=1의 Ti의 초기 전하를+4.0, NEQ=2 S의 초기 전하를 -2.0, NEQ=3 S의 초기 전하를 -2.0로 설정하고 파일을 저장합니다.(그림 6-93)

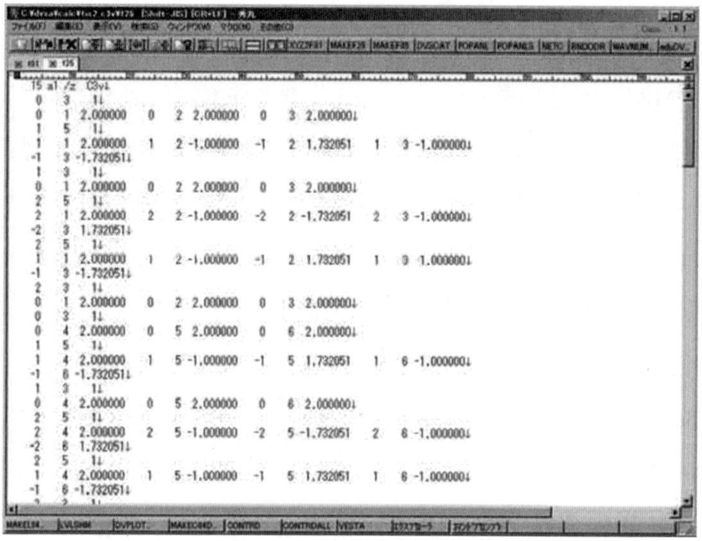

그림 6-92. 작성된 C_{3v} 대칭궤도 f25

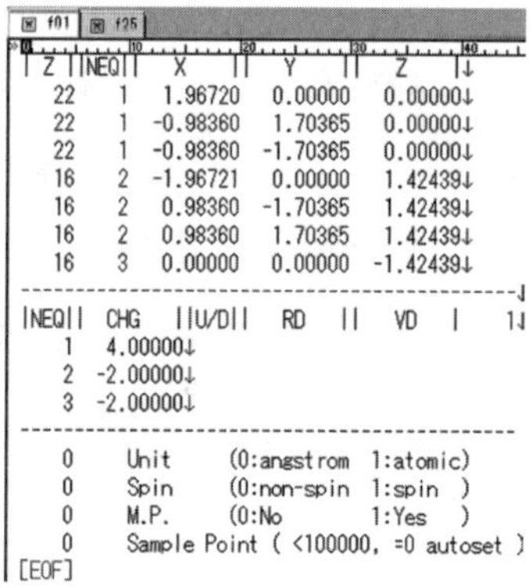

그림 6-93. F01을 열어 초기전하를 설정하기

도구 모음에서 [MAKEF05] 버튼을 눌러 DV-Xα 분자궤도 계산 프로그램 SCAT 일반 입력 파일 f05를 만듭니다. f05의 세 번째 줄의 "3500"은 샘플점입니다.(그림 6-94) f01의

마지막 행이 "0"으로 되어 있을 때 MAKEF05를 실행하면 1원자당 500점의 샘플점이 설정됩니다.(이번에는 7개 원자이므로 3500점)

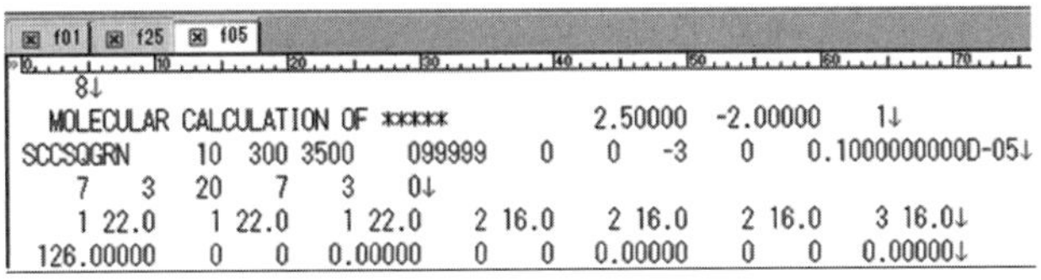

그림 6-94. 샘플점수(MAKEF05 실행후)

이번 샘플점을 10만 점으로 변경합니다. f05 샘플점 설정 부분은 사실 2I5 형식, 즉 정수 5문자가 2개로 구성되어 있으며, 현재는 "␣3500␣␣␣␣0"으로 되어 있습니다. 두 번째 "␣␣␣␣0"은 3500×10n의 n을 나타냅니다. 즉, 이 상태의 샘플 점수는 3500×100=3500점입니다. 10만 점은 10000×101으로 설정합니다. f05의 세 번째 줄의 2I5 부분을 "10000␣␣␣␣1"(그림 6-95), 저장합니다.

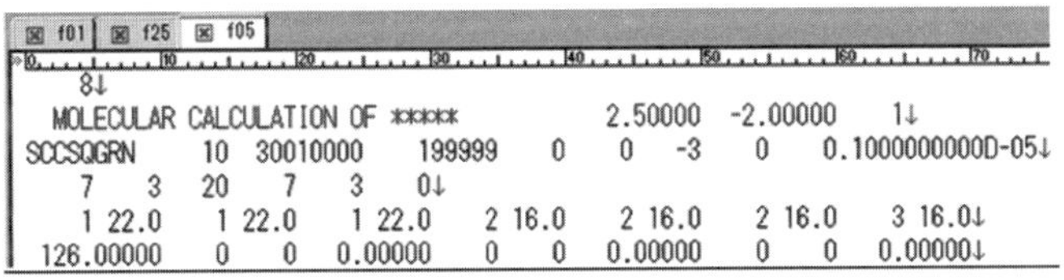

그림 6-95. 샘플점수를 10만점으로 설정

[DVSCAT] 버튼을 누르면 SCAT 계산이 시작됩니다.(그림 6-96)

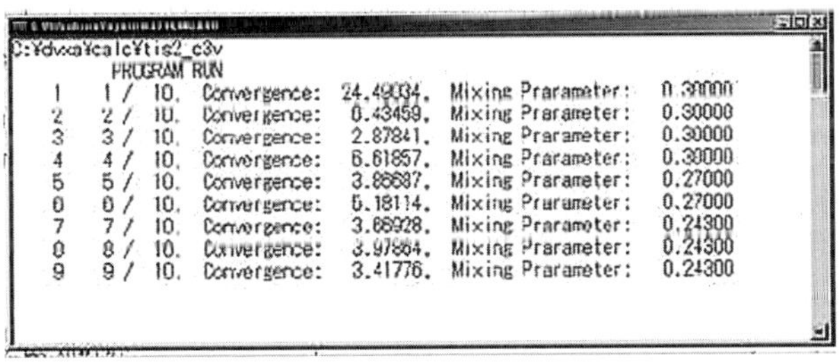

그림 6-96. SCAT 실행중

이번 계산에서는 80사이클에서 순조롭게 수렴했지만(f06z 참조) 수렴의 조짐이 보이지 않고 발산하고 있을 때, 계산 시간이 너무 많이 걸리거나 할 때 만약 SCAT 계산을 도중에 중지하려면 SCAT 중에 열려있는 명령 프롬프트 화면 밖에서(maruo 편집기 화면에서) 클릭하면 그림 6-99과 같은 대화 상자가 열리므로, 예(Y)를 클릭합니다. 통합 지원 환경에서는 10사이클을 단위로 SCAT 계산이 반복되고 있으며, 매크로 실행을 중단한 후 다음 10주기 SCAT 계산이 실행되지 않고 계산이 멈춥니다.

또한, SCAT 계산이 수렴하지 않는 경우 C:₩dvxa₩Macros₩DVSCAT.mac의 4번째 줄의 #max_dvscat=20; //dvscat.bat의 최대 실행 시간(최대 사이클 수=# max_dvscat * 10)에서 지정된 횟수(기본적으로 10주기를 20회)에서 SCAT 계산이 중단됩니다.

SCAT 계산에서는 F05를 읽어 F26을 내보냅니다. 샘플점을 변경하는 등 조건을 변경하여 SCAT 계산을 재개하려면 F05 대신 F26을 편집하십시오. [DVSCAT] 버튼을 클릭하면 F26이 F05에 복사된 후 SCAT 계산이 재개됩니다. 일단 수렴한 경우 f06z의 첫 번째 줄의 "Converged" 문자를 지우고 나서 SCAT 계산을 재개하십시오.(그림 6-97 Converged 문자가 존재하는 경우 SCAT 계산은 재개할 수 없습니다)

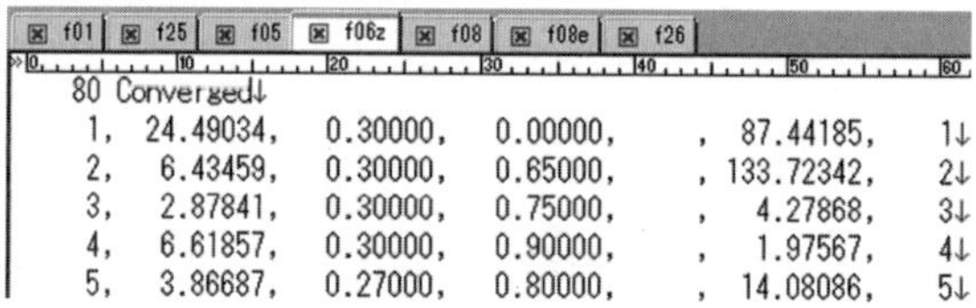

그림 6-97. f06z의 1행째

f08e에 $Ti_3S_4^{4+}$를 C_{3v} 대칭궤도를 사용하여 샘플점 10만 점으로 SCAT 계산한 결과의 분자궤도(명칭, 에너지 고유치, 전자수)가 표시되어 있습니다. HOMO-1은 $19a_1$, HOMO는 20e, LUMO는 21e, LUMO+1은 $5a_2$입니다. 점군의 지표는 표에 따른 대칭 블록별로 에너지가 낮은 분자궤도부터 일련 번호가 번호+대칭 블록의 소문자 이름 형태로 붙였습니다.(예를 들어 $19a_1$는 C_{3v} 대칭군 A_1 블록의 19번째 분자궤도)

VESTA에서 이러한 분자궤도를 그립니다. Maruo 편집기 아래쪽 상태 표시줄의

[MAKEC04D…] 버튼을 클릭하고 0 [Enter] 키를 입력합니다. 작성된 C04D를 보면, HOMO의 분자궤도의 번호가 58과 94, LUMO의 분자궤도의 번호가 59과 95로 표시되어 있습니다.(그림 6-98)

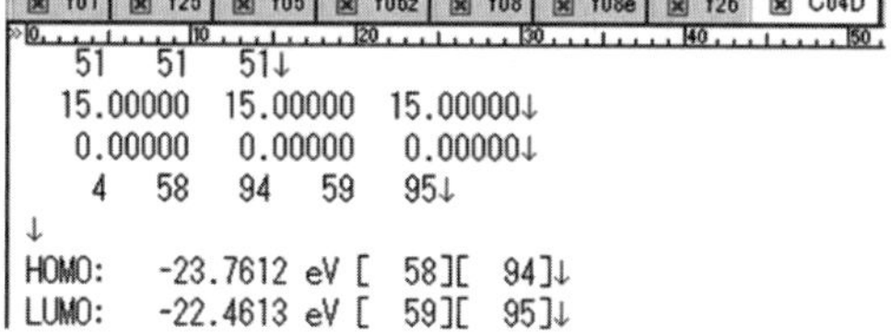


```
   51   51   51↓
  15.00000  15.00000  15.00000↓
   0.00000   0.00000   0.00000↓
    4   58   94   59   95↓
↓
HOMO:    -23.7612 eV [  58][  94]↓
LUMO:    -22.4613 eV [  59][  95]↓
```

그림 6-98. 대칭궤도를 사용한 경우의 C04D

대칭궤도를 쓰지 않은 SCAT 계산의 경우 f08e에 표시되는 분자궤도의 일련번호를 그대로 C04D에서 사용하면 좋지만(그림 6-98) 대칭궤도를 사용한 SCAT 계산의 경우 먼저 파동함수 번호를 알 필요가 있습니다. maruo 편집기의 위쪽 툴바의 버튼 WAVNUM을 클릭하고 0 [Enter] 키를 입력하면 파일 wavnum이 출력됩니다.(그림 6-99)

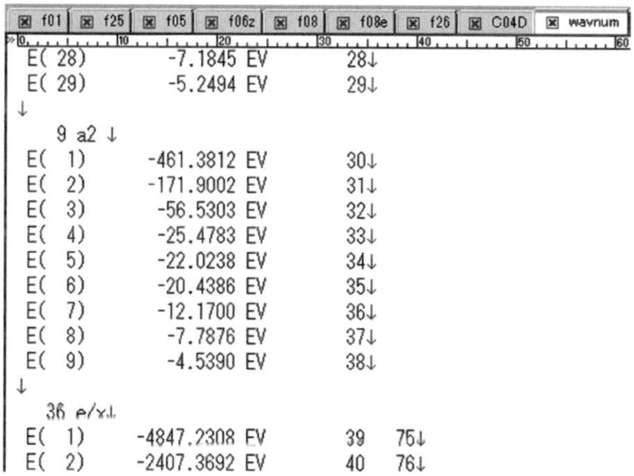


```
 E( 28)         -7.1845 EV        28↓
 E( 29)         -5.2494 EV        29↓
↓
    9 a2 ↓
 E(  1)       -461.3812 EV        30↓
 E(  2)       -171.9002 EV        31↓
 E(  3)        -56.5303 EV        32↓
 E(  4)        -25.4783 EV        33↓
 E(  5)        -22.0238 EV        34↓
 E(  6)        -20.4386 EV        35↓
 E(  7)        -12.1700 EV        36↓
 E(  8)         -7.7876 EV        37↓
 E(  9)         -4.5390 EV        38↓
↓
   36 e/x↓
 E(  1)      -4847.2308 EV        39   75↓
 E(  2)      -2407.3692 EV        40   76↓
```

그림 6-99. wavnum(파동함수 번호)

wavnum을 보면 A_1 블록의 분자궤도($1a_1$~$29a_1$), A_2 블록의 분자궤도($1a_2$~$9a_2$), E 블록의 분자궤도(1e~36e)에 대해 에너지 고유값과 파동함수의 번호가 쓰여 있습니다. E 블록처럼 축퇴한 분자궤도의 경우는 하나의 분자궤도에 여러 번호가 할당되어 있습니다.

VESTA로 그릴 파동함수의 번호를 확인합니다. $19a_1$(HOMO-1)은 19, 20e(HOMO)는 58과 94, 21e(LUMO)는 59과 95, $5a_2$(LUMO+1)은 34입니다. C04D을 편집하여 6개의 파동함수를 지정합니다.(그림 6-100)

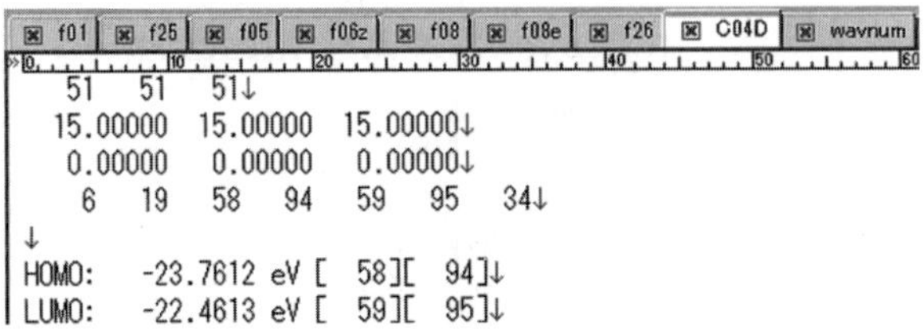

```
f01 | f25 | f05 | f06z | f08 | f08e | f26 | C04D | wavnum
  51   51   51↓
  15.00000  15.00000  15.00000↓
   0.00000   0.00000   0.00000↓
    6   19   58   94   59   95   34↓
↓
HOMO:    -23.7612 eV [  58][  94]↓
LUMO:    -22.4613 eV [  59][  95]↓
```

그림 6-100. C04D(6개 파동함수를 그림)

[CONTRD]을 클릭 한 후 f01 탭을 클릭하고 f01을 표시하고 [VESTA]를 클릭하여 6개의 파동함수를 그립니다. 이번에는 Isosurface level: 값을 0.07로 통일시켜 그렸습니다.(그림 6-103~6-104) 축퇴하고 있는 분자궤도는 f08e에서는 1종류의 에너지 고유값을 갖는 하나의 분자궤도이지만 VESTA는 각각의 형태를 갖는 분자궤도들 간의 상관관계를 3차원 시각화를 통하여 확인할 수 있습니다.

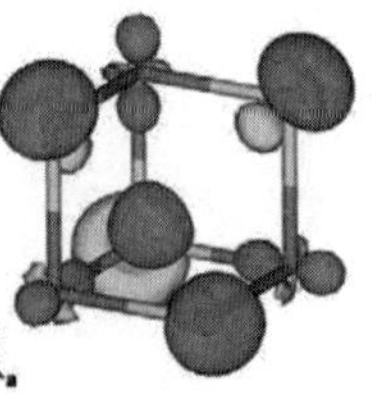

그림 6-101. 19a1(HOMO−1)
(−24.42155eV)

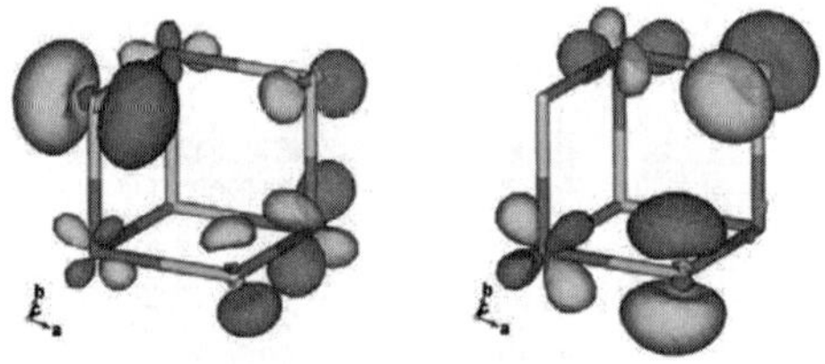

그림 6-102. 20e(HOMO)
(−23.76122eV)

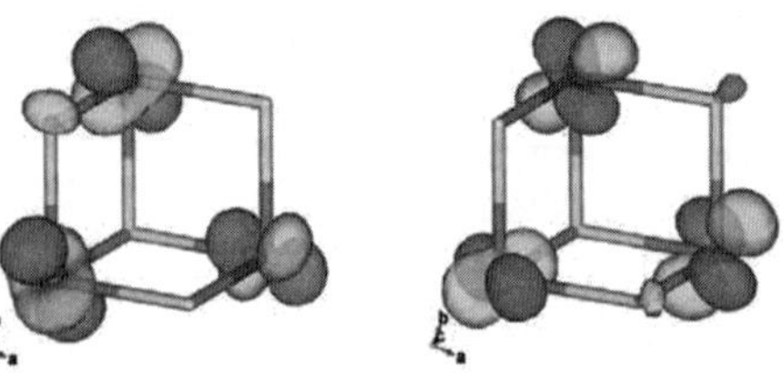

그림 6-103. 21e(LUMO)
(−21.46126eV)

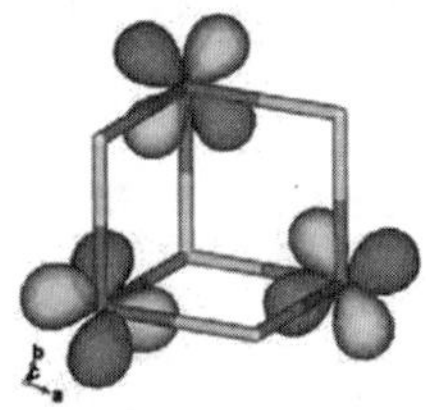

그림 6-104. 5a2(LUMO+1)
(−22.02381eV)

6-4. 수업에서 통합 지원 환경의 이용

고등학교와 대학의 기초화학, 물리화학, 무기화학, 유기화학, 양자화학 등의 수업에서 DV-Xα법에 대한 통합 지원 환경을 사용할 수 있습니다. 시판되는 양자화학 소프트웨어는 비싼 것이 많아 대다수가 학교의 실습실의 PC에 설치하려면 예산의 어려움이 따릅니다. 통합 지원 환경 중 maruo 편집기만 셰어웨어인데, 6-2-1과 같이 maruo 편집기는 교육 현장에 있는 학생들이 사용하는 경우에는 면제 제도가 있습니다. 본서에서 사용하는 다른 프로그램은 모두 무료로 사용할 수 있습니다.

학교 수업(실습)에서 양자화학 소프트웨어를 사용할 때 소프트웨어의 조작 방법에 대한 설명은 물론, 계산하려고 하는 분자의 원자좌표를 산출하고 입력하는데 시간이 걸립니다. 통합 지원 환경 eduDV에는 수업에서 사용하는 것과 같은 137종류의 분자구조 데이터가 내장되어있어 마우스 조작으로 분자를 선택하여 DV-Xα 분자궤도 계산을 할 수 있습니다. Non-spin 버전과 spin 버전을 선택할 수 있기 때문에, 상자성체 분자의 학습에도 매우 적합합니다. 또한 원자간 거리와 각도를 변화시킨 계산도 쉽게 할 수 있습니다. 주기율표의 모든 원소의 원자궤도 함수를 VESTA를 이용하여 설명할 수 있습니다. Windows 태블릿에서도 탭, 스와이프, 핀치, 스트레칭 조작만으로 DV-Xα 분자 궤도 계산을 할 수 있으며 VESTA에서 분자궤도와 정전포텐셜 맵을 3D로 시각화할 수 있습니다.

6-4-1) 내부 구조 데이터를 이용하는 경우

eduDV에는 137종류의 분자에 대해 [화학편람 기초편 개정 5판], marugen, 2004년에 게재된 원자간 거리·각도가 내장되어 있습니다. 또한 대칭궤도를 사용한 DV-Xα 분자 궤도 계산을 수행하기 때문에, 분자궤도는 점군의 지표표에 따라 이름이 붙습니다.

maruo 편집기를 시작하여 위쪽 도구 모음의 맨 오른쪽 [eduDV] 버튼을 누릅니다. 나타난 메뉴 상단의 00. Automatic [데이터 자동 입력] …을 누릅니다. 다음으로 점군(분자의 형태)을 선택하고 Non-spin 버전 또는 spin 버전을 선택하고, 분자를 선택하는 것만으로 f01과 f25가 준비되어 DV-Xα 분자궤도 계산(SCAT)이 시작됩니다. 계산이 수렴되면 아래 상태 표시 줄에 [VESTA] 버튼을 눌러주세요. 이제부터는 VESTA 세계이므로, 분자궤도와 정전포텐셜 맵을 3D로 시각화하십시오. eduDV는 CONTRDALL이 실행되고 있으며, 전체 분자궤도를 VESTA에서 그릴 수 있습니다.(CONTRDALL에서 출력할 수 있는 분자궤도수는 99개까지)

원자궤도함수를 볼 때는 점군(분자의 형태)를 선택할 때 AUTO 21. 대칭없음 [단원자] 또는 AUTO 22. 대칭없음 [단원자 이온]을 선택하고 원소를 선택하십시오.

6-4-2) 원자번호, 원자간 거리, 원자각, 산화수를 직접 입력

maruo 편집기를 시작하고 위쪽 도구 모음의 맨 오른쪽 [eduDV] 버튼을 누릅니다. 나타난 메뉴의 01.~20.에서 점군(분자 형태)을 선택합니다. 그러면 명령 프롬프트가 시작되므로, f01을 만드는 데 필요한 원자번호, 원자간거리, 원자각도, 산화수 등의 숫자를 대화식으로 진행하면서 키보드로 입력합니다. 나머지는 6-4-1과 같습니다.

제7장

여러 가지 계산예

수소저장합금 TiFe / 페로브스카이트형 산화물 $BaTiO_3$(정방정계) /
산화인듐(In_2O_3)에서 산소 공공 / MgO 표면, MgO/V 계면 / 스핀 분극을 고려한 계산(Fe) /
질소 분자의 반자성, 산소 분자의 상자성 /

지금까지는 비교적 크기가 작은 클러스터 모델을 사용하여 기본적인 계산 방법과 주변 프로그램의 사용법을 배웠습니다. 본 장에서는 실용적인 계산 예로 수소저장합금과 페로브스카이트형 산화물을 가지고 지금까지보다 큰 클러스터 모델을 계산하여 화학결합 해석 방법과 계산 결과를 보는 법에 대해 보여줍니다. 금속 관련한 계산은 수렴이 어려울 수 있으므로 그 대처 방법에 대해서도 설명합니다. 이 장에서는 3장에서 사용한 Windows용 프로그램을 사용하여 계산을 수행합니다.

클러스터법은 임의의 원자 배열에 대한 계산이 가능하다는 특징을 가지고 있습니다. 따라서 완전히 결정뿐만 아니라, 표면, 계면, 결함에 대해서도 비교적 쉽게 적용할 수 있습니다. 여기에서는 표면, 계면, 원자공공 계산에 대한 입력 데이터의 작성 방법을 포함하여 구체적으로 계산 예를 보여줍니다

뚜한 이 장에서 수행히는 예제는 ₩dvxa₩ex에 계산이 완료된 데이터가 수록되어 있습니다. 입력 데이터 작성과 계산이 잘되지 않는 경우에는 본 결과 데이터와 비교하여 확인해보기 바랍니다.

7-1. 수소저장합금 TiFe

수소저장합금은 수소를 가역적으로 저장·방출 할 수 있는 합금입니다. 수소를 저장하는 수소저장합금은 수소화물이며 방출 과정에서 수소화물을 형성하고 있던 수소가 수소가스로 방출되어 수소화물은 원래 합금으로 돌아갑니다. 수소화물을 형성하는 금속이나 합금이 여러가지 있지만 어떤 것이 수소저장합금으로 사용할 수 있을까요? 예를 들어, Ti는 수소화물을 형성하기 쉬운 금속으로 알려져 있습니다. 그러나 수소가 매우 안정적이기 때문에 일단 수소화물을 형성하면 수소를 방출시키는 것은 곤란하고, 수소저장합금으로는 사용할 수 없습니다.

한편, Fe는 수소화물을 형성하기 어려운 금속이지만, Ti 와 Fe로 이루어진 금속간화합물인 TiFe는 수소를 가역적으로 저장·방출할 수 있어, 수소저장합금으로 사용할 수 있습니다. 즉, 수소저장합금은 수소화물을 형성하기 쉬운 원소와 형성하기 어려운 원소의 합금으로 이루어져 있는 특징을 가지고 있습니다. 공업적으로 이용되는 $LaNi_5$도 수소화물을 형성하기 쉬운 La과 형성하기 어려운 Ni 합금으로 되어 있습니다. 그러면 수소저장합금인 TiFe에 수소가 저장되면 수소는 어떤 결합 상태가 되어있는 것일까요? 직관적으로 수소화물을 형성하기 쉬운 Ti와 결합하고 있는 것은 아닐까 예상할 수 있겠지만, TiFe의 수소화물인 $TiFeH_2$의 전자상태계산을 하면 사실 수소화물을 형성하기 어려운 Fe와 강하게 결합하고 있음과 그 이유를 알 수 있습니다.

7-1-1) 입력 데이터의 작성

5장에서 소개한 순서대로 입력데이터 작성을 진행합니다. 첫째, 단위격자 생성으로 TiFe 수소화물인 $TiFeH_2$의 단위격자 데이터는 다음과 같습니다.

1. 공간군 : Cmmm(No.65)
2. 격자상수 : a = 7.029Å, b = 6.233Å, c = 2.835Å
3. 각 사이트의 원자종류과 원자위치 :

Ti 0.2230 0 1/2

Fe 0 0.2887 0

H 0 0 0

H 1/2 0 1/2

H 1/4 1/4 0

5-1절과 같이 DisplatDV 단위격자의 데이터를 입력합니다. ₩dvxa₩ut₩TiFeH2.UT에 데이터가 저장되어 있기 때문에 DisplatDV의 [설정]-[좌표입력]에서 UT를 선택하고 [File Open]에서 TiFeH2.UT를 가져와 작성할 수 있습니다.

다음으로, 5-3의 순서대로 단위격자를 확장하여, 클러스터 모델을 작성합니다. 격자정수를 보면 알 수 있듯이, c축이 짧기 때문에 z축 방향의 확장을 크게 할 필요가 있습니다. [On Edge] 를 선택하고, x, y축 방향을 -1~1, z축 방향을 -2~2로 하여 확장하면 충분히 큰 것이 됩니다.

[Expand]로 확장 후, 좌표가 표시되어 있는 메인 메뉴에 컬럼 이름(Atom, X, Y, Z, D)의 "D"를 클릭하여, 원자를 원점에서 가까운 순서로 정렬하는 것을 잊으면 안됩니다. 이대로도 계산은 가능하지만 결정계산을 행하는 경우는 클러스터 모델의 중심에 있는 원자에 대해서 해석을 진행하는 경우가 많기 때문에 원점에서 거리 순서대로 정렬하는 것이 해석을 쉽게 할 수 있습니다.

화합물의 클러스터 모델을 만들 때 구성 원자의 비율을 화학양론 조성에 가깝게 합니다. Display Structure 화면의 슬라이더 막대와 [Del. Outer Atom]을 사용하여 중심으로부터의 거리에 따라 원자수를 조정하면 Ti가 28원자, Fe가 28원자 클러스터를 찾을 수 있습니다. 화학양론 조성으로 보면, 수소는 56원자이지만, 이때 수소는 61원자로 되어 있습니다. 이 상태에서 클러스터 모델을 만들어도 괜찮지만, 좀 더 수소를 줄일 수 있는지 생각해 보겠습니다. 그림 7-1은 좌표를 보여줍니다. 바깥쪽 Fe보다 조금 안쪽에 8개의 수소가 있음을 알 수 있습니다. 이 수소들만 삭제할 경우는 [클릭하여 선택]을 확인하고, 줄일 원자를 선택하고, Display Structure 화면에서 [Del Atom]으로 삭제합니다. 이제 그림 7-2과 같은 $Ti_{28}Fe_{28}H_{61}$ 클러스터가 되었습니다.

	Atom	X	Y	Z	D
134	H1	0	0	-5.67	5.67
74	H3	1.75725	-4.67475	2.835	5.743
121	H3	1.75725	-4.67475	-2.835	5.743
59	H3	1.75725	4.67475	2.835	5.743
112	H3	-1.75725	4.67475	-2.835	5.743
103	H3	1.75725	4.67475	-2.835	5.743
66	H3	-1.75725	4.67475	2.835	5.743
81	H3	-1.75725	-4.67475	2.835	5.743
129	H3	-1.75725	-4.67475	-2.835	5.743
83	Fe1	0	1.7994671	5.67	5.949
143	Fe1	0	-1.7994671	-5.67	5.949
133	Fe1	0	1.7994671	-5.67	5.949
87	Fe1	0	-1.7994671	5.67	5.949
43	Fe1	-3.5145	-4.9159671	0	6.043
7	Fe1	3.5145	4.9159671	0	6.043

그림 7-1. $Ti_{28}Fe_{28}H_{61}$ 클러스터 외측의 좌표

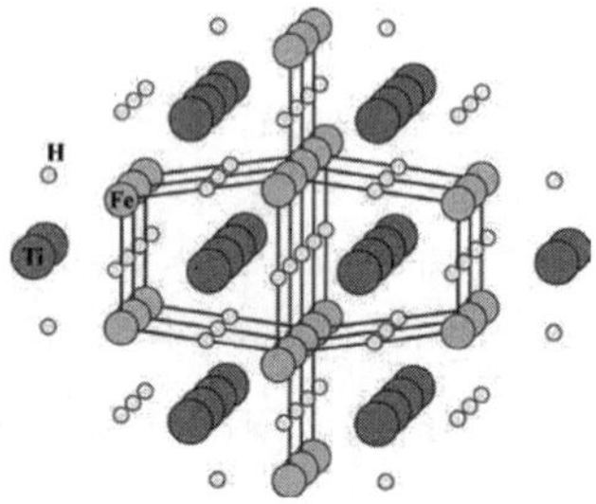

그림 7-2. $Ti_{28}Fe_{28}H_{61}$ 클러스터

회색 원자가 Ti, 녹색 원자가 Fe, 작은 원자가 수소입니다. 또한, 등가인 원자를 일부만 제거하면 대칭성이 저하되므로, 등가인 원자는 한꺼번에 삭제하도록 하십시오. 나머지는 5-3절과 같이 F01을 만들고 3-2-2절과 같이 DvMenu의 MAKEF05 입력파일 F05를 만듭니다.

7-1-2) 계산이 수렴되지 않을 경우 대처 방법

$Ti_{28}Fe_{28}H_{53}$ 클러스터 계산을 초기 설정대로 진행시켜 나가면 계산이 수렴하지 않습니다. 그림 7-3에 수렴 상황을 보여주는데, 150회 부근에서 진동이 발생하는 것을 알 수 있습니다. 이런 상황이 되면 Mixing Parameter는 자동으로 줄어들지만, 많은 경우 Mixing Parameter를 작게하는 것만으로는 개선되지 않으며, Mixing Parameter가 극단적으로 작아지며, 여러 번 계산을 반복해도 수렴되지 않습니다. 이러한 진동의 원인은 페르미 준위 근처의 에너지 준위의 변화에 따라 HOMO와 LUMO의 궤도가 바뀌어 궤도의 점유 상태가 변화하는 것에 기인합니다. 일반적으로는 수렴에 가까워지면 에너지 준위의 변화가 일어나기 어려운데, 금속과 같이 페르미준위 부근에 분자궤도가 빽빽하게 존재하면, 매우 작은 에너지 변화로도 에너지 준위가 바뀌는 경우가 생겨, 계산이 끝

나지 않습니다. 이 같은 상황을 극복하는 방법으로, 페르미 준위 부근의 전자의 점유수에 분포함수를 사용하여 폭을 붙이는 것으로 비점유궤도에도 전자를 배분하여 에너지 준위가 바뀌는 것을 방지하여 수렴성을 높일 수 있습니다. 이것은 Gaussian Smearing 이란 방법으로 전자상태계산에서 일반적으로 이용하는 방법입니다.

DV-Xα 분자궤도 계산의 초기 설정은 분포폭이 0eV, 즉 Gaussian Smearing 하지 않도록 설정되어 있습니다. DvMenu의 [Convergence]에 있는 [Gaussian Smearing]에 분포폭을 넣는 것인데, 반복계산 도중에도 사용할 수 있습니다. 수렴 상황을 [Convergence]의 [Plot]에서 확인하여 그림 7-3과 같은 진동이 발생하는 경우 [Gaussian Smearing] 값을 0.01eV 정도로 설정하여 보십시오. 또한 Mixing Parameter가 0.01 이하로 되는 경우 [Fixed Value]를 사용하여 한 번 더 0.03 정도로 설정하고 계산 화면에 표시되는 Mixing Parameter가 설정한 값으로 변화한 것을 확인한 후, 다시 [Fixed Value]의 값을 0으로 설정하십시오. [Fixed Value]에 0보다 큰 값이 설정되어 있으면 항상 그 값이 Mixing Parameter에 사용됩니다.

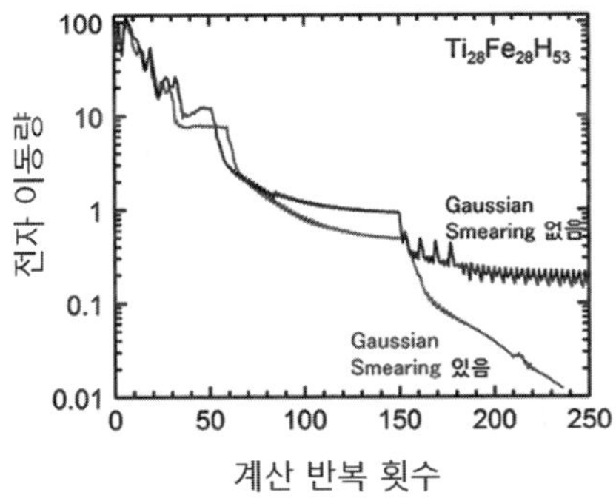

그림 7-3. $Ti_{28}Fe_{28}H_{53}$ 클러스터의 수렴상황

처음부터 Gaussian Smearing을 적용하려면 MAKEF05에서 설정할 수 있습니다. 그림 7-3에 분포폭을 0.01eV로 계산했을 경우의 수렴 상황을 보여줍니다. 진동하지 않고 수렴을 향해 있는 것을 알 수 있습니다. Gaussian Smearing을 이용한 경우는 안정하게 수렴이 나타나기 시작하므로 Mixing Parameter를 작게 하는 임계값(Threshold)을 크

게 하는 것이 수렴이 빨라질 수 있습니다. 임계값의 초기 값은 0.6인데, 이번 계산 예에서는 분포폭을 0.01eV, 임계값을 0.7로 설정합니다. 수렴에 관한 파라미터의 설정이 수렴 상황에 미치는 영향은 클러스터 모델의 종류와 크기에 따라 달라집니다. 이번 경우는 임계값을 0.7로 하면 수십 회정도 빨리 수렴하지만 0.6의 상태에서도 문제없이 수렴합니다. 같은 종류의 클러스터 모델의 계산을 체계적으로 실시하는 경우에는 수렴에 관한 매개 변수의 최적 값을 탐색하고 계산을 하는 것이 더 효율적인 경우도 있습니다만, 기본적으로 초기 설정 값을 이용한다는 생각으로 진행을 해도 문제는 없습니다.

7-1-3) 화학결합상태 분석

DvMenu의 [Structure]를 사용하여 유효전하와 유효공유결합전하를 알아보겠습니다. 유효전하는 윈도우 하단에 원자의 종류 분류마다 표시되어 있습니다. 유효공유결합전하는 좌표를 클릭하거나 구조를 표시하고 있는 화면의 원자를 클릭하면 그 원자에 대한 값이 윈도우 하단 중앙에 표시됩니다. 클러스터 중심 부근의 각 원자에 대해 살펴보면 다음과 같이 되어 있습니다.

유효전하 Ti : 0.360, Fe : -0.395, H : -0.008
유효공유결합전하 Ti-H : 0.089, Fe-H : 0.182

먼저 전하의 이동을 나타내는 유효전하를 보면, 주로 Ti에서 Fe에 전하가 이동하고, H는 중성에 가까운 것을 알 수 있습니다. 이것은 수소저장합금의 특징으로, 수소저장합금 $LaNi_5$ 수소화물에서도 유사한 상황입니다. 한편, Ti 수소화물 TiH_2을 $Ti_{43}H_{88}$ 클러스터로 계산하여 보면, 유효전하는 Ti : 0.243, H : -0.110입니다. 즉, Ti에서 H로 전하 이동이 일어나고, 이온결합성이 생기는 것이 수소화물의 안정성에 기여하고 있습니다. 수소저장합금의 경우는 H 자체는 전하 이동에 크게 관여하지 않고, 이온결합성이 생기지 않는 것이 가역적으로 수소를 저장·방출할 수 있는 특성과 연결되어 있습니다.

다음으로 유효공유결합전하를 살펴보면, Fe-H간 결합이 Ti-H간 결합보다 2배 정도 큰 값으로 되어 있는 것을 알 수 있습니다. 즉, H는 안정된 수소화물을 형성하는 Ti보다 수소화물을 형성하지 않는 Fe와 더 강하게 공유결합을 하고 있습니다. 왜 이런 결합 상태에 있는 것일까? 이것은 상태밀도 그림을 살펴보면 그 이유를 알 수 있습니다.

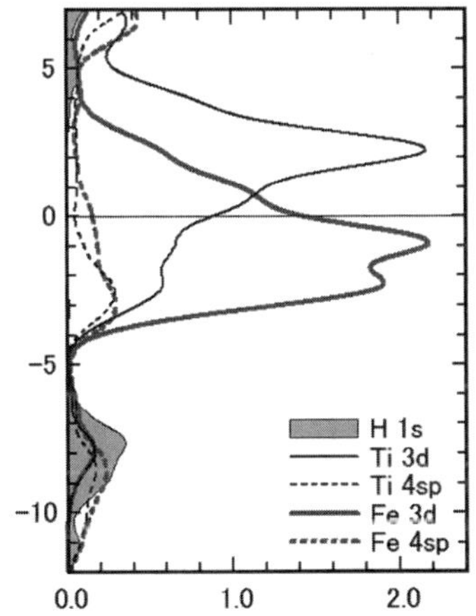

그림 7-4. $TiFH_2$ 상태밀도 그림($Ti_{28}Fe_{28}H_{53}$ 클러스터)

그림 7-4는 DOS를 사용하여 만든 상태밀도 그림입니다. 그리고자 하는 궤도의 설정은 [일괄설정]의 [첫 번째 원자 종에 대해]와 [d가 있는 경우 s와 p를 정리해 보기]를 행합니다. Ti의 3d 궤도와 Fe의 3d 궤도를 비교하면, Fe의 3d 궤도가 Ti의 3d 궤도보다 에너지가 낮은 위치에 있음을 알 수 있습니다. 이 위치 관계는 Ti에서 Fe의 전하 이동이 일어나고 있음을 보여줍니다. 다음으로, 수소의 1s 궤도에 주목하면 -8eV 부근에 위치하고 있음을 알 수 있습니다. 궤도 사이의 공유결합성은 에너지가 가까울수록 강해집니다. 그렇기 때문에, Ti와 H보다 Fe와 H쪽이 공유결합적인 상호작용이 강해져 유효공유결합전하는 Fe-H 쪽이 Ti-H보다 커집니다. 따라서 수소저장합금은 수소와 결합을 형성하기 쉬운 Ti 대신 형성하기 어려운 Fe와 강하게 결합합니다. Ti의 수소화물의 경우 Fe의 궤도가 없기 때문에, Ti에서 H로 전하 이동이 일어나고, 이것이 수소의 안정성에 기여하고 있습니다. TiFe에서는 Ti에서 Fe로 전하 이동이 일어나고, H는 중성에 가까운 상태로 되어 있습니다. 수소저장합금에 있어서 수소화물을 형성하기 어려운 원소의 역할은

H에 전하 이동을 억제하고 H와 공유결합적 상호작용을 하고 있다는 것을 알 수 있습니다. 그림 7-5에는 LVLBNDS를 사용하여 만든 Overlap Population Diagram을 보여줍니다. Ti-H 결합보다 Fe-H 결합이 더 큰 결합성분을 가지고 있는 것을 알 수 있습니다.

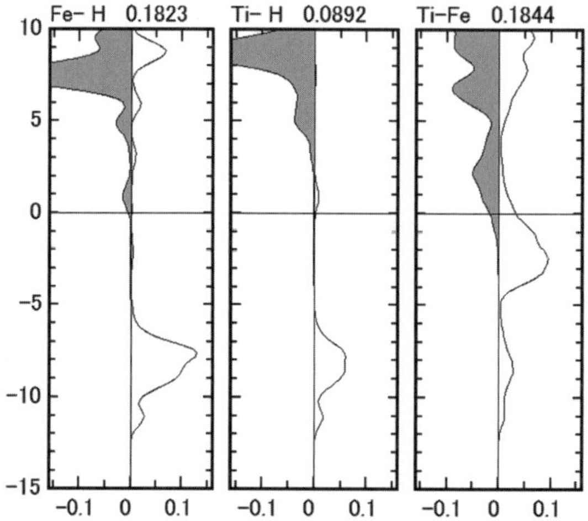

그림 7-5. $TiFH_2$의 Overlap Population Diagram

7-2. 페로브스카이트형 산화물 $BaTiO_3$(정방정계)

페로브스카이트 구조를 갖는 금속산화물의 하나인 $BaTiO_3$는 유전체 재료로 이용되고 있습니다. 그림 7-6에 나타낸 바와 같이 고온에서는 입방정이지만, 120℃ 이하가 되면 정방정계가 되며 중심의 Ti에 대해 주위에 Ba와 O가 z축 방향으로 어긋나게 되어 강유전성을 나타내게 됩니다. 5장에서 입방정의 $BaTiO_3$를 예로 들어 클러스터 모델을 만드는 방법을 설명했는데, 여기에서는 정방정계의 $BaTiO_3$에 대한 입력 데이터의 작성 방법과 계산 결과의 분석 방법을 소개합니다. 기본적으로 입력 데이터의 작성 방법은 입방정과 동일하지만, 마델룽 퍼텐셜을 고려할 입력파일 F03을 만드는 방법에 주의해야합니다.

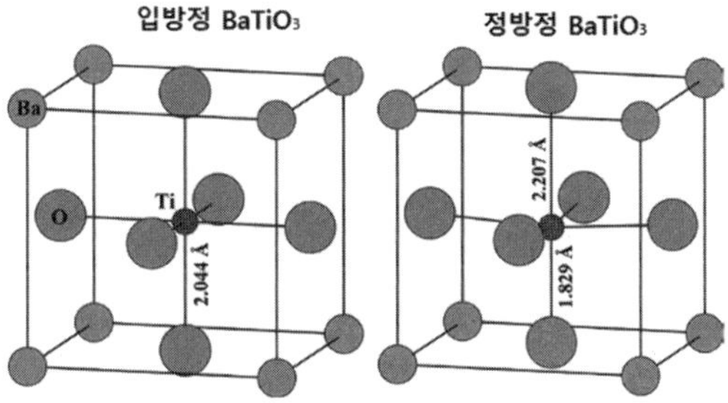

그림 7-6. $BaTiO_3$ 결정구조

7-2-1) 입력 데이터의 작성

5장에서 소개한 순서로 입력 데이터의 작성을 진행합니다. 첫째, 단위격자를 작성합니다. 정방정계 $BaTiO_3$의 단위격자의 데이터는 다음과 같습니다.

1. 공간군 : P4mm(No.99)
2. 격자 상수 : a = 3.993Å, b = 3.993Å, c = 4.036Å
3. 각 사이트의 원자 종과 원자 위치 :

   Ti 0 0 0

   Ba 0.5 0.5 0.5224

   O 0.5 0 0.0329

   O 0 0 0.5468

5-1절과 같이 DisplatDV에 단위격자의 데이터를 입력합니다. ₩dvxa₩ut₩BaTiO3_Tetra.UT에 데이터가 저장되어 있기 때문에 DisplatDV의 [설정]의 [좌표입력]에서 UT를 선택하고 [File Open]에서 BaTiO3_Tetra.UT를 가져와서 작성할 수 있습니다.

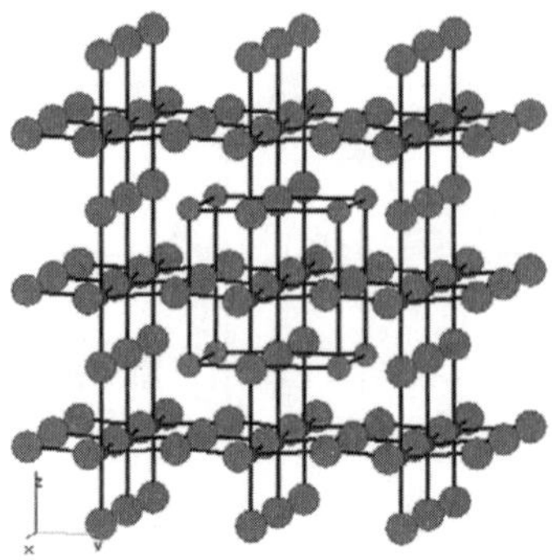

그림 7-7. $(Ba_8Ti_{27}O_{108})^{92-}$ 클러스터

입방정 $BaTiO_3$의 데이터와 비교하면 c축 길이가 a축과 b축보다 약간 길며, Ba와 O의 z는 원자위치가 0 또는 0.5에서 조금 어긋나있는 것을 알 수 있습니다. 다음으로, 5-3절의 순서로 단위격자를 확장하고, 클러스터 모델을 작성합니다. 산화물을 계산하는 경우, 금속원자에 배위하고 있는 산소원자는 모든 원소를 고려해야 계산 정확도가 양호하게 됩니다. 5-4절의 절차에 따라 금속원자에 모든 산소가 배위한 클러스터 모델을 작성합니다. TiFe 수소화물의 경우는 화학량론적으로 가깝게 되도록 Ti와 Fe의 원자수를 고려했지만, $BaTiO_3$와 같은 이온결합성 화합물의 경우는 초기 전자배치를 형식전하로 계산을 함으로써, 가전자수를 조정할 수 있으므로 원자수의 비율은 신경 쓸 필요가 없습니다. 여기에서는 그림 7-7의$(Ba_8Ti_{27}O_{108})^{92-}$ 클러스터를 사용하여 계산을 실행하십시오.

7-2-2) 마델룽 퍼텐셜의 확인과 최적화

산화물과 같은 이온결합성화합물의 경우, 5-3절의 순서 14에 설명된 대로 마델룽 퍼텐셜을 고려할 F03이 필요합니다. 많은 경우, 생성된 F03을 그대로 사용할 수 있습니다. 정방정의 $BaTiO_3$이나 ZnO과 같이 분극이 생기는 경우는 마델룽 퍼텐셜을 최적화할 필요가 있습니다. 작성한 마델룽 퍼텐셜의 타당성을 확인하는 프로그램은 **MADANAL**이 있습니다.

MADANAL을 실행하면, 출력파일 F08M에 F03으로 생성된 점전하군에 관한 여러 가지 정보가 출력되는데, 마델룽 퍼텐셜이 타당한지 여부는 맨 마지막 부분에 출력되어 있는 각 사이트에 대해서 정보를 가지고 판단합니다. 입장정 $BaTiO_3$의 경우, F08M의 마지막 부분은 다음과 같이 출력됩니다.

	q/r	Dx	Dy	Dz	Dtot	Qxx	
1	−3.158	0.89D-14	−0.34D-13	0.16D+04	0.16D+04	−0.19D-09	…
2	0.711	0.89D-14	−0.34D-13	0.16D+04	0.16D+04	−0.19D-09	…
3	1.616	0.51D-09	−0.34D-13	0.16D+04	0.16D+04	0.25D-09	…
4	1.616	−0.53D-09	−0.34D-13	0.16D+04	0.16D+04	0.17D-09	…
5	1.616	0.89D-14	0.53D-09	0.16D+04	0.16D+04	−0.19D-09	…
6	1.616	0.89D-14	−0.53D-09	0.16D+04	0.16D+04	−0.19D-09	…
7	2.625	0.89D-14	−0.34D-13	0.16D+04	0.16D+04	−0.19D-09	…
8	−2.294	−0.55D-09	−0.53D-09	0.16D+04	0.16D+04	0.25D-09	…
9	−2.294	0.52D-09	0.53D-09	0.16D+04	0.16D+04	0.17D-09	…
10	−2.294	0.52D-09	−0.53D-09	0.16D+04	0.16D+04	0.17D-09	…
11	−2.294	−0.55D-09	0.53D-09	0.16D+04	0.16D+04	0.25D-09	…
12	−0.420	−0.55D-09	−0.53D-09	0.16D+04	0.16D+04	0.25D-09	…
13	−0.420	0.52D-09	0.53D-09	0.16D+04	0.16D+04	0.17D-09	…
14	−0.420	0.52D-09	−0.53D-09	0.16D+04	0.16D+04	0.17D-09	…
15	−0.420	−0.55D-09	0.53D-09	0.16D+04	0.16D+04	0.25D-09	…

처음 숫자는 클러스터 모델에서 원자번호입니다. F01과 DvMenu의 structure로 알아보면, 1은 Ti, 2에서 7은 O, 8에서 15는 Ba로 되어 있음을 알 수 있습니다. 다음 'q/r '가 F03에 의해 생성된 점전하군에 의해 만들어진 각 원자위치에서의 쿨롱포텐셜의 값입니다. 같은 원자종류라면, 같은 값을 갖게 되겠지만, 2에서 7의 O 또는 8에서 15의 Ba 값을 보면 'Dx', 'Dy', 'Dz'는 각 방향의 쌍극자모멘트가 표시되어 있고, z방향의 쌍극자모멘트의 절대값이 크게 되어 있음을 알 수 있습니다. 이것은 앞 절에서 본 것처럼 z방향이 shift됨에 따라 분극이 생겼기 때문입니다. 이와 같은 경우, OPTF03으로 쌍극자모멘트를 작게하여 틀어짐을 작게 할 수 있습니다. OPTF03을 실행하면 화면상에서는

0 : coordinates not moved

1 : 1st atom in F03 set to Center

로 표시되었습니다. 일반적으로 0을 선택하십시오. 최적화된 F03은 F03.OPT 파일명으로 출력되고 최적화후 마델룽 퍼텐셜의 평가결과가 F03.OUT에 출력됩니다. F03.OUT에서 같은 종류의 원자 위치에서 'q/r'의 차이가 줄어들고 있는지 확인하십시오. 격차가 줄어들고 있는 경우 기존 F03을 제거하고 F03.OPT 파일 이름을 F03로 변경하십시오. 만약 전혀 변화가 없는 경우 첫 화면에서 1을 선택해 보세요. 정방정계의 $BaTiO_3$에서 OPTF03을 실행하면 F03.OUT은 다음과 같습니다. z 방향의 쌍극자모멘트 Dz의 절대값이 작아지고, 각 사이트의 O 및 Ba의 쿨롱 포텐셜이 같은 값으로 되어 있는 것을 알 수 있습니다.

	q/r	Dx	Dy	Dz	Dtot	Qxx	
1	−3.093	0.69D-12	0.23D-13	−0.23D-06	−0.23D-06	−0.21D-09	…
2	1.654	0.69D-12	0.23D-13	−0.23D-06	−0.23D-06	−0.21D-09	…
3	1.618	0.51D-09	0.23D-13	−0.23D-06	−0.23D-06	0.31D-09	…
4	1.618	−0.53D-09	0.23D-13	−0.23D-06	−0.23D-06	0.22D-09	…
5	1.618	0.69D-12	0.53D-09	−0.23D-06	−0.23D-06	−0.21D-09	…
6	1.618	0.69D-12	−0.53D-09	−0.23D-06	−0.23D-06	−0.21D-09	…
7	1.631	0.69D-12	0.23D-13	−0.23D-06	−0.23D-06	−0.21D-09	…
8	−1.325	−0.55D-09	−0.53D-09	−0.23D-06	−0.23D-06	0.31D-09	…
9	−1.325	0.53D-09	0.53D-09	−0.23D-06	−0.23D-06	0.22D-09	…
10	−1.325	0.53D-09	−0.53D-09	−0.23D-06	−0.23D-06	0.22D-09	…
11	−1.325	−0.55D-09	0.53D-09	−0.23D-06	−0.23D-06	0.31D-09	…
12	−1.346	−0.55D-09	−0.53D-09	−0.23D-06	−0.23D-06	0.31D-09	…
13	−1.346	0.53D-09	0.53D-09	−0.23D-06	−0.23D-06	0.22D-09	…
14	−1.346	0.53D-09	−0.53D-09	−0.23D-06	−0.23D-06	0.22D-09	…
15	−1.346	−0.55D-09	0.53D-09	−0.23D-06	−0.23D-06	0.31D-09	…

7-2-3) 화학결합상태 분석

7-1-3과 마찬가지로 DvMenu의 [Structure]를 사용하여 유효전하와 유효공유결합전하를 알아보겠습니다. 클러스터 중심 부근의 각 원자에 대해 살펴보면 다음과 같습니다.

유효전하 Ti : 2.260, Ba : 1.900, O : -1.391, -1.398

유효공유결합전하 Ti-O : 0.112, 0.139, Ba-O : -0.022, -0.015

각 원소의 형식전하는 Ti: +4, Ba: +2, O: -2이며, 특히 Ti와 O의 유효전하 절대값은 작아지고 있습니다. 한편, 공유결합성의 기준이 되는 유효공유결합전하를 살펴보면 Ti-O 사이에 공유결합이 발생하는 것을 알 수 있습니다. 따라서 $BaTiO_3$의 화학결합 상태는 Ba-O간이 이온결합인 반면, Ti-O 사이의 결합은 이온결합성뿐만 아니라 공유결합적인 성분도 포함되어 있습니다.

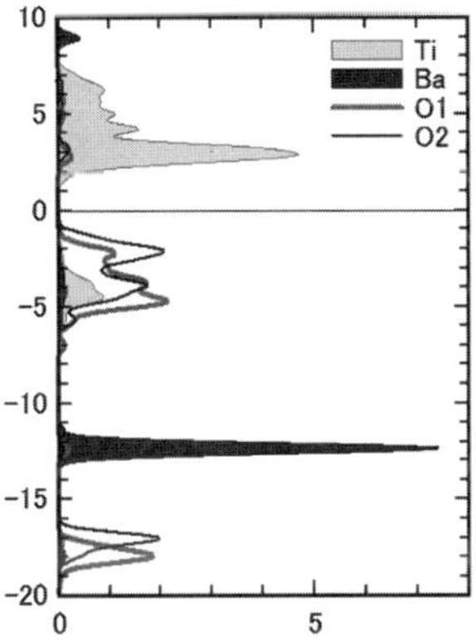

그림 7-8. 정방정 $BaTiO_3$ 상태밀도 그림($(Ba_8Ti_{27}O_{108})^{92-}$ 클러스터

이러한 화학결합 상태를 나타내는 이유는 상태밀도 그림에서 이해할 수 있습니다. 그림 7-8는 DOS를 사용하여 만든 상태밀도 그림입니다. 그리는 궤도의 설정은 [일괄설정]을 사용하면 2종류의 산소를 구별할 수 없기 때문에, 여기에서는 4-1-2(2)에 설명 된 플롯 궤도를 개별적으로 설정하는 방법을 사용합니다. 또한, 위에 설명한 TiFe 수소화물의 상태밀도 그림과는 달리, 각 원자 종의 궤도를 구분하지 않고 플롯합니다. 이번에는 원자종 Ba, Ti, O1, O2 4종류가 있기 때문에 각 원자종의 궤도를 구분하는 성분 수가 너무 많아져, 구분이 잘 되지 않습니다.

이런 경우는 먼저 각 원자의 궤도를 구분하지 않고 그리는 것이 전반적인 화학결합 상태의 특징을 파악하기 쉬워집니다. 먼저 O 원자에 주목하면 0~-5eV의 2p 궤도 성분 및 -16~-19eV의 2s 궤도 성분이 O1과 O2에서 분리되어 있는 것을 알 수 있습니다. 이것은 z방향으로 분극이 발생하기 때문인데, 정방정계 $BaTiO_3$의 특징입니다. 또한 2p 궤도 성분에 주목하면, Ti의 성분이 겹치는 것을 알 수 있습니다. 이것은 Ti의 3d 궤도 성분으로, O 2p 궤도와 Ti의 3d 궤도의 상호작용에 의해 Ti-O 사이의 공유결합성이 발생하고 있습니다. 한편, 가전자대의 Ba 성분은 -12에서 -14로 국재화되어 다른 원자와 거의 상호작용하지 않는 모습을 볼 수 있습니다. 이것은 Ba의 4d 궤도 성분에서 Ti의 3d 궤도처럼 다른 원자궤도와 공유결합 상호작용은 거의 없음을 보여줍니다. 0~-5eV에 약간의 Ba의 5s 궤도 성분이 있지만, Ti의 3d 궤도 성분과 비교하면 그 비율은 매우 적어, Ba은 이온결합적 상호작용을 하고 있음을 알 수 있습니다.

7-3. 산화인듐(In_2O_3)에서 산소 공공

산화인듐(In_2O_3)은 투명하고 전기전도성을 갖는 투명 전도체의 호스트 재료이며, TV나 노트북의 액정 디스플레이 등에 이용되고 있습니다. In_2O_3을 투명 전도체로서 이용하는 경우에는 주석을 첨가한 ITO(Indium Tin Oxide) 형태로 사용됩니다. 또한 동시에 산소 공공도 포함하고 있으며, 첨가된 주석이나 산소 공공이 carrier로 되어 있다고 생각됩니다. 여기에서는 간단한 클러스터 모델을 이용하여 산소 공공을 포함하는 In_2O_3의 전자 상태를 계산합니다.

7-3-1) 입력 데이터의 작성

In_2O_3 단위격자는 80여개의 원자를 포함하여 매우 크지만, 인듐에 주목해 보면 약간 틀어진 면심입방격자를 취하고 있고, 각 인듐의 주위에는 6개 산소가 배위합니다.(그림 7-9)

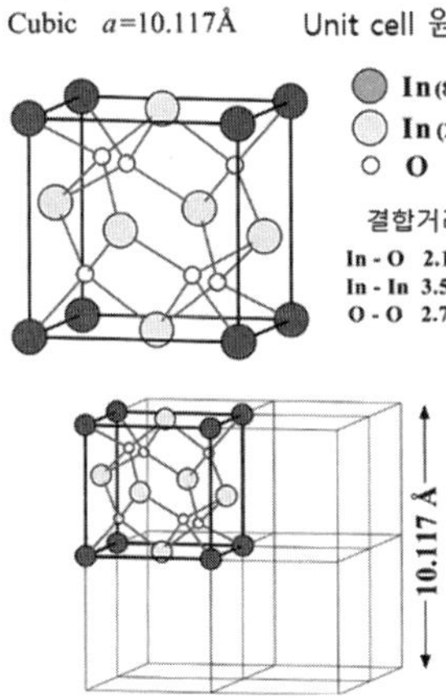

그림 7-9. In_2O_3 결정구조

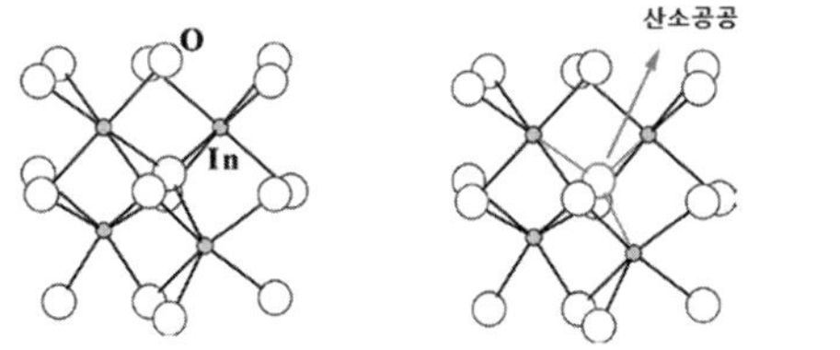

그림 7-10. 완전결정과 산소공공 클러스터 모델

여기에서는 산소 공공의 영향을 조사하기 때문에 산소를 중심으로 한 클러스터 모델을 생각합니다. 산소를 중심으로 보면, 각 산소의 주위에는 4개 인듐이 배위하고 있습니다. 그래서 완전결정 모델로서 중심의 산소, 주위의 4개 인듐, 그 인듐에 배위하고 있는 산소를 고려한$(In_4O_{17})^{22-}$ 클러스터(그림 7-10)와 산소 공공을 도입한 모델로서, 중심의 산소를 제거한$(In_4O_{16})^{22-}$ 클러스터를 이용하기로 합니다. 원자의 종류 분류는 클러스터 모델의 배위수에 따라 나눕니다. 인듐은 모든 산소가 결정에서와 마찬가지로 6배위(산소 공공이 있는 경우 5배위)하고 있으므로 1종류, 산소에 대해서는 결정에서와 마찬가지로 인듐이 4배위하고 있는 것과 2배위하는 것이 있어, 3종류로 나눌 수 있습니다. 초기 전하는 앞 절의 $BaTiO_3$와 마찬가지로 형식전하는 인듐: +3, 산소: -2로 설정합니다.

7-3-2) 산소 공공의 삭성

산소 공공을 도입한 $(In_4O_{16})^{22-}$ 클러스터는 $(In_4O_{17})^{22-}$ 클러스터에서 중심에 있는 산소를 중성상태에서 뺀 것입니다. 그러나 입력 데이터를 만들 때 산소를 -2가로 설정하고 있기 때문에 단순히 중심의 산소를 빼게 되면 클러스터 모델 전체에 전자가 2개 부족한 $(In_4O_{16})^{20-}$ 클러스터가 되어 버립니다. 이 2개 전자를 보충하려면 DvMenu의

MAKEF05에서 원자를 선택하지 않은 상태에서 "Charge"를 입력하고 [Set]을 클릭 한 후 [Makef05]을 클릭합니다. 여기에서 설정한 클러스터 모델 전체의 전자수의 조정은 아래에서 보는 바와 같이, F01의 각 원자종의 전하 설정 아래부분에 설명되어 있습니다. 이 설정은 클러스터의 모든 전자수에 전자 2개를 더한 $(In_4O_{16})^{22-}$ 클러스터가 됩니다. DV-Xα 분자궤도 계산에서는 적분을 수치적으로 실시하는데, Sample Point가 많을수록 적분의 정밀도는 오르지만 계산 시간도 Sample Point의 수에 비례하여 증가합니다. 일반적으로 1원자당 500점으로 설정되어 대부분의 경우는 충분하지만, 원자번호가 큰 원자를 취급하거나 대칭궤도를 이용하지 않는 경우에는 늘리는 것이 좋은 경우도 있습니다. 이번에 이용한 클리스터 모델은 대칭이 없고, 인듐 원자번호(50번)가 비교적 크기 때문에, 1원자당 1000점, 총 20,000점으로 설정했습니다.

산화물의 계산에서는 마델룽 퍼텐셜을 고려하기 때문에 점전하를 생성시키는 F03을 준비해야 하는데, 산소 공공을 도입한 계산을 할 경우 DisplatDV에서 만든 F03을 그대로 이용할 수 없습니다. 먼저 클러스터 모델의 원점이 원래 좌표의 원점과 다르기 때문에 생성되는 점전하 군의 중심을 클러스터 모델의 중심에 맞출 필요가 있습니다. 단위격자에서 만든 In_2O_3의 좌표에서는 원점에 원자가 없고 원점에 가까운 산소의 좌표는 (-1.10781, 1.54689, 1.18167)로 되어 있습니다. $(In_4O_{17})^{22-}$ 클러스터에서는 이 산소를 원점으로 하고 있기 때문에 이 값을 격자상수(a=10.117Å)에서 규격화한 (-0.1095, 0.1529, 0.1168)이 생성된 점전하 군의 중심이 되는데, F03은 아래에서 두 번째 줄에서 설정합니다. 다음에 산소 공공을 도입한 경우에는 그 위치에 생성된 점전하도 제거해야 합니다. 일반적으로 점전하 군은 클러스터 모델의 원자 위치에도 생성되지만 클러스터 모델과 겹치는 점전하는 자동으로 삭제됩니다.

따라서 공공을 도입한 경우는 공공 위치의 점 전하는 그대로 남습니다. 그래서 F03에서는 제거한 점전하를 지정할 수 있도록 되어 있습니다. 산소 공공을 도입한 $(In_4O_{16})^{22-}$ 클러스터의 F03에서는 우선 공공으로서 제거한 점전하의 수를 1행, 3번째에 적어놓습니다. 다음은 제거 좌표를 F03의 마지막에 기술합니다. 이번에는 원점의 산소 원자를 제거하므로 (0, 0, 0)을 3F20.10 형식으로 기술합니다. 주의할 점은 여기에서의 좌표는 격자상수로 규격화한 값이 아닌 실제 좌표를 원자 단위로 기술하고 있습니다.

```
| Z  || NEQ ||      XD      ||      YD      ||      ZD      |
  49     1      1.1078100000   0.9823600000  -1.5175600000
  49     1     -1.4214400000   0.9823600000   1.3475800000
  49     1      0.7719200000  -1.5468900000   1.3475800000
  49     1     -1.4214400000  -1.2110000000  -1.1816700000
   8     2     -0.0738600000  -0.4390800000  -2.7285600000
   8     2     -0.4390800000  -2.7285600000  -0.0738600000
   8     2     -2.7690200000  -0.4390800000   0.3652200000
   8     2     -0.4390800000  -0.3652200000   2.7690200000
   8     3      2.2156200000   1.9647200000   0.0000000000
   8     3      2.2894800000  -0.4390800000   2.3299400000
   8     3     -0.4390800000   2.3299400000  -2.2894800000
   8     3     -2.4038000000   2.3299400000  -0.0738600000
   8     3     -0.0738600000   2.4038000000   2.3299400000
   8     3      2.2894800000  -2.6547000000   0.3652200000
   8     3      2.6547000000  -0.3652200000  -2.2894800000
   8     3     -2.8428800000   0.0000000000  -2.3633400000
   8     3      0.0000000000  -3.0937800000   2.6951600000
   8     3     -2.4038000000  -2.7285600000  -2.2894800000
   8     3      2.2894800000   2.4038000000  -2.7285600000
   8     3     -2.8428800000   1.9647200000   2.6951600000
------------------------------------------------------------
| NEQ ||  CHG  || U/D ||  RD  ||  VD  |  1
------------------------------------------------------------
   1     3.00000
   2    -2.00000
   3    -2.00000
        -2.00000
------------------------------------------------------------
   0    Unit          (0 : angstrom  1 : atomic)
   0    Spin          (0 : non-spin  1 : spin)
   1    M.P.          (0 : No        1 : Yes)
20000   Sample Point  (<100000,  =0 autoset)
```

산소공공 클러스터(In_4O_{16})$^{22-}$의 F01

```
80    2      0
3.00000    -2.00000
     19.1184000000     19.1184000000     19.1184000000
     -0.1095000000      0.1529000000      0.1168000000   2
      0.1168000000     -0.1095000000      0.1529000000   2
      0.1529000000      0.1168000000     -0.1095000000   2
     -0.1529000000     -0.1168000000      0.1095000000   2
      0.1095000000     -0.1529000000     -0.1168000000   2
     -0.1168000000      0.1095000000     -0.1529000000   2
                             ⋮
      0.4668000000      0.5000000000     -0.2500000000   1
     -0.2500000000      0.4668000000      0.5000000000   1
      0.5000000000     -0.2500000000      0.4668000000   1
     -0.4668000000      0.5000000000      0.2500000000   1
      0.2500000000     -0.4668000000      0.5000000000   1
      0.5000000000      0.2500000000     -0.4668000000   1
3    3     3
     -0.1095000000      0.1529000000      0.1168000000
           3.00000           3.00000           3.00000
```

완전결정$(In_4O_{17})^{22-}$의 F03

```
80    2      1
3.00000    -2.00000
     19.1184000000     19.1184000000     19.1184000000
     -0.1095000000      0.1529000000      0.1168000000   2
      0.1168000000     -0.1095000000      0.1529000000   2
      0.1529000000      0.1168000000     -0.1095000000   2
     -0.1529000000     -0.1168000000      0.1095000000   2
      0.1095000000     -0.1529000000     -0.1168000000   2
     -0.1168000000      0.1095000000     -0.1529000000   2
                             ⋮
      0.4668000000      0.5000000000     -0.2500000000   1
     -0.2500000000      0.4668000000      0.5000000000   1
      0.5000000000     -0.2500000000      0.4668000000   1
     -0.4668000000      0.5000000000      0.2500000000   1
      0.2500000000     -0.4668000000      0.5000000000   1
      0.5000000000      0.2500000000     -0.4668000000   1
3    3     3
     -0.1095000000      0.1529000000      0.1168000000
           3.00000           3.00000           3.00000
      0.0000000000      0.0000000000      0.0000000000
```

산소공공이 포함된 클러스터$(In_4O_{16})^{22-}$의 F03

7-3-3) 화학결합상태 분석

완전결정의 에너지준위 그림은 HOMO를 0eV에 맞게 그리는 경우가 많은데, 산소 공공을 포함한 모델의 경우 나중에 말하겠지만 산소 공공으로 인한 공공준위가 밴드갭 사이에 나타나 그 에너지 준위가 HOMO가 됩니다. 이러한 경우는 HOMO를 0eV에 맞추면, 가전자대의 위치가 어긋나 버려 완전결정의 에너지 준위와 비교가 어렵습니다. 따라서 가전자대의 상단을 0eV에 맞도록 에너지 준위 그림을 만듭니다. DvMenu의 LVLSHM에서 HOMO이외를 0eV에 맞추고 싶은 경우는 [HOMO를 0eV]의 오른쪽 옆에 있는 [고급 설정]에서 설정합니다. [고급 설정]을 클릭하면 그림 7-11과 같은 화면이 나타납니다.

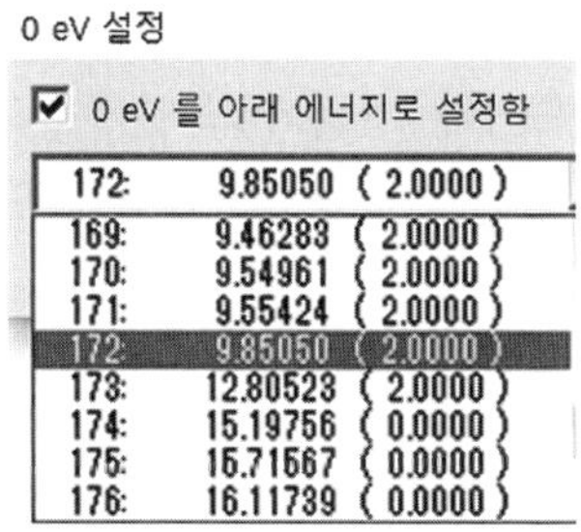

그림 7-11. 0eV 설정

목록에는 에너지 레벨 값과 전자의 점유수가 표시됩니다. 여기에서는 가전자대의 상단을 0eV에 맞추기 때문에, 172번의 공공 준위의 한개 아래에 있는 171번 궤도를 선택하여 [0eV를 다음의 에너지로 설정]을 체크한 후 [Lvlshm]을 다시 계산을 클릭합니다. 모든 에너지 레벨 값을 0eV에 맞추는 설정은 DOS나 LVLSHM도 마찬가지로 설정할 수 있습니다.

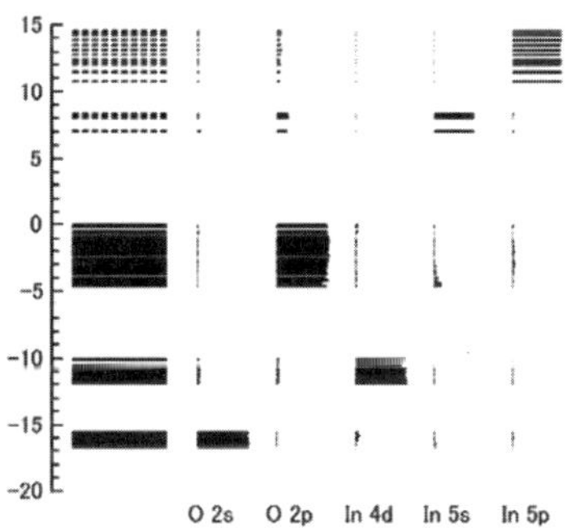

완전결정 $(In_4O_{17})^{22-}$ 클러스터

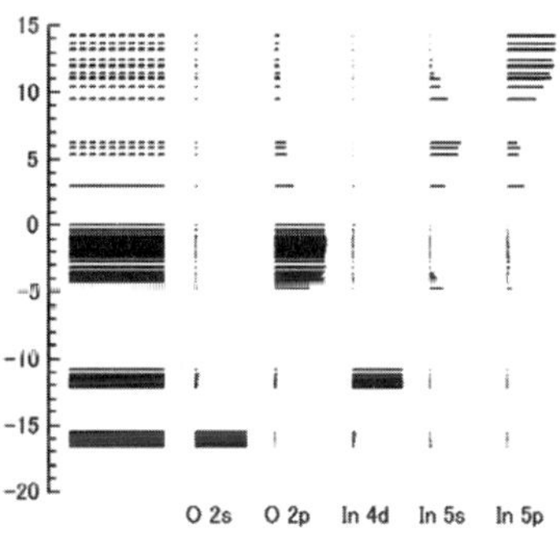

산소공공이 있는 $(In_4O_{16})^{22-}$ 클러스터

그림 7-12. 완전결정과 산소공공을 포함하는 클러스터의 에너지 준위도

그림 7-12에 완전결정 모델인 $(In_4O_{17})^{22-}$ 클러스터와 산소 공공을 포함한 $(In_4O_{16})^{22-}$ 클러스터의 에너지 준위 그림을 보여줍니다. 완전결정의 에너지 준위 그림을 보면, 가전자대에는 0~-5eV에 산소의 2p 궤도가 주성분인 밴드, -12eV 부근에 인듐 4d 궤도가 주성분인 밴드, -16eV 부근에 산소 2s 궤도가 주성분인 밴드가 있는 것을 알 수 있습니다. 전도대의 바닥은 인듐 5s 궤도가 주성분으로 약간의 산소 2p 궤도가 포함되어 있습니다. 그리고 그 위에 인듐 5p 궤도가 주성분인 밴드가 있습니다. 밴드갭은 약 7.0eV이며, 실험에 요구되는 밴드갭(약 3.7eV)보다 훨씬 큰데 이것은 클러스터 모델이 작기 때문에 인듐 간의 상호작용이 충분히 반영되어 있지 않기 때문입니다. 금속 산화물의 전도대의 바닥은 금속 원자 사이의 결합적인 상호작용에 의해 형성되어 있기 때문에 클러스터 모델의 배위수가 적어지면 결합적인 상호작용이 저하하여 궤도의 에너지가 가전자대에 비해 상대적으로 높게 되어 버립니다. 실제 In_2O_3 결정 중에서는 인듐의 주위에 12개의 인듐이 존재하지만 $(In_4O_{17})^{22-}$ 클러스터는 인듐이 3개 밖에 존재하지 않습니다. 따라서 클러스터 모델의 크기를 크게하면 밴드갭이 작아지며 실험값에 가까워집니다. 다음으로, 산소 공공을 포함한 모델의 에너지준위 그림을 보도록 합니다. 가전자대의 구조는 완전결정과 거의 비슷하지만 밴드갭사이에 산소 공공으로 인한 공공준위가 나타납니다. 완전결정의 전도대의 바닥은 인듐 5s 궤도와 산소 2s 궤도로 형성되어 있었지만, 이 공공준위는 인듐 5p 궤도의 성분도 포함되어 있는 것을 알 수 있습니다.

CONTR을 이용하여 파동함수의 등고선을 살펴보면 그림 7-13과 같이 됩니다. 이것은 완전결정 모델인 $(In_4O_{17})^{22-}$ 클러스터의 전도대의 바닥(LUMO : Lowest Unoccupied Molecular Orbital)의 분자궤도와 산소공공을 포함한 $(In_4O_{16})^{22-}$ 클러스터의 공공준위의 분자궤도의 파동함수의 등고선 그림입니다. 등고선을 그리는 단면은 2개의 인듐과 공공인 산소를 통과하는 평면으로 설정했습니다. 산소공공을 포함하는 클러스터의 그림은 완전결정에서 만든 C04를 복사해서 사용합니다. [원자 보기]를 체크하여 등고선에 있는 원자를 표시하는데, 원자의 중심이 등고선의 측면에서 벗어나 있는 원자에 대해서 그 차이를 반영한 원자는 작게 되어 있습니다. 완전결정의 LUMO의 인듐은 같은 방향인 5s 궤도가 주성분이지만, 공공 준위에서 오른쪽 산소가 없어졌기 때문에 국소적인 전장에 의한 분극으로 sp 혼성이 생겨 인듐 5p 궤도의 성분이 섞여 있습니다.

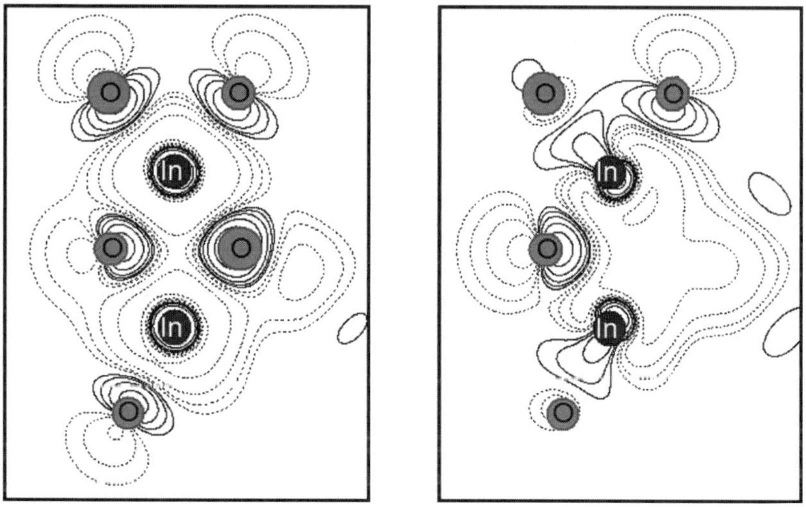

완전결정의 LUMO 파동함수의 등고선 그림
$(In_4O_{17})^{22-}$ 클러스터

공공준위의 파동함수의 등고선 그림
$(In_4O_{16})^{22-}$ 클러스터

그림 7-13. 완전결정과 산소공공을 포함하는 클러스터의 파동함수의 등고선 그림

마지막으로 그림 7-14에 Overlap Population Diagram을 나타냅니다. 이것은 두 번째 인듐에 주목하여 그 주위의 산소 및 인듐과의 결합에 대해 조사한 것입니다. 인듐끼리의 결합에 주목하면 완전결정의 경우는 가전자대에 결합 성분과 반결합 성분이 거의 없고, 전도대의 바닥에 큰 결합성분을 볼 수 있습니다. 산소공공이 있는 경우에는 공공준위가 큰 결합 성분을 가지고 있습니다. 이런 모습은 방금전의 파동함수의 등고선 그림을 봐도 알 수 있습니다. 따라서 인듐간 유효공유결합전하를 비교하면 완전 결정의 경우는 0.000인 반면, 산소공공이 있는 경우 0.093이며, 산소 공공이 형성되면 인듐 사이에 공유결합성이 생기는 것을 알 수 있습니다. 이것은 In_2O_3에 산소공공이 도입되는 하나의 요인이라고 생각합니다.

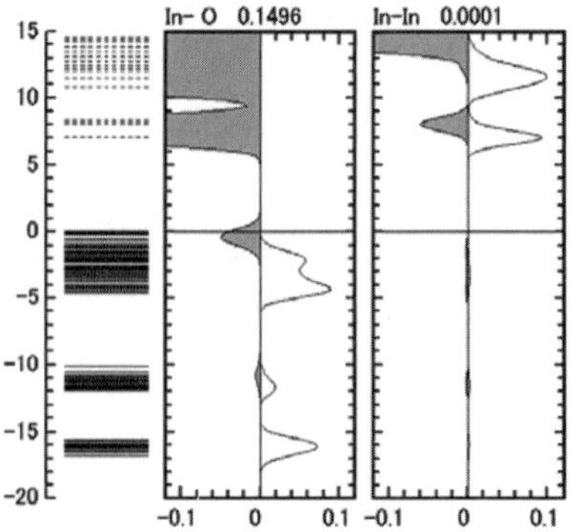

완전결정의 Overlap Population Diagram $(In_4O_{17})^{22-}$ 클러스터

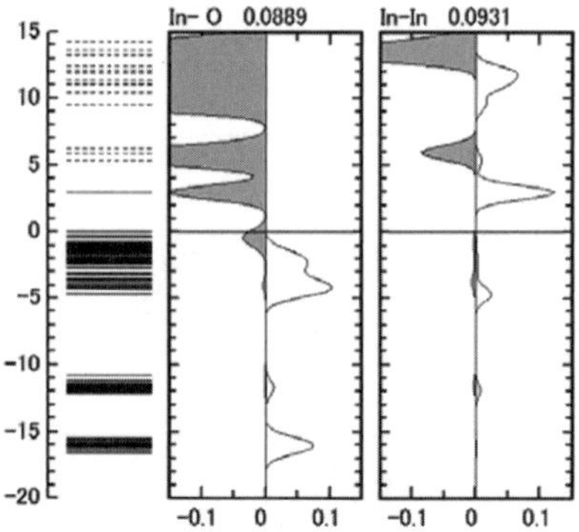

산소공공이 있는 경우의 Overlap Population Diagram $(In_4O_{16})^{22-}$ 클러스터

그림 7-14. 완전결정과 산소공공을 포함하는 클러스터의 Overlap Population Diagram

7-4. MgO 표면, MgO/V 계면

계면의 전자상태를 알아보는 것은, 이종 재료의 접합 메커니즘, 또는 계면에서의 특성을 조사하는네 중요한 정보를 제공합니다. 여기에서는 대표적인 세라믹스인 산화마그네슘(MgO)과 금속바나듐(V)과의 계면을 다뤄 전자상태계산을 해 봅니다.

7-4-1) 표면·계면의 입력 데이터의 작성 방법

일반적으로 계면을 모델링하는 경우에는 계면에서 원자 배열 방법이나 차이(misfit), 계면의 거리 등을 어떻게 하는 것이 좋은가가 문제가 됩니다. MgO/V 계면의 경우는 그림 7-15와 같이 (001)면끼리를 45도 회전시키면 계면에 대해서 아주 좋은 대응 관계를 갖게 됩니다. MgO 및 바나듐 원자의 배열의 차이는 1.7% 정도가 됩니다.

이번에는 바나듐 원자를 MgO의 산소 원자의 바로 위에 오도록 배열시켜 계면의 거리를 MgO에서 마그네슘과 산소의 거리(=2.106Å)에 맞춘 그림 7-16에 나타낸 바와 같은 Mg_9O_9-V_9 클러스터를 사용합니다. 또한 비교를 위해 MgO 표면 대해 Mg_9O_9 클러스터를 사용하여 계산합니다. 대칭궤도는 두 클러스터 모델도 C_{4v}를 사용합니다. C_{4v}는 z축 주위에 4회 대칭이 있고, xy 평면에 수직인 z 축을 포함하는 면에 대해 거울면 대칭입니다.

DisplatDV에서 단위격자를 확장하여 좌표를 만들 경우 동시에 2개의 결정 구조를 처리할 수 없기 때문에 MgO/V 계면의 클러스터 모델을 만들려면, MgO로서 Mg_9O_9 클러스터를 만들고, 바나듐은 V_9 클러스터 좌표를 별도로 만든 뒤에 결합 좌표를 가져와야 합니다. 먼저 Mg_9O_9 클러스터 내용은 5장 클러스터 모델에서 다룬 TiC와 같은 NaCl 구조이므로, 같은 순서로 단위격자를 만들고 좌표를 확장한 후 불필요한 부분을 제거하여 Mg_9O_9 클러스터를 만듭니다.

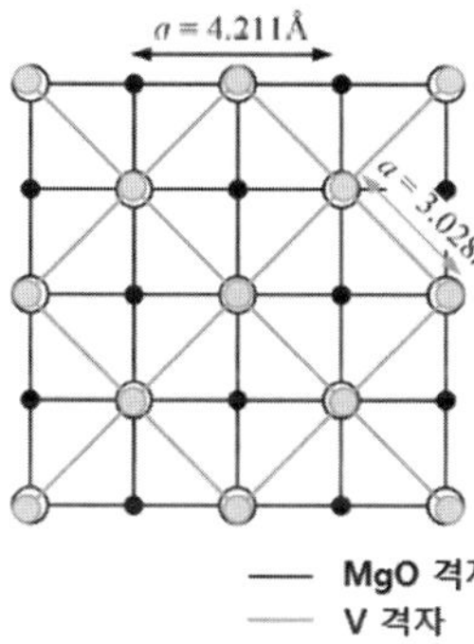

그림 7-15. MgO 와 V의 (001) 면의 정합성

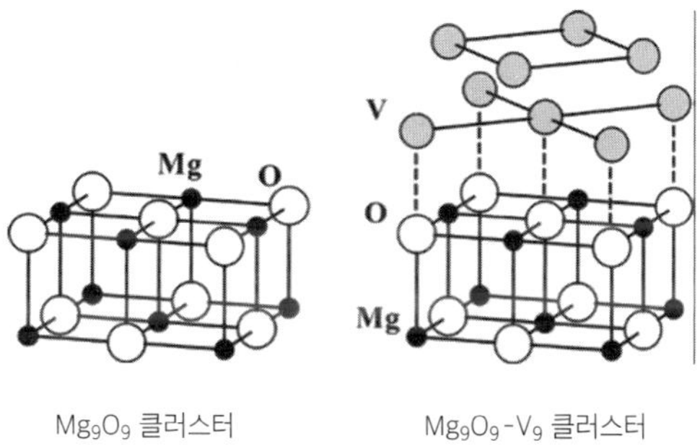

그림 7-16. MgO 표면과 MgO/V 계면의 클러스터 모델

작성한 클러스터 모델의 좌표를 출력하려면 DisplatDV의 [설정]-[좌표의 출력]에서 실시합니다. 좌표 출력에는 다양한 설정이 있습니다. 여기에서는 조기 설정 상태에서 [Check]를 클릭한 다음 [Copy]를 클릭하여 텍스트 편집기 등으로 텍스트 파일에 붙여 넣습니다. 바나듐인 V_9 클러스터에 대해서도 같은 방법으로 단위격자를 확장하여 좌표를 만드는데, Mg_9O_9 클러스터와 결합하는 작업이 필요합니다. 먼저 그림 7-15에 나타낸 바와 같이, MgO/V 계면은 (001)면끼리 45도 회전시킨 관계이므로, 바나듐측의 V_9 클러스터를 45도 회전시킬 필요가 있습니다. DisplatDV는 초기 상태의 xy면이 (001)면에 대

응하기 때문에 먼저 z축 주위로 45도 회전시킵니다. 다음에 MgO에 접하는 면으로서 원점을 포함하여 5개 원자, 그 윗면의 4개 원자를 선택하고, 그 외 원자를 제거하고 V_9 클러스터를 만듭니다. 이번에는 바나듐 원자를 MgO의 산소 원자의 바로 위에 오도록 배열시키기 때문에, V_9 클러스터를 MgO의 크기에 따라 이동시키는 작업을 수행합니다. V_9 클러스터를 선택한 상태에서 [Transform]을 클릭하면 그림 7-17의 [Transform Selected Atoms] 윈도우가 나타나 선택한 원자의 좌표를 확대·축소 및 평행 이동을 할 수 있습니다. MgO의 격자상수는 4.2112Å이며, 바나듐 측에서 그 길이에 대응하는 거리는 격자상수의 $\sqrt{2}$ 배인 4.2825Å이 됩니다. 따라서 [Expand]를 선택하고 X와 Y 배율을 "4.2112/4.2825"를 입력하고 [Transform]를 클릭하면 x, y 방향이 MgO의 격자상수에 맞게 됩니다. 그럼 Mg_9O_9 클러스터와 V_9 클러스터의 거리를 Mg-O의 결합거리인 2.1056Å으로 하기 위해 Shift의 [Length(Angstrom)]를 선택하고 Z에 2.1056을 입력하고 [Transform]를 클릭합니다. 이제 Mg_9O_9-V_9 클러스터를 만들기 위한 좌표 변환이 종료되었으므로, DisplatDV의 [설정]-[좌표의 출력]에서 좌표를 출력합니다. Mg_9O_9 클러스터의 좌표출력시 기본 설정 상태에서 실시했는데, 이대로는 출력되는 좌표 회전 조작이 반영되지 않으므로, [화면의 좌표를 출력]을 체크하고 [Check]를 클릭하고 [Copy]를 클릭합니다. 방금 만든

8	0.00000	0.00000	0.00000	
12	-2.10560	0.00000	0.00000	
12	0.00000	2.10560	0.00000	
12	0.00000	0.00000	-2.10560	
12	2.10560	0.00000	0.00000	
12	0.00000	-2.10560	0.00000	
8	-2.10560	-2.10560	0.00000	
8	2.10560	0.00000	-2.10560	
8	2.10560	-2.10560	0.00000	
8	-2.10560	0.00000	-2.10560	MgO 좌표
8	0.00000	2.10560	-2.10560	
8	-2.10560	2.10560	0.00000	
8	0.00000	-2.10560	-2.10560	
8	2.10560	2.10560	0.00000	
12	-2.10560	-2.10560	-2.10560	
12	-2.10560	2.10560	-2.10560	
12	2.10560	-2.10560	-2.10560	
12	2.10560	2.10560	-2.10560	
23	0.00000	0.00000	2.10560	
23	0.00000	2.10561	3.61970	
23	2.10561	2.10561	2.10560	
23	-2.10561	-2.10561	2.10560	
23	-2.10561	0.00000	3.61970	V 좌표
23	-2.10561	2.10561	2.10560	
23	2.10561	-2.10561	2.10560	
23	2.10561	0.00000	3.61970	
23	0.00000	-2.10561	3.61970	

MgO/V 계면 클러스터 모델 좌표

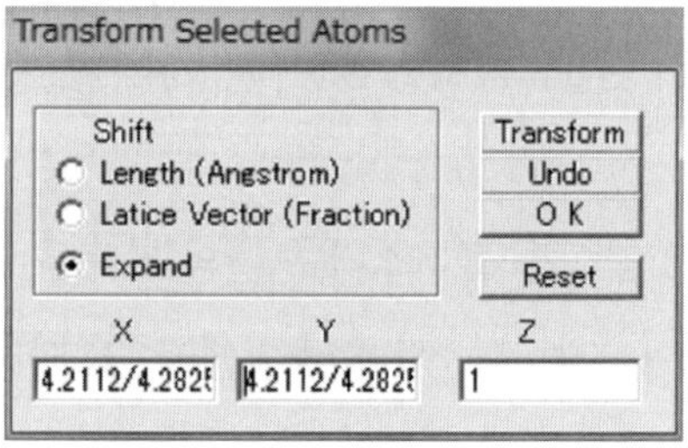

그림 7-17. 선택원자의 확대 · 축소, 이동

텍스트 파일 Mg_9O_9 클러스터의 좌표 아래에 V_9 클러스터의 좌표를 붙여 넣습니다. 이 파일을 새로 시작된 DisplatDV에서 읽어들여 Mg_9O_9-V_9 클러스터 F01을 만들 수 있습니다. 직접 만든 결정구조의 파일을 가져 오는 경우에는 [설정]-[좌표 입력]에서 [FREE]를 지정합니다.

7-4-2) 표면·계면에서 마델룽 퍼텐셜 설정

MgO와 같은 이온결합성 결정을 계산할 경우에는 이미 언급했듯이 클러스터 모델의 외부에 전하를 배치하여 마델룽 퍼텐셜을 고려하여 보다 결정에 가까운 전자상태 계산을 할 수 있습니다. 표면 및 계면에서 표면이나 계면의 외측에는 원자가 없기 때문에, 그곳에 점전하를 둘 필요는 없습니다. 따라서 표면이나 계면의 계산을 할 경우에는 그림 7-18에 나타낸 바와 같이, 표면 및 계면의 외부에 전하를 두지 않도록 외부에 생성시키는 전하를 뺍니다. 이 경우의 점전하를 생성시키는 방법은 다음과 같습니다.

```
8   2       0
2.00000   -2.00000
        7.9580200000   7.9580200000   7.9580200000
        0.0000000000   0.0000000000   0.0000000000  2
        0.5000000000   0.0000000000   0.0000000000  1
        0.0000000000   0.5000000000   0.0000000000  1
        0.0000000000   0.0000000000   0.5000000000  1
        0.0000000000   0.5000000000   0.5000000000  2
        0.5000000000   0.0000000000   0.5000000000  2
        0.5000000000   0.5000000000   0.0000000000  2
        0.5000000000   0.5000000000   0.5000000000  1
3    3    3
            0.00000        0.00000        3.00000
            3.00000        3.00000        3.10000
```

MgO 표면, MgO/V 계면의 F03

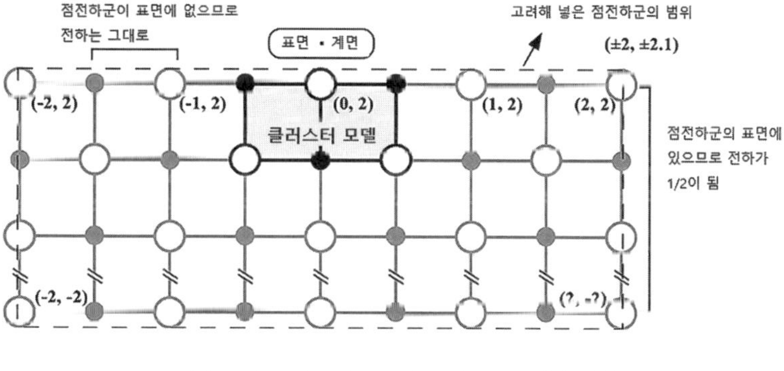

그림 7-18. 표면 · 계면의 경우, 점전하의 배치 방법
(간단하게 하기 위해 2차원으로 확장수를 2로 한 경우)

완전결정에 사용하는 F03과는 마지막 두 줄이 다릅니다.

먼저 생성시킨 점전하군의 원점을 나타내는 마지막에서 두 번째 행의 값이 (0, 0, 0)이 아닌 (0, 0, 3)이 있습니다. 이것은 표면과 계면의 외부에 전하를 두지 않도록 하기 위해 생성시킨 점전하 군의 바깥면을 표면이나 계면과 맞추기 위한 것입니다. Mg_9O_9 및 Mg_9O_9-V_9 클러스터에서는 z=0면이 표면 및 계면으로 되어 있습니다. 이 F03에서는 각 방향으로 3회 병진 확장이 이루어지게 되므로, z=3이 생성시킨 점전하 군의 z축 플러스 방향의 바깥면이 되기 때문에, (0, 0, 3)으로 하면 원점에 맞게 됩니다.

F03의 마지막 행은 병진확장한 점전하를 어디까지 포함할지에 대한 설정인데, 일반적으로 마지막에서 세 번째 줄의 병진확장을 하는 것과 동일한 값으로 설정해야 합니다. 마델룽 퍼텐셜을 점전하 군에서 고려할 때 점전하 군의 표면에 전하 값을 1/2, 능(모서리)에 있는 것을 1/4, 꼭짓점에 있는 것을 1/8로 하고 있습니다.(Evjan 법이라고 합니다) 그러나 표면이나 계면의 계산을 할 경우에는 표면이나 계면의 전하를 그대로 사용하고 싶기 때문에, (3, 3, 3) 대신 (3, 3, 3.1)로 함으로써, 점전하 군의 z 축 방향의 외측 전하를 그대로 사용 할 수 있습니다.

7-4-3) 화학 결합 상태 분석

그림 7-19에 MgO 표면의 상태밀도, MgO/V 계면의 상태밀도 그림 및 V-O와 V-Mg 간의 Overlap Population Diagram을 나타냅니다. 비교를 위해 $Mg_{14}O_{13}$ 클러스터를 사용하여 계산을 수행한 MgO 완전결정의 상태밀도 그림도 보여줍니다. 첫째, 표면의 상태밀도 그림은 완전 결정과 비교하면 가전자대의 산소 2s, 2p 궤도가 주성분 밴드에는 거의 변화가 없지만, 전도대에서는 특히 마그네슘 3s 궤도 성분의 피크가 저하되어있는 것을 알 수 있습니다.

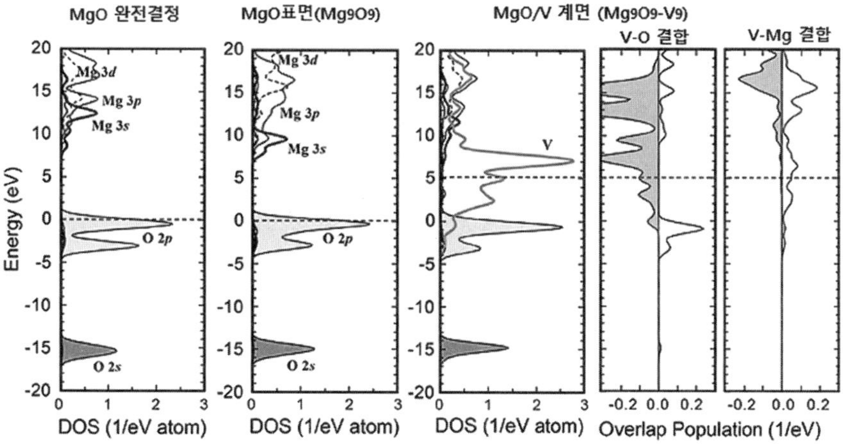

그림 7-19. MgO 완전결정, MgO 표면 및 MgO/V 계면의 상태밀도 그림과 MgO/V 계면의 Overlap Population Diagram

이 전도대의 바닥을 형성하고 있는 마그네슘 3s 궤도가 주성분인 분자궤도의 파동함수의 등고선지도를 그림 7-20에 나타냅니다. 이 궤도는 마그네슘의 파동함수와 중심에 있는 산소의 파동함수의 부호가 반대로 되어있는 것을 보면 알 수 있듯이, 마그네슘과 산소사이는 반결합적으로 상호작용을 하고 있습니다. 따라서 표면의 마그네슘은 표면측의 산소가 없기 때문에 산소와 반결합적인 상호작용이 저하되어, 궤도 에너지가 저하합니다. 또한 등고선 그림을 보면 표면의 마그네슘 3s 궤도는 산소의 궤도에 비해 표면측으로 당겨져 있음을 알 수 있습니다.

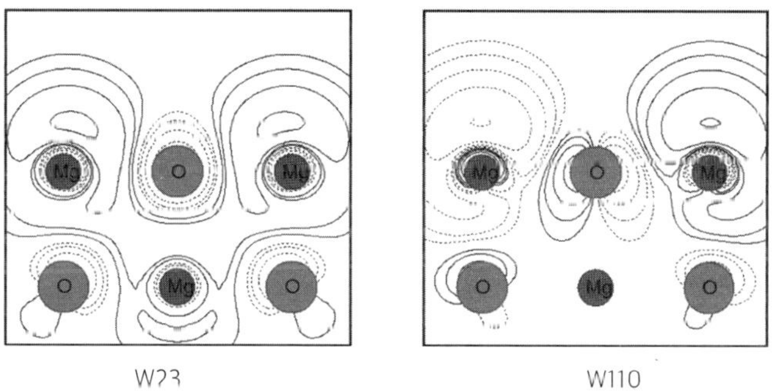

그림 7-20. MgO 표면의 Mg 3s 궤도가 주성분인 파동함수의 등고선 그림

다음으로 계면의 상태밀도 그림을 봅니다. 계면의 상태밀도 그림은 표면의 상태밀도 그림과 가전자대의 밴드가 같은 위치가 되도록 그렸습니다. 바나듐 성분은 원래의 밴드갭을 메우는 형태로 마그네슘 3s 궤도가 주성분인 밴드와 산소 2p가 주성분인 밴드 사이에 나타납니다. 그림 7-19의 Overlap Population Diagram을 보면 바나듐과 산소 사이의 결합은 산소 2p 궤도가 주성분인 밴드는 결합성분을 가지고 있는 것을 알 수 있습니다. 그러나 바로 위에 큰 반결합궤도 성분이 있기 때문에 유효공유결합전하는 0.036으로 작은 값으로 되어 있습니다. 한편, 바나듐과 마그네슘 사이의 결합은 결합성분이 커지고 있으며, 전자가 채워져 있는 궤도는 결합성분만으로 되어 있습니다. 그 결과, 유효공유결합전하는 0.109이며, 거리적으로는 산소보다 멀지만, 바나듐은 마그네슘과 더 잘 결합하고 있음을 나타내고 있습니다.

마지막으로 유효전하를 살펴보면, 계면 근방에서는 산소가 -1.15, 마그네슘이 1.19, 바나듐이 -0.06으로 되어 있습니다. 완전결정인 MgO와 비교하면 절대치는 약간 작아지지만, 계면 근방에서도 마그네슘에서 산소로 전하 이동이 일어나고 있습니다. 그에 비해 바나듐의 유효전하는 제로에 가까운 값을 가져, MgO 및 바나듐 사이의 전하 이동은 거의 없다고 생각됩니다. 이상의 결과로부터 계면에서의 화학결합은 이온결합적이지 않고, 바나듐과 마그네슘 사이의 공유결합으로 간주됩니다. 이러한 화학결합상태의 특징은 클러스터 모델의 계면에서의 원자 배열과 계면의 거리 등을 다소 바꾸더라도 크게 바뀌는 것은 없습니다.

7-5. 스핀 분극을 고려한 계산(Fe)

스핀 분극의 영향이 크게 나타나는 물질을 계산하는 경우, 스핀 분극을 고려한 계산을 해야 합니다. 여기에서는 철을 예로 들어 계산을 해 봅니다.

7-5-1) 스핀 분극을 고려한 입력 데이터의 작성 방법

철의 결정구조는 체심입방구조(BCC)이며, 하나의 중심원자로부터 보면 최근접에 8개, 제2근접에 6개 원자가 있습니다. 이번에는 그림 7-21에 나타낸 제2근접까지를 고려한 Fe_{15} 클러스터를 사용하여 계산합니다. 스핀 분극을 고려한 계산을 할 경우 DvMenu의 MAKEF05에서 스핀 분극을 설정합니다. [Spin Polarization]를 체크함으로써 스핀 분극을 고려한 계산을 할 수 있습니다.

처음부터 전자배치를 스핀 분극 상태로 하고 싶은 경우 [Spin]을 설정합니다. "UP"을 지정하고 [Set]를 클릭하면 모든 철 원자에 대해 Up Spin 전자가 들어간 상태가 되고, 나머지 전자가 Down Spin으로 배분된 전자배치가 됩니다. "DOWN"을 지정했을 경우는 반대의 전자배치가 됩니다. 원자의 종류마다 다른 초기 배치를 지정하려면 [by NEQ]를 체크하여 지정합니다. 직접 F01을 편집할 필요는 없지만, 스핀 분극 설정을 반영한 F01은 아래와 같이 되어 있습니다.

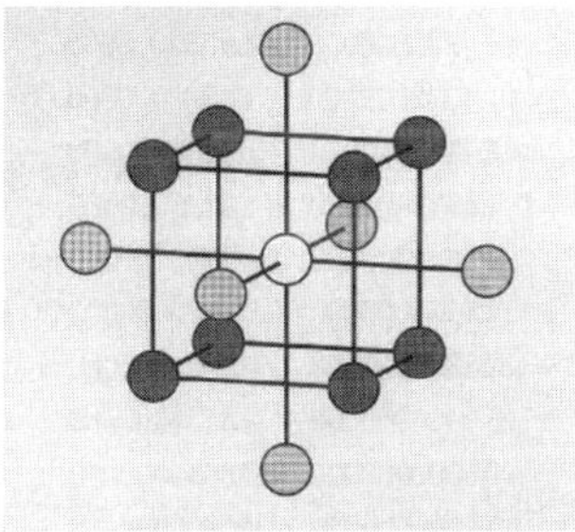

그림 7-21. Fe_{15} 클러스터

제2블록이 "U"는 Up Spin이 지정되어 있는지를 보여주고, Down Spin의 경우는 "D"입니다. 또한 제3블록 "Spin"의 값이 1로 되어 있습니다.

7-1-2절에서 설명한 바와 같이 철과 같은 금속 클러스터 모델의 경우, 페르미 준위 근처의 분자궤도가 조밀하게 존재하기 때문에 계산의 수렴이 어려울 수 있습니다. 여기에서는 [GaussianSmearing]을 0.01eV로 설정하여 MAKEF05을 실행하고 있습니다.(그림 7-22)

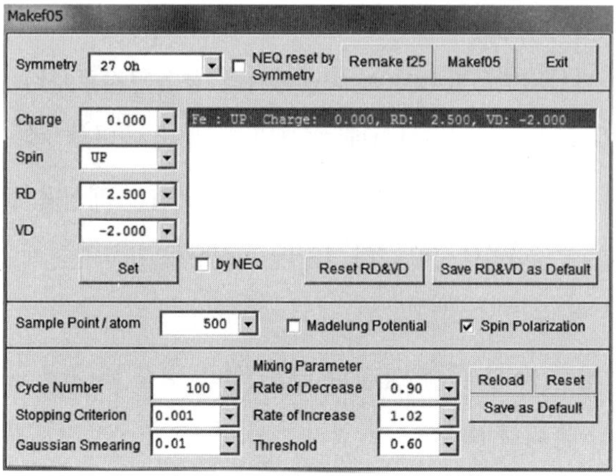

그림 7-22. MAKEF05에서 스핀분극 설정

```
| Z  || NEQ ||      XD       ||      YD       ||      ZD       |
   26     1     0.0000000000   0.0000000000   0.0000000000
   26     2     1.4332000000   1.4332000000   1.4332000000
   26     2     1.4332000000  -1.4332000000  -1.4332000000
   26     2    -1.4332000000   1.4332000000  -1.4332000000
   26     2    -1.4332000000  -1.4332000000   1.4332000000
   26     2     1.4332000000   1.4332000000  -1.4332000000
   26     2    -1.4332000000  -1.4332000000  -1.4332000000
   26     2     1.4332000000  -1.4332000000   1.4332000000
   26     2    -1.4332000000   1.4332000000   1.4332000000
   26     3     2.8664000000   0.0000000000   0.0000000000
   26     3    -2.8664000000   0.0000000000   0.0000000000
   26     3     0.0000000000   2.8664000000   0.0000000000
   26     3     0.0000000000  -2.8664000000   0.0000000000
   26     3     0.0000000000   0.0000000000   2.8664000000
   26     3     0.0000000000   0.0000000000  -2.8664000000
-------------------------------------------------------
NEQ || CHG || U/D || RD || VD | 1
-------------------------------------------------------
 1             U
 2             U
 3             U
-------------------------------------------------------
 0    Unit          (0 : angstrom  1 : atomic)
 1    Spin          (0 : non-spin  1 : spin)
 0    M.P.          (0 : No        1 : Yes)
7500  Sample Point  (<100000,  =0 autoset)
```

스핀분극을 고려한 Fe_{15} 클러스터의 F01

7-5-2) 화학결합상태의 해석

중심의 Fe 원자에 대한 상태밀도 그림을 그림 7-23에 나타냅니다. 이 상태밀도 그림은 HOMO를 0eV에 맞게 그렸습니다. 스핀 분극을 고려하면 DvMenu의 DOS에서는 Up Spin과 Down Spin 상태밀도 그림이 좌우로 나누어 표시됩니다. 상태밀도 그림을 보면 Up Spin과 Down Spin 밴드가 분열하여 Up Spin 밴드에 전자가 많이 들어있는 모습을 볼 수 있습니다. Up Spin과 Down Spin 전자의 점유 수에 어느 정도 차이가 있는지를 정량적으로 확인하려면 유효전하를 알아보는 NETC를 이용합니다. DvMenu에서 Command Prompt를 클릭하고 명령 프롬프트에서 NETC을 실행하면 출력파일 I08에 다음과 같이 출력됩니다. SPIN1과 SPIN2의 차이가 스핀 분극의 크기에 해당합니다.

```
EFFECTIVE CHARGE
LO           SPIN                SPIN              NET CHARGE
  1   Fe       1  14.52317         2  11.60757       -0.13074
  2   Fe       1  14.61743         2  11.40456       -0.02199
  3   Fe       1  14.58958         2  11.35931        0.05111
```

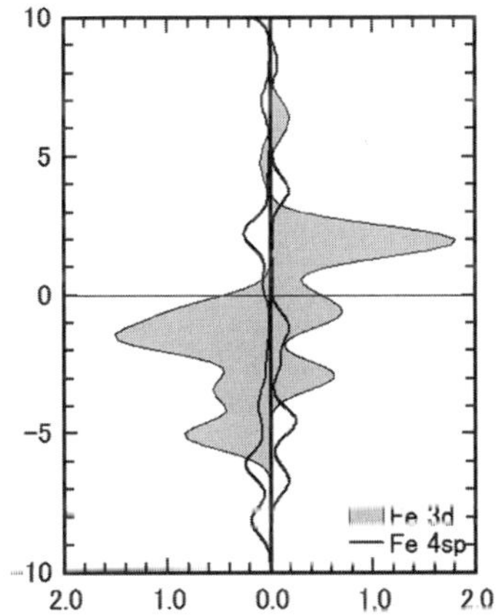

그림 7-23. Fe_{15} 클러스터의 상태밀도 그림

7-6. 질소 분자의 반자성, 산소 분자의 상자성

질소분자(N_2)는 반자성이며, 산소분자(O_2)는 상자성입니다. 스핀 분극을 고려한 DV-Xα 분자궤도 계산에서 N_2와 O_2의 전자상태를 계산하고 이것을 확인하려고 합니다. DV-Xα 분자궤도 계산에 필요한 정보는 원자번호와 원자좌표만 필요합니다.(대칭궤도를 사용하는 경우에는 이 외에도 F25가 필요합니다) 원자번호와 원자좌표 정보는 F01에 씁니다.

	원자번호(Z)	원자간거리(Å)
질소분자(N_2)	7	1.0977
산소분자(O_2)	8	1.2075

이번에는 6장에서 설명한 DV-Xα법을 위한 통합 지원 환경을 사용합니다. 질소분자와 산소분자의 스핀 분극을 고려한 DV-Xα 분자궤도 계산에 입력할 것은 원자번호와 원자간 거리(Å)뿐입니다. maruo 편집기를 시작하여 오른쪽 상단의 [eduDV…] 버튼을 클릭하면 그림 7-23과 같은 메뉴가 나타납니다.

00. Automatic	[데이터 자동입력]	12. D4h 대칭	[평면정4각형형분자] AB4형착이온
01. D∞h 대칭	[등핵이원자분자] A2형분자(H2, O2, N2 등)	13. D6h 대칭	[평면정6각형형분자] A6B6형분자
02. C∞h 대칭	[등핵이원자분자] AB형분자(CO 등)	14. Td 대칭	[정4면체형분자] AB4형분자
03. D∞h 대칭	[직선AB2형분자] B-A-B형분자(CO2 등)	15. Oh 대칭	[정8면체형분자] AB6형분자
04. D∞h 대칭	[직선A2B2형분자] B-A-A-B형분자(아세틸렌 등)	16. Td 대칭	[정4면체형분자] A(BC)4형분자
05. C∞v 대칭	[직선ABC형분자] A-B-C형분자(시안화수소 등)	17. Oh 대칭	[정8면체형분자] A(BC)6형분자
06. C∞v 대칭	[직선ABCD형분자] A-B-C-D형분자(HCNO 등)	18. D2h 대칭	[정8면체형이온] [M(H2O)6]n+
07. C2v 대칭	[구부러진 AB2형분자] AB2형분자(물 등)	19. Td 대칭	[정4면체형이온] [M(L)4]n+or [M(L)4]n-
08. C3v 대칭	[삼각추 AB3형분자] AB3형분자(암모니아 등)	20. Oh 대칭	[정8면체형이온] [M(L)6]n+or [M(L)6]n-
09. D2h 대칭	[직선ABCD형분자] A-B-C-D형분자(HCNO 등)	21. 대칭없음	[단원자]원자궤도함수를 볼 때 편리함
10. D3d 대칭	[에틸렌형(평면)분자] A2B4형분자(에틸렌 등)	22. 대칭없음	[단원자이온]원자궤도함수를 볼 때 편리함
11. D3h 대칭	[평면정3각형형분자] AB3형분자		

그림 7-23. eduDV의 시작메뉴

[01. D ∞ h 대칭【등핵 이원자 분자】A2형분자(H_2, O_2, N_2 등)…]를 클릭하면 그림 7-24과 같은 메뉴가 나타나므로, [a2s(스핀 버전 전자동 실행) …]을 클릭합니다.

a2n(non-spin판·전자동실행)…
a2s(spin판·전자동실행)…
a2(F01·F25작성만)

그림 7-24. eduDV 메뉴(non-spin, spin)

나타난 명령 프롬프트 화면(그림 7-25)에서 대화 형식으로 키보드로 질소분자의 원자번호(Z=7)과 원자간 거리(N-N=1.0977Å)를 입력합니다.

7 [Enter]

1.0977 [Enter]

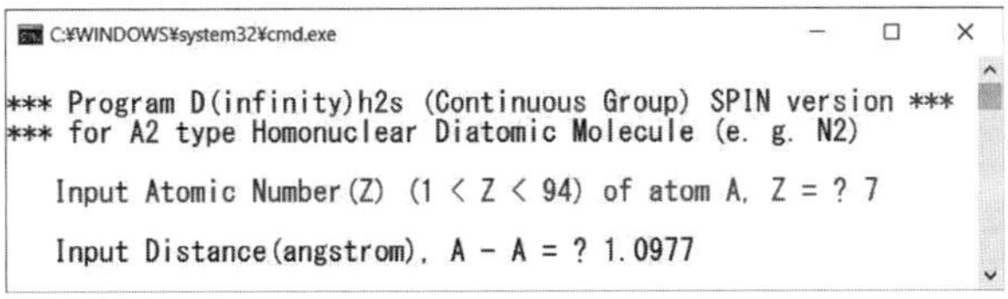

그림 7-25. 명령프롬프트 화면

원자번호와 원자간 거리의 정보를 바탕으로 한 F01이 자동으로 생성되고, 해당 $D_{\infty h}$ 대칭 궤도 파일인 F25도 준비되어 스핀 분극을 고려한 DV-Xα 분자궤도 계산이 수행됩니다.(그림 7-26) 계산이 수렴한 후 NETC, BNDODR, POPANL, POPANLS, ATLIST, BLLIST, PRESTS, WAVNUM, MAKEL04, LVLSHM, HLGAP, HLGAPS, CONTRDALL 등 주변 프로그램이 자동으로 실행됩니다.

```
C:¥WINDOWS¥system32¥cmd.exe
*** for A2 type Homonuclear Diatomic Molecule (e. g. N2)

  Input Atomic Number(Z) (1 < Z < 94) of atom A, Z = ? 7

  Input Distance(angstrom), A - A = ? 1.0977

c:¥dvxa¥CALC¥a2s_20161111142854
        PROGRAM RUN
   1     1 /  10,  Convergence:   0.62356,  Mixing Prarameter:   0.30000
   2     2 /  10,  Convergence:   0.44131,  Mixing Prarameter:   0.30000
   3     3 /  10,  Convergence:   0.31001,  Mixing Prarameter:   0.30600
   4     4 /  10,  Convergence:   0.21537,  Mixing Prarameter:   0.31212
   5     5 /  10,  Convergence:   0.14802,  Mixing Prarameter:   0.31836
   6     6 /  10,  Convergence:   0.10067,  Mixing Prarameter:   0.32473
   7     7 /  10,  Convergence:   0.06776,  Mixing Prarameter:   0.33122
   8     8 /  10,  Convergence:   0.04514,  Mixing Prarameter:   0.33785
   9     9 /  10,  Convergence:   0.02975,  Mixing Prarameter:   0.34461
  10    10 /  10,  Convergence:   0.01940,  Mixing Prarameter:   0.35150
**********************************************************
*** SCAT has not been converged yet                    ***
*** though it was performed  10 cycles in the total. ***
**********************************************************
c:¥dvxa¥CALC¥a2s_20161111142854
        PROGRAM RUN
  11     1 /  10,  Convergence:   0.01251,  Mixing Prarameter:   0.35853
  12     2 /  10,  Convergence:   0.00802,  Mixing Prarameter:   0.35853
  13     3 /  10,  Convergence:   0.00512,  Mixing Prarameter:   0.36570
  14     4 /  10,  Convergence:   0.00323,  Mixing Prarameter:   0.37301
  15     5 /  10,  Convergence:   0.00201,  Mixing Prarameter:   0.38047
  16     6 /  10,  Convergence:   0.00124,  Mixing Prarameter:   0.38808
  17     7 /  10,  Convergence:   0.00075,  Mixing Prarameter:   0.39584
  18     8 /  10,  Convergence:   0.00045,  Mixing Prarameter:   0.40376
  19     9 /  10,  Convergence:   0.00027,  Mixing Prarameter:   0.41184
  20    10 /  10,  Convergence:   0.00016,  Mixing Prarameter:   0.42007
**********************************************************
*** SCAT has not been converged yet                    ***
*** though it was performed  20 cycles in the total. ***
**********************************************************
c:¥dvxa¥CALC¥a2s_20161111142854
        PROGRAM RUN
  21     1 /  10,  Convergence:   0.00008,  Mixing Prarameter:   0.42847
  22     2 /  10,  Convergence:   0.00005,  Mixing Prarameter:   0.42847
  23     3 /  10,  Convergence:   0.00003,  Mixing Prarameter:   0.43704
********************************************************
** (( Congratulations! )) SCAT has been converged! ***
***  23 cycles of SCAT were performed in the total.***
********************************************************

 1 / 51  Z=  -5.00000
 2 / 51  Z=  -4.80000
 3 / 51  Z=  -4.60000
 4 / 51  Z=  -4.40000
 5 / 51  Z=  -4.20000
 6 / 51  Z=  -4.00000
 7 / 51  Z=  -3.80000
```

그림 7-26. 질소분자 계산실행 예

계산이 끝나면 maruo 편집기 화면에는 질소 분자의 스핀 분극을 고려한 분자궤도의 에너지레벨(F08E)이 표시됩니다.(그림 7-27)

```
*** M.O. EIGENVALUE

                              (RY)         (HR)          (EV)

   1   1SigG   DOWN    -27.25130    -13.62565    -370.71383   1.00000
   2   1SigG    UP     -27.25130    -13.62565    -370.71383   1.00000
   3   1SigU   DOWN    -27.24848    -13.62424    -370.67551   1.00000
   4   1SigU    UP     -27.24848    -13.62424    -370.67551   1.00000
   5   2SigG   DOWN     -1.57187     -0.78594     -21.38304   1.00000
   6   2SigG    UP      -1.57187     -0.78594     -21.38304   1.00000
   7   2SigU   DOWN     -0.57732     -0.28866      -7.85363   1.00000
   8   2SigU    UP      -0.57732     -0.28866      -7.85363   1.00000
   9   1PaiU   DOWN     -0.41693     -0.20846      -5.67165   2.00000
  11   1PaiU    UP      -0.41693     -0.20846      -5.67165   2.00000
  13   3SigG    UP      -0.30114     -0.15057      -4.09661   1.00000
  14   3SigG   DOWN     -0.30114     -0.15057      -4.09661   1.00000
  15   1PaiG   DOWN      0.37349      0.18674       5.08077   0.00000
  17   1PaiG    UP       0.37349      0.18674       5.08077   0.00000
  19   3SigU    UP       1.96905      0.98453      26.78604   0.00000
  20   3SigU   DOWN      1.96905      0.98453      26.78604   0.00000
```

그림 7-27. 질소분자의 분자궤도 에너지 준위표

HOMO는 $3\sigma_g \uparrow$ 궤도(1전자가 점유)와 $3\sigma_g \downarrow$ 궤도(1전자가 점유), LUMO는 $1\pi_g \downarrow$(공 궤도)와 $1\pi_g \uparrow$(공 궤도)로 되어 있으므로, N_2 분자에서는 스핀 분극을 하지 않는다는 것을 알 수 있습니다. maruo 편집기 화면의 아래쪽에 있는 상태 표시 줄에 버튼 [DVPLOT…]을 누르면 [파일 열기] 대화 상자(그림 7-28)이 나타나면 l07을 선택하여 엽니다.

질소분자의 분자궤도 에너지준위(그림 7-29)가 표시됩니다. 세로축은 에너지(eV), 첫 번째 열은 분자궤도(스핀 분극을 고려한 계산 결과이므로 up spin의 분자궤도와 down spin의 분자궤도가 각각 표시되어 있습니다), 2번째와 3번째 열은 분자궤도를 구성하는 원자궤도의 점유율을 선 길이에 비례시켜 표시하고 있습니다. 이번에는 2번째가 질소 2s 궤도, 세 번째 열은 질소 2p 궤도입니다. 이번에는 HOMO를 0eV에 고정했습니다. 그림 안에 있는 분자궤도 이름은 각자 그림용 소프트웨어를 이용하여 적으면 됩니다.

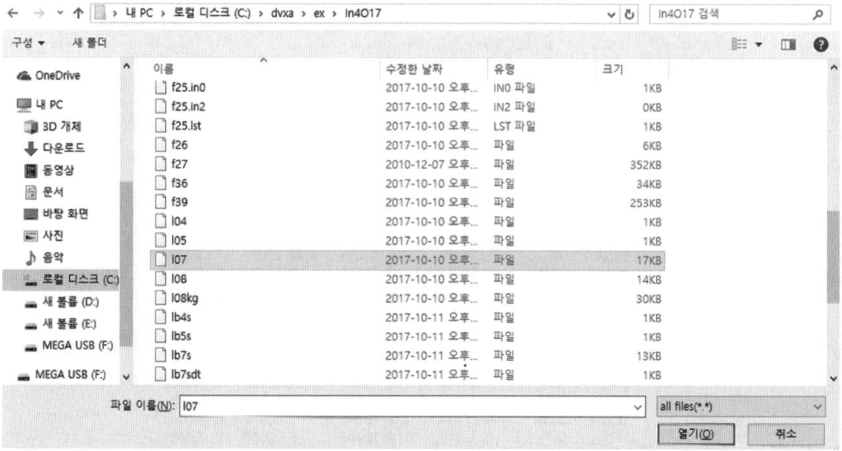

그림 7-28. DVPLOT를 기동하여 L07를 선택

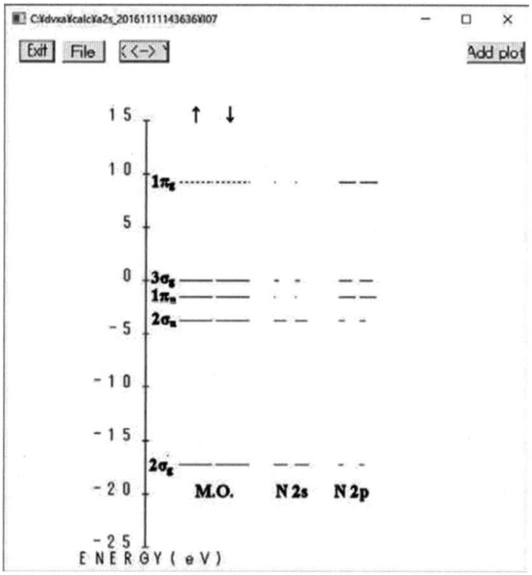

그림 7-29. 질소분자의 분자궤도 에너지 준위도

그림 7-29을 보면 질소분자의 DV-Xα 분자궤도 계산은 스핀 분극을 고려했지만, 결과적으로는 스핀 분극은 하지 않는다는 것을 시각적으로 확인할 수 있습니다. 왼쪽의 [Exit] 버튼을 클릭하여 DVPLOT를 종료합니다.

이번에는 산소분자를 계산해 보겠습니다. maruo 편집기를 시작하여 오른쪽 상단의 [eduDV…] 버튼을 클릭하고, [01. D∞h 대칭【등 핵 이원자 분자】A2 형 분자(H2, O2, N2 등)…]을 선택하고 [a2s(스핀 버전 전자동 실행)…]을 클릭합니다. 이후 나타난 명령 프롬프트 화면(그림 7-30)에서 대화 형식으로 키보드로 산소분자의 원자번호(Z=8)과 원자간 거리(O-O=1.2075Å)를 입력합니다.

8 [Enter]

1.2075 [Enter]

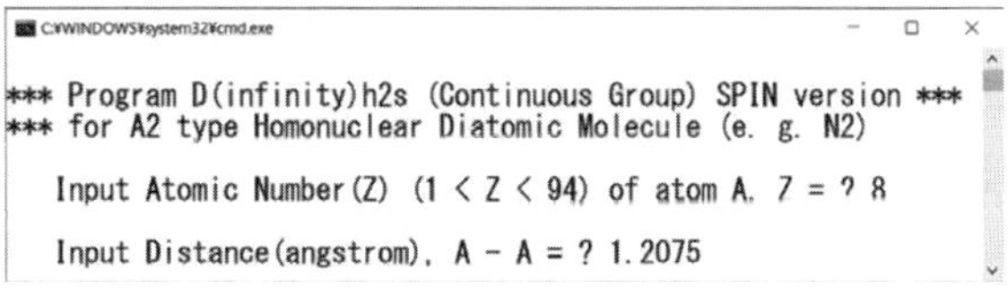

```
C:¥WINDOWS¥system32¥cmd.exe

*** Program D(infinity)h2s (Continuous Group) SPIN version ***
*** for A2 type Homonuclear Diatomic Molecule (e. g. N2)

  Input Atomic Number(Z)  (1 < Z < 94) of atom A. 7 = ? 8

  Input Distance(angstrom), A - A = ? 1.2075
```

그림 7-30. 명령프롬프트 화면

계산이 끝나면 maruo 편집기 화면에는 질소분자의 스핀분극을 고려한 분자궤도의 에너지 레벨 표(F08E)가 표시됩니다.(그림 7-31)

*** M.O. EIGENVALUE

			(RY)	(HR)	(EV)	
1	1SigG	UP	-36.78397	-18.39199	-500.39185	1.00000
2	1SigU	UP	-36.78380	-18.39190	-500.38958	1.00000
3	1SigG	DOWN	-36.71658	-18.35829	-499.47508	1.00000
4	1SigU	DOWN	-36.71642	-18.35821	-499.47286	1.00000
5	2SigG	UP	-1.86988	-0.93494	-25.43693	1.00000
6	2SigG	DOWN	-1.71273	-0.85636	-23.29915	1.00000
7	2SigU	UP	-1.06482	-0.53241	-14.48526	1.00000
8	2SigU	DOWN	-0.91823	-0.45912	-12.49119	1.00000
9	3SigG	UP	-0.55286	-0.27643	-7.52087	1.00000
10	1PaiU	UP	-0.51745	-0.25872	-7.03909	2.00000
12	3SigG	DOWN	-0.39961	-0.19980	-5.43610	1.00000
13	1PaiU	DOWN	-0.38236	-0.19118	-5.20150	2.00000
15	1PaiG	UP	0.01146	0.00573	0.15589	2.00000
17	1PaiG	DOWN	0.16241	0.08120	2.20928	0.00000
19	3SigU	UP	0.95771	0.47886	13.02827	0.00000
20	3SigU	DOWN	1.12705	0.56352	15.33184	0.00000

[EOF]

그림 7-31. 산소분자의 분자궤도 에너지 준위도

이 결과로 부터 HOMO는 $1\pi_g\uparrow$ 궤도(2전자 점유), LUMO는 $1\pi_g\downarrow$ (공 궤도), O_2 분자는 스핀 분극을 하고 있다는 것을 알 수 있습니다.

maruo 편집기 화면의 아래쪽에 있는 상태 표시 줄에 버튼 [DVPLOT…]을 누르면 [파일 열기] 대화 상자가 나타납니다. L07을 선택하여 열면 산소분자의 분자궤도가 에너지 준위도로 나타납니다.(그림 7-32) 세로축은 에너지(eV), 첫 번째 열은 분자궤도(스핀 분극을 고려한 계산 결과이므로 up spin 분자궤도와 down spin 분자궤도가 각각 표시되어 있습니다), 2번째와 3번째 열은 분자궤도를 구성하는 원자궤도의 점유율을 선 길이로 비례시켜 표시하고 있습니다. 이번에는 2번째가 산소 2s 궤도, 세 번째 열은 산소의 2p 궤도입니다.

이번에는 HOMO를 0eV에 고정시켜 그렸습니다. 그림의 분자궤도 이름, 전자를 나타내는 화살표 등의 레이블은 그림용 소프트웨어를 이용하여 적으면 됩니다.

그림 7-32을 보면 산소분자의 DV-Xα 분자궤도 계산에서 스핀 분극을 고려한 결과, 스핀 분극하고 있다는 것을 시각적으로 확인할 수 있습니다. $1\pi_g\uparrow$ 궤도(HOMO)는 up spin에 전자가 2개 점유하고 있고, $1\pi_g\downarrow$ (LUMO)은 공궤도입니다. 산소 분자 전체로 생각하면, 16개의 전자 중 up spin의 분자궤도에 9개 전자, down spin 분자궤도에 7개 전자가 들어가 up spin 전자가 down spin 전자에 비해 두개가 많은 것을 알 수 있습니다.

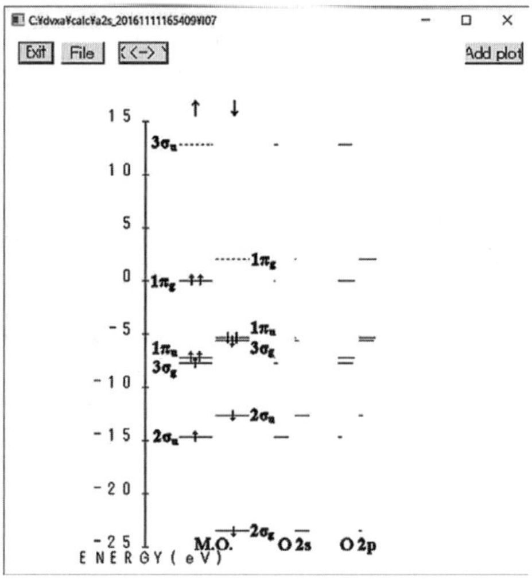

그림 7-32. 산소분자의 분자궤도 에너지 준위도

왼쪽의 [Exit] 버튼을 클릭하여 DVPLOT를 종료합니다.

다음으로, 산소 분자의 유효스핀밀도를 3차원 시각화합니다. 유효스핀 밀도는 up spin의 전자밀도에서 down spin의 전자밀도를 뺀 차전자밀도입니다.

maruo 편집기에서 [F01] 탭을 클릭하여 F01이 화면에 표시되어있는 상태로 합니다.(그림 7-33)

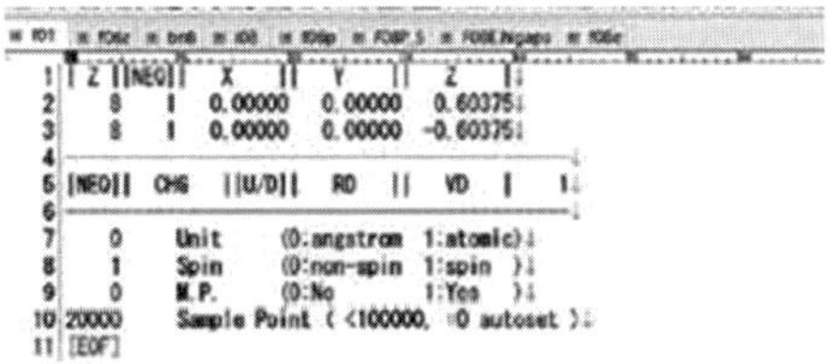

그림 7-33. F01이 표시되어 있는 상태로 됨

화면 하단의 상태 표시 줄에서 [VESTA] 버튼을 클릭하여 VESTA를 시작합니다.(그림 7-34)

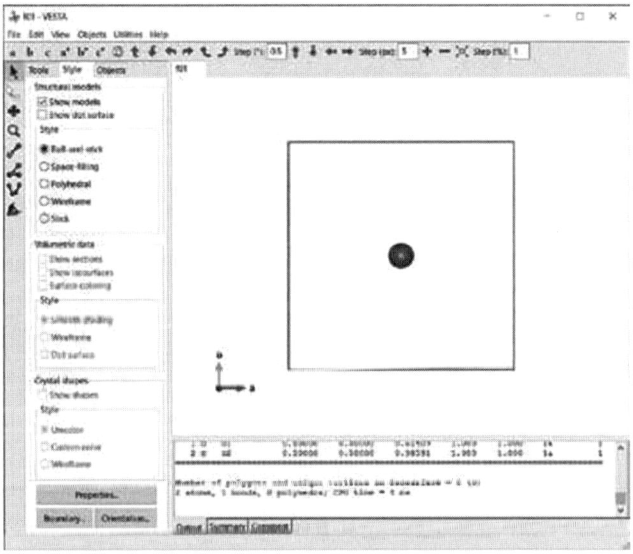

그림 7-34. VESTA로 F01을 표시함

왼쪽 사이드 패널의 [Properties…] 버튼을 클릭한 다음 [Unit cell]의 [Line]에서 Do not show 라디오 버튼을 선택하고 그래픽 영역의 검은 테두리 표시를 지웁니다. [OK] 버튼을 누릅니다.

메뉴 바의 [Edit]을 클릭한 다음 [Edit Data]의 [Volumetric Data…]를 선택(그림 7-35)하여 Edit Data 대화 상자의 Volumetric data 페이지를 엽니다.

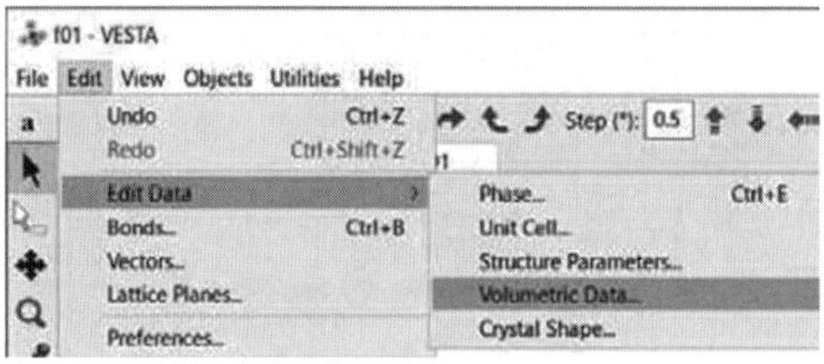

그림 7-35. Edit–Edit Data–Volumetric Data

Isosurfaces에서 [Import…] 버튼을 클릭하고, Open 대화 상자에서 up spin의 전자밀도 파일 CHG3D_U.scat을 선택하고 [열기(O)] 버튼을 클릭합니다. 그러면 Choose operations 대화 상자가 열리는데 [OK] 버튼을 클릭합니다.(Operation은 Add to current data가 선택되어있는 상태) 다시 Isosurfaces에서 [Import…] 버튼을 클릭하고 Open 대화 상자에서 down spin의 전자밀도 파일 CHG3D_D.scat을 선택하고 [열기(O)] 버튼을 클릭합니다. 그러면 Choose operations 대화 상자가 열립니다. 이제 Operation에 Subtract from current data를 선택합니다(그림 7-36), [OK] 버튼을 클릭합니다. Isosurfaces(같음 표면)는 up spin의 전자밀도에서 down spin의 전자밀도를 뺀(CHG3D_U.scat-CHG3D_D.scat), 즉 유효스핀밀도가 지정되게 됩니다.(그림 7-37) 마지막으로 [Apply]과 [OK]를 클릭합니다.(그림 7-38)

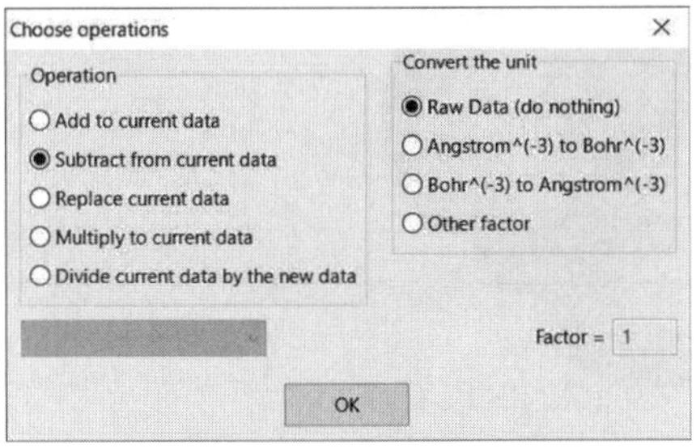

그림 7-36. Operation에 Subtract from current data를 선택함

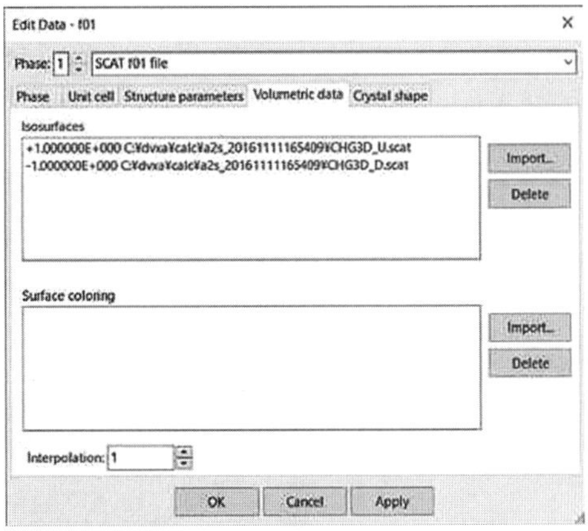

그림 7-37. 등가표면에 유효스핀밀도를 지정함

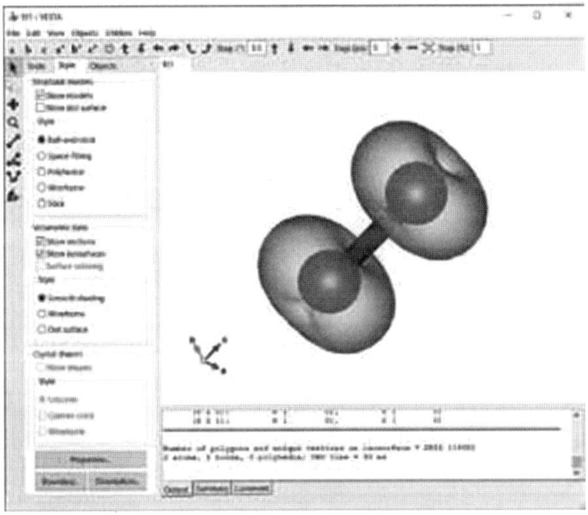

그림 7-38. 신소분자의 유효스핀밀도

왼쪽 사이드 패널의 [Properties…] 버튼을 클릭하고 열린 Properties 대화 상자의 [Isosurfaces] 탭을 클릭합니다. [1 0.0336742 Positive and negative] 행을 클릭하여 선택하고 그 위에 있는 [Isosurfaces level] 값을 0.0336742에서 0.0001로 변경합니다.(그림 7-39) [OK] 버튼을 누릅니다.

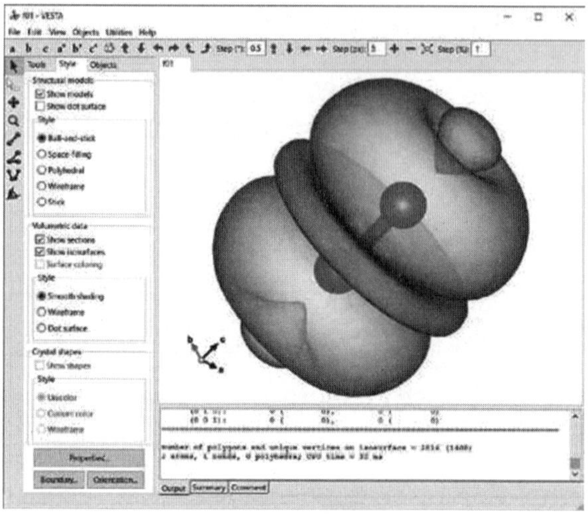

그림 7-39. 산소분자의 유효스핀밀도

왼쪽 사이드 패널의 [Boundary…] 버튼을 클릭하고 열린 Boundary 대화 상자(그림 7-40)의 Ranges of fractional coordinates에서 x(max)의 값을 1에서 0.5로 변경하고 Apply(적용) 및 OK를 클릭합니다.(그림 7-41)

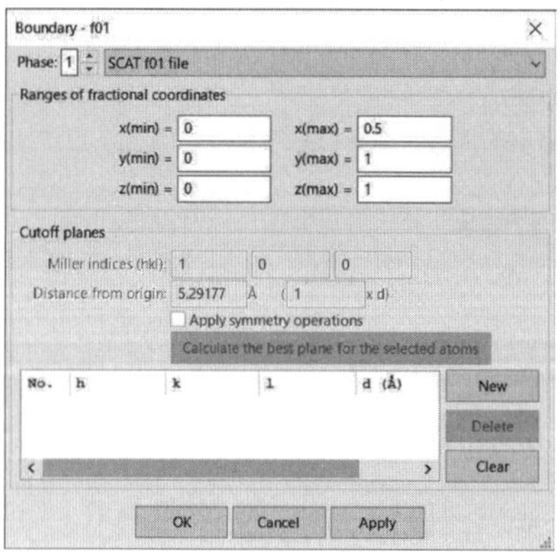

그림 7-40. Boundary dialog box

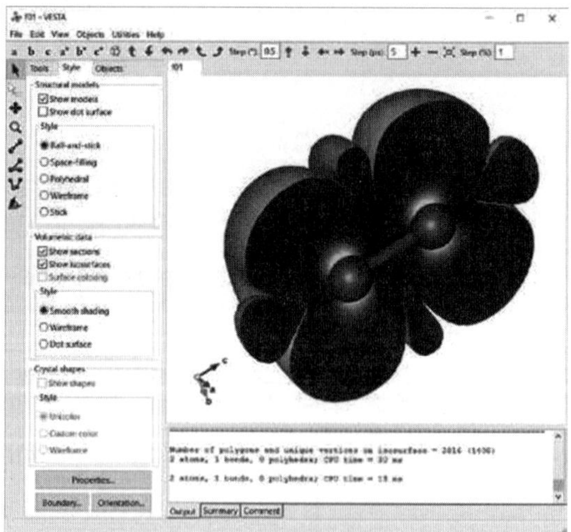

그림 7-41. Y-Z 면에서 자른 산소분자의 유효스핀밀도

왼쪽 사이드 패널의 [Properties…] 버튼을 클릭하고 열린 Properties 대화 상자의 [Sections] 탭을 클릭합니다. Opacity of drawn sections(%) 값을 100에서 0으로 변경합니다. 그런 다음 [Isosurfaces] 탭을 클릭합니다. [New] 버튼을 클릭한 다음 [Isosurface level] 값을 1에서 0.0002로 변경합니다. 다시 [New] 버튼을 클릭한 다음 [Isosurface level] 값을 0.0002에서 0.0004로 변경합니다. 마찬가지로 [New] 버튼을 클릭하는 것을 반복하여, 각각 다음 표와 같이 [Isosurface level] 값을 설정합니다.(그림 7-42) 마지막으로 [OK] 버튼을 누릅니다. 산소 분자의 유효스핀밀도의 등가표면이 12장이 겹쳐서 그려져 있으며 Y-Z면에서는 이들 등고선들을 시각적으로 확인할 수 있습니다.(그림 7-43)

No.	level	mode
1	0.0001	Positive and negative
2	0.0002	Positive and negative
3	0.0004	Positive and negative
4	0.0008	Positive and negative
5	0.0016	Positive and negative
6	0.0032	Positive and negative
7	0.0064	Positive and negative
8	0.0128	Positive and negative
9	0.0256	Positive and negative
10	0.0512	Positive and negative
11	0.1024	Positive and negative
12	0.2048	Positive and negative

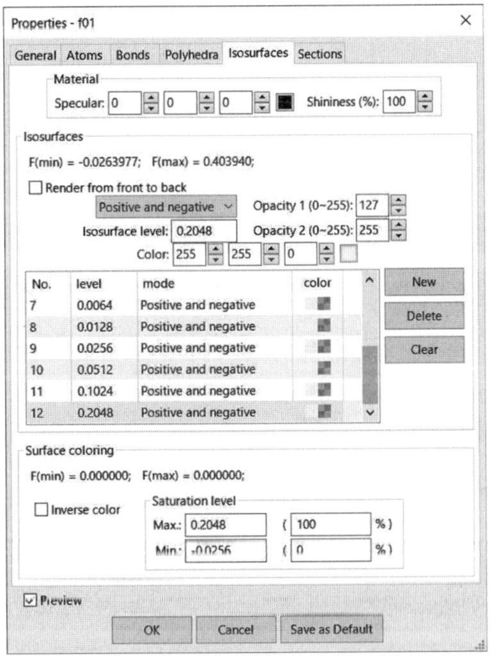

그림 7-42. 등가표면을 12장으로 겹쳐서 그림

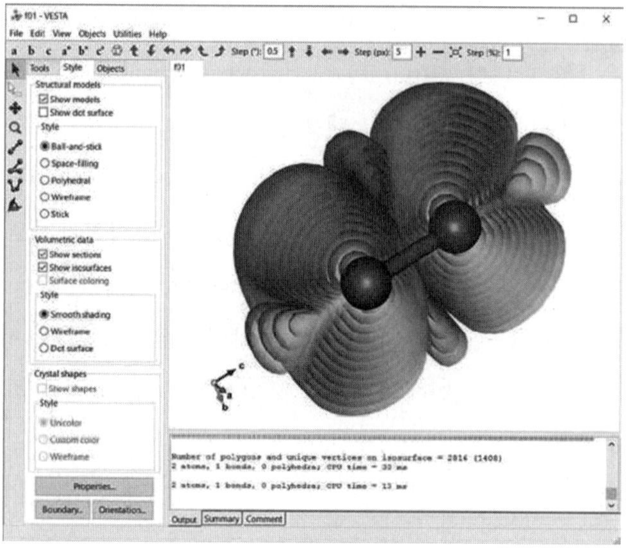

그림 7-43. 등가표면을 12장으로 겹쳐 그린 산소분자의 유효스핀밀도

다음으로 나뉘어진 면을 그려 봅니다. 왼쪽 사이드 패널의 [Properties…] 버튼을 클릭하여 열린 Properties 대화 상자의 [Isosurfaces] 탭을 클릭합니다. [New] 버튼을 클릭한 다음 [Isosurfaces level] 값을 1에서 1e-010로 변경합니다. 1e-010는 1×10^{-10}을 의미합니다. Positive and negative로 표시되는 풀다운 메뉴에서 Positive로 변경합니다. Color는 [255 255 0]을 [64 0 128]로 변경합니다. 다시 [New] 버튼을 클릭한 다음 [Isosurfaces level] 값을 1e-010에서 -1e-010로 변경합니다. -1e-010는 -1×10^{-10}을 의미합니다. Positive로 표시되는 풀다운 메뉴에서 Negative로 변경합니다. 나뉘어진 면은 값이 0인 등가표면인데, VESTA에서는 Isosurface level이 0인 등가표면을 그릴 수 없기 때문에, 0에 가까운 작은 값(positive 측은 1e-010, negative 측은 -1e-010)에서 등가표면을 그림으로써 근사적으로 나뉘는 면(節面)을 그립니다. 마지막으로 [OK] 버튼을 누릅니다. 산소분자의 유효스핀밀도의 등가표면 12장을 겹쳐 입체적으로 절면을 그릴 수 있습니다.(그림 7-44)

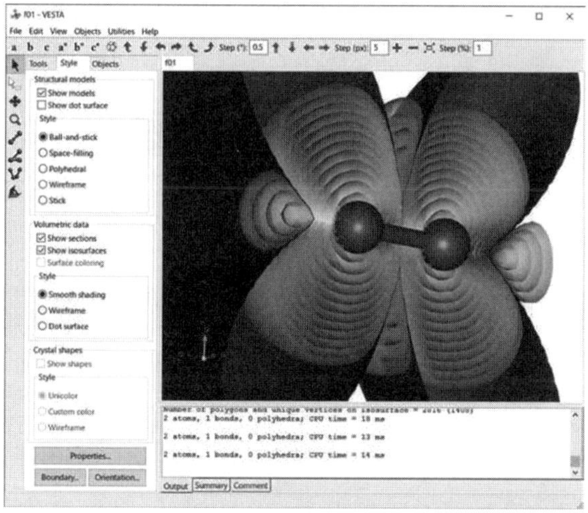

그림 7-44. 등가표면 12장 절면을 겹쳐 그린 산소분자의 유효스핀밀도

부록

[부록 A] 분자의 대칭성

A-1 분자의 대칭성과 점군

분자에 대칭조작을 행할 수 있는 선, 면, 점이 하나라도 있으면 대칭성을 가집니다. 대칭조작이라는 것은 도형에 조작을 행할 때 원래의 모양으로 완진히 겹치는 조직을 말힙니다.

분자의 대칭성은 점군으로 표시되는데, 점군은 도형의 1점을 고정하고, 수행할 대칭조작의 집합입니다.

대칭조작의 종류는 다음의 4가지가 있습니다.

1) 회전 : 어떤 축 주위에 $2\pi/n$ 회전을 하면 원래와 완전히 겹치는 경우, 이 축을 n회 회전축이라고 하며, 회전조작을 C_n으로 표시하면 n개의 회전조작이 있다는 것을 의미한다.
2) 반상 : 어떤 점을 중심으로 좌표(x, y, z)를(-x, -y, -z)로 하면 원래와 완전히 겹치는 경우, 이 점을 반상점이라고 하며, 조작 i로 표현한다.
3) 대칭 : 어떤 면의 반사상이 원래와 완전히 겹치는 경우, 이 면을 거울면이라고 하며, σ로 나타낸다.
4) 회전반상 : 어떤 n회 회전 후 반상조작을 행했을 때 원래와 완전히 겹치는 경우, 회전반상이 있다고 한다.

다음으로 점군의 종류는 다음과 같은 것들이 있습니다.

1) C_n : 대칭조작으로 C_n만 있는 점군
2) C_{nv} : C_n에 첨가하여 회전축을 포함하는 n개의 대칭면이 있는 점군

3) C_{nh} : C_n에 첨가하여 그 축에 수직인 대칭면이 있다

4) D_n : C_n에 첨가하여 그 축에 직교하는 n개의 2회 회전축이 있다

5) D_{nh} : D_n에 첨가하여 2회 회전축을 포함한 대칭면이 있다

6) D_{nd} : D_n에 첨가하여 인접한 2회 회전축을 이등분하고 C_n을 포함하는 n개의 대칭면이 있다

7) S_n : n회 회전반상이 있다

8) T : 정사면체에 대응하는 점군으로 입방체 x, y, z 축이 C_2가 되고, 입방체의 대각선을 지나는 4개의 3회 회전축이 있다

9) T_d : T 에 첨가하여 x, y, z 축이 4회 회전반상이 되고, 거기에 6개의 대칭면이 있다

10) O : 입방체와 정팔면체에 대응하는 점군으로 T에 첨가하여 x, y, z 축이 4회 회전반상이 되고, 거기에 6개의 2회 회전축이 있다

11) O_h : O에 첨가하여 그들 모두에 반상조작을 포함, 입방체와 정팔면체의 모든 대칭조작을 포함한 11개 점군이 있다

그림 A-1에 분자의 형태와 점군을 나타냅니다.

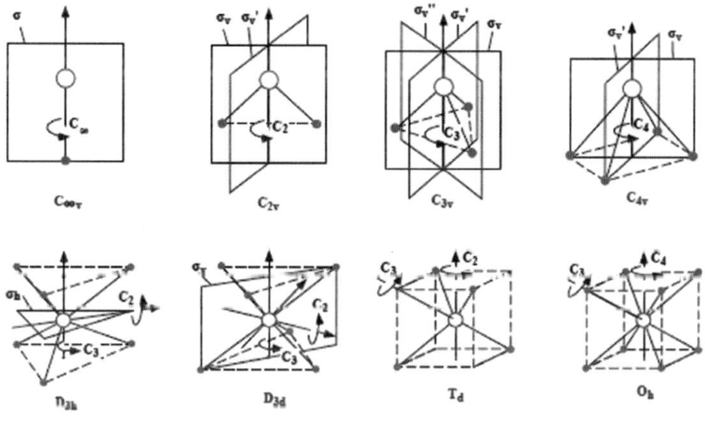

그림 A-1. 분자의 대칭성과 점군

단, 직선분자의 경우 무한한 회전군을 가지므로 $n = \infty$가 되어 $C_{\infty v}$ 또는 $D_{\infty h}$로 표시됩니다.

분자 궤도함수의 대칭성은 군론에서 사용하는 기약표현으로 다음과 같이 분류 기호로 표시됩니다.

1) 축퇴가 없는 것은 A 또는 B, 이중축퇴는 E, 삼중축퇴는 T로 나타낸다.
2) A, B 중에서 주회전축 C_n(n은 최대의 것) 주위 회전에 대해 대칭인 것을 A, 반대칭인 것을 B로 한다.
3) A, B에 관해 주회전축 C_n에 수직인 C_2가 있을 때, 그것에 대해 대칭인 것이 1, 반대칭인 것은 2, C_n가 없을 때 C_n 축을 포함하여 σ_v에 대해 대칭인 것으로 1, 반대칭인 것에 2를 아래첨자를 붙인다. E, T 첨자는 점군에 따라 다르다.
4) σ_h가 있는 경우 대칭인 것은 프라임(′), 반대칭인 것은 이중 프라임(″)을 낸다.
5) 반상점이 있는 경우, 반상에 대해 대칭인 것은 g, 반대칭인 것에 u첨자를 붙인다.

나중에 조금 더 자세히 설명하겠지만, 분자궤도 명칭은 소문자를 사용하여 a, b, e, t로 나타냅니다. 또한 직선 분자에서는 a, b, e, t, … 대신, $C_{\infty v}$의 경우 $\sigma, \pi, \delta, \phi \cdots$, 반상점이 있는 $D_{\infty h}$의 경우 $\sigma_g, \sigma_u, \pi_g, \pi_u, \delta_g, \delta_u \cdots$로 표시합니다.

A-2 분자의 대칭성과 중첩적분

우선 가장 쉬운 2원자분자에 대해 생각해 봅시다. 이 분자는 분자축(2개 원자를 통과하는 축)의 주위에 무한회전 대칭이 있습니다. 이 경우 분자 궤도는 $\sigma, \pi, \delta, \phi \cdots$ 대칭성으로 분류할 수 있습니다. 같은 대칭성을 갖는 궤도끼리 상호작용하여 분자궤도를 형성할 수 있기 때문에, 궤도 사이의 중첩적분이 0이 되지 않는다는 것입니다. 지금 2개의 원자 A와 B가 z축에 늘어서 있다고 하면(그림 A-2 참조) 원자 A의 원자궤도 χ_i와 원자 B의 χ_j와 중첩적분을 살펴보도록 합니다.

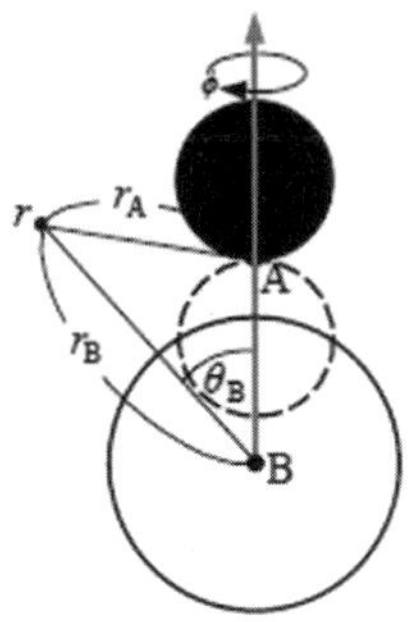

$$S_{ij} = \int \chi_i \chi_j \, dV = \int dr_A r_A^2 R_{n_i l_i}(r_A) R_{n_j l_j}(r_B) \times \int d\theta_A \sin\theta_A \Theta_{l_i m_i}(\theta_A) \Theta_{l_j m_j}(\theta_B)$$

$$\times \int d\phi \begin{Bmatrix} \cos m_i \phi \\ \sin m_i \phi \end{Bmatrix} \times \begin{Bmatrix} \cos m_j \phi \\ \sin m_j \phi \end{Bmatrix}$$

$m_i = m_j$ 이 외의 경우 $S_{ij} = 0$ 로 상호작용없음

$$\chi_i(\mathbf{r}_A) = R_{n_i l_i}(r_A) \Theta_{l_i m_i}(\theta_A) \begin{cases} \cos m\phi & (m \geq 0) \\ \sin m\phi & (m < 0) \end{cases}$$

$$\chi_j(\mathbf{r}_B) = R_{n_j l_j}(r_B) \Theta_{l_j m_j}(\theta_B) \begin{cases} \cos m\phi & (m \geq 0) \\ \sin m\phi & (m < 0) \end{cases}$$

원자궤도 및 분자궤도의 대칭성에 의한 분류			
l	원자궤도	m	분자궤도
0	s	0	σ
1	p	±1	π
2	d	±2	δ
3	f	±3	ϕ

그림 A-2. 원자궤도간 중첩과 대칭성

원자궤도함수는

$$\chi_i(\mathbf{r}_A) = R_{n_i l_i}(r_A) Y_{l_i m_i}(\theta_A, \phi_A) \tag{A 1}$$

로 쓸 수 있습니다. 따라서 중첩적분은

$$S_{ij} = \int \chi_i \chi_j \, dV$$
$$= \int_0^\infty dr_A r_A^2 R_{n_i l_i}(r_A) R_{n_j l_j}(r_B) \times \int_0^\pi \sin\theta_A \, d\theta_A \int_0^{2\pi} d\phi_A \, Y_{l_i m_i}(\theta_A, \phi_A) \, Y_{l_j m_j}(\theta_B, \phi_B) \tag{A-2}$$

가 됩니다. 여기에서 r_A, θ_A를 원자 A에서, r_B, θ_B를 원자 B에서 본 위치 $\mathbf{r}$의 좌표로 합니다. 구면조화함수 Y_{lm} 부분은

$$Y_{lm}(\theta, \phi) = \Theta_{lm}(\theta) \begin{cases} \cos m\phi & (m \geq 0) \\ \sin m\phi & (m < 0) \end{cases} \tag{A-3}$$

$$\Theta_{lm}(\theta) = (-1)^m \sqrt{\frac{(2l+1)(l-|m|)!}{2\pi(l+|m|)!}} \, P_l^{|m|}(\cos\theta) \tag{A-4}$$

로 쓸 수 있으므로, 결국

$$S_{ij} = \int_0^\infty dr_A r_A^2 R_{n_i l_i}(r_A) R_{n_j l_j}(r_B) \int_0^\pi d\theta_A \sin\theta_A \Theta_{l_i m_i}(\theta_A) \Theta_{l_j m_j}(\theta_B)$$
$$\times \int_0^{2\pi} d\phi \begin{Bmatrix} \cos m_i\phi \\ \sin m_i\phi \end{Bmatrix} \times \begin{Bmatrix} \cos m_j\phi \\ \sin m_j\phi \end{Bmatrix} \tag{A-5}$$

입니다. S_{ij}의 적분에서 r과 θ와 관련된 적분값은 원자 A와 B 사이의 거리에 따라 달라집니다. 그런데 좌표 ϕ는 원자 A와 B에 공통으로 A, B를 연결하는 분자축 주위의 회전각에 해당합니다.

즉 $d\phi$ 대한 적분은 A-B 거리에 관계없이 결정되고, 이 적분은 $m_i = m_j = 0$이면 2π, $m_i = m_j \neq 0$일 때 π로 되고, 그 외는 0임을 알 수 있습니다. 이와 같이 2원자분자의 경우, 분자궤도는 분자주위의 회전 대칭으로 분류할 수 있습니다.

원자궤도의 경우, 그 궤도는 방위양자수 l에 의해 분류되고, $l = 0$은 s, $l = 1$, 2는 각각 p, d 궤도라고 합니다. 한편, 2원자분자의 경우는 l의 z방향 성분인 m으로 분류할 수 있습니다. 원자궤도의 이름은 로마자로 s, p, d, f, ⋯라고 되어 있지만, 분자궤도의 경우는 이에 해당하는 그리스 문자 $\sigma, \pi, \delta, \phi \cdots$로 표시됩니다. 따라서 $m = 0$은 σ, $m = 1, 2, 3$은

각각 π, δ, ϕ가 되고 σ형 분자궤도는 s, p_z, $d_{3z^2-r^2}$등 $m=0$일때의 궤도 조합으로 구성됩니다. 동일한 방법으로 π형 분자궤도는 $p_x(p_y)$, $d_{zx}(d_{yz})$등으로 구성됩니다. 또한 대칭성이 다른 경우, 즉 m이 다른 s와 p_x는 중첩적분이 0, 즉 상호작용이 없는 것을 알 수 있습니다. 이 분자축에 대한 대칭성은 좀 더 알기 쉽게 말하면 2원자분자를 분자축 방향에서 볼 때, $\sigma, \pi, \delta, \phi$ 궤도가 각각 s, p, d, f 궤도처럼 보이게 됩니다.

다음으로 일반 다원자분자에 대해 생각해 봅시다. 분자는 어떤 형태건 대칭성을 가지고 있습니다. 대칭성이 있다는 것은 앞서 언급한 바와 같이 대칭조작(회전, 반상, 거울면, 회전반상)을 행할 수 있는 형태를 가지고 있다는 것입니다. 분자가 대칭성을 가지고 있으면, 분자궤도를 대칭성으로 분류할 수 있으며, 미리 이 분자의 분자궤도가 어떤 형태로 될 것인지를 알 수 있습니다.

대칭성을 갖는 다원자분자의 분자궤도는 점군의 기약표현에 따라 표 A-1과 같이 이름을 붙입니다. 또한 일반적으로 분자 전체의 전자상태는 대문자로 적혀 있지만, 분자궤도의 기호는 소문자로 표시됩니다. 실제 분자궤도에서는 [a, b, e, t] 에 [1, 2, g, u, ', "]의 첨자가 붙어 있습니다. a, b에 붙은 첨자 1, 2는 주회전축에 수직인 2회 회전축 또는 대칭면에 대해 대칭 또는 반대칭 여부를 나타냅니다. 또한 반상에 대칭인 것은 [g], 반대칭인 것은 [u], 주회전축에 수직인 거울면에 대해서 대칭인 것은 ['], 반대칭인 것은 ["]를 붙입니다.

표 A-1. 점군의 기약표현에 의한 분자궤도의 분류

명칭	성질
a	주회전조작에 대해 대칭
b	주회전조작에 대해 반대칭
e	2중축퇴 궤도
t	3중축퇴 궤도

실제 분자의 대칭성을 살펴보면, 2원자분자와 CO_2, CS_2, HCN, HgCl 등의 분자는 직

선 구조를 가지며, σ, π, δ, ϕ 와 σ_g, σ_u, π_g, π_u, δ_g, δ_u, ϕ_g, ϕ_u 등의 분자궤도로 됩니다. 또한 H_2O, H_2S, SO_2, NO_2, O_3 등은 C_{2v}의 대칭성을 가지고 a_1, a_2, b_1, b_2 등의 분자궤도가 됩니다. 평면 삼각형 구조를 가진 BH_3, BF_3, SO_3, NO_3^-, CO_3^{2-}, BO_3^{3-}와 C_2H_6 등의 분자나 이온은 D_{3h}, NH_3, PH_3, AsH_3 등은 C_{3v} 대칭, CH_4, SO_4^{2-}, PO_4^{3-}, SiO_4^{4-} 등은 T_d 대칭성을 가지고 있습니다. 또한 리간드 이론에서 취급되는 팔면체 착화합물 등은 O_h의 대칭성을 가지고 있습니다. 각각의 점군(분자의 대칭성)에 나타나는 기약표현(분자궤도 기호)을 표 A-2에 정리해 둡니다.

표 A-2. 각종 점군에 나타나는 기약표현(분자궤도명)

점군	
C_{2v}	a_1, a_2, b_1, b_2
C_{3v}	a_1, a_2, e
C_{4v}	a_1, a_2, b_1, b_2, e
D_{3h}	a_1', a_2', e', a_1'', a_2'', e"
D_{4h}	a_{1g}, a_{2g}, b_{1g}, b_{2g}, e_g, a_{1u}, a_{2u}, b_{1u}, b_{2u}, e_u
D_{5h}	a_1', a_2', e_1', e_2', a_1'', a_2'', e_1'', e_2''
D_{6h}	a_{1g}, a_{2g}, b_{1g}, b_{2g}, e_{1g}, e_{2g}, a_{1u}, a_{2u}, b_{1u}, b_{2u}, e_{1u}, e_{2u}
T_d	a_1, a_2, e, t_1, t_2
O_h	a_{1g}, a_{2g}, e_g, t_{1g}, t_{2g}, a_{1u}, a_{2u}, e_u, t_{1u}, t_{2u}
…	…
$C_{\infty v}$	σ, π, δ, φ, …
$D_{\infty v}$	σ_g, σ_u, π_g, π_u, δ_g, δ_u, φ_g, φ_u, …

[부록 B] 상대론적 DV-Xα법

무거운 원소의 계산과 내각궤도 계산을 할 경우에는 상대론적 효과가 크게 되어 무시할 수 없습니다. DV-Xα법은 Dirac 방정식에 기초한 상대론 프로그램이 있습니다. 비상대론적 계산과 마찬가지로 분자궤도 계산을 수행하고 population 분석을 할 수 있습니다. 상대론 DV-Xα법에서는 4성분의 상대론 원자궤도를 기저함수로 하여 Dirac 방정식을 수치적으로 풀기 때문에, 상대론적 효과가 자연스럽게 계산됩니다. 여기에서는 $LiYF_4$(YLF) 중 Ce^{3+} 이온에 대한 분자궤도 계산을 예로 들어서 상대론 DV-Xα법의 사용법을 설명합니다.

B-1 프로그램 준비

프로그램을 준비하는 단계는 비상대론 DV-Xα법의 경우와 거의 동일하며 폴더 이름을 dvxar로 변경합니다. 다음의 절차를 간략하게 설명합니다.

다운로드 후 압축을 푼 폴더 안에 있는 폴더 dvxar을 하드 디스크의 적당한 위치에 복사합니다. 여기에서는 예로 C 드라이브의 루트(C:₩)에 복사한 경우에 대해 설명합니다.

명령 프롬프트를 시작합니다. 명령 cd를 이용하여 다음과 같이 디렉토리를 변경합니다.

```
cd c:₩dvxar
```

c:₩ 이외에 dvxar을 복사 한 경우 C:₩DVXAR₩SETDVXAR.BAT 중

```
path %path%;c:₩dvxar₩exec
set dvdirr = c:₩dvxar
```

중 c:₩dvxar 부분을 다시 작성합니다.

그 후, 계산할 수 있는 환경을 마련하기 위해

```
setdvxar
```

이라고 입력합니다.

B-2 입력파일 만들기

우선 비상대론 계산을 할 때와 마찬가지로 F01을 준비합니다. 점전하에 의한 유효마델룽 퍼텐셜을 고려하는 경우는 F03도 준비합니다. 여기에서는 9개 원자로 이루어진 클러스터를 이용한 $LiYF_4$(YLF) 중 Ce^{3+}이온 계산을 예로 설명합니다. F01의 내용은 다음과 같습니다.

```
| Z  ||NEQ||    X    ||    Y    ||    Z    |
 58    1      0.00000   0.00000   0.00000
  9    2      1.73252  -1.12730   0.87324
  9    2     -1.73252   1.12730   0.87324
  9    2      1.12730   1.73252  -0.87324
  9    2     -1.12730  -1.73252  -0.87324
  9    3      0.84948   1.12730   1.81200
  9    3     -0.84948  -1.12730   1.81200
  9    3     -1.12730   0.84948  -1.81200
  9    3      1.12730  -0.84948  -1.81200
-------------------------------------------------
|NEQ||  CHG  || U/D ||  RD  ||  VD  |   1
-------------------------------------------------
  1      3.00000
  2     -1.00000
  3     -1.00000
-------------------------------------------------
  0    Unit          (0 : angstrom  1 : atomic)
  0    Spin          (0 : non-spin  1 : spin)
  1    M.P.          (0 : No        1 : Yes)
20000  Sample Point  (<100000, =0 autoset)
```

F01 내용

다음 상대론 DV-Xα계산용의 F05 및 F25을 작성하기 위해

setrdv

를 입력합니다.

여기에서는 대칭성을 고려하지 않은 F25가 자동으로 생성됩니다. 상대성 계산에서는 이중군으로 대칭성을 고려하므로 대칭이 없는 경우도 C1 대칭성이 있는 것으로 하기 때문에 F25가 필요합니다. 상대론 DV-Xα법에서는 TSYM 프로그램을 이용하여 대칭궤도를 이용한 계산이 가능합니다. TSYM는 Computer Physics Communication에서 더 얻을 수 있습니다. 생성된 F05의 내용은 다음과 같습니다.

```
    8
    MOLECULAR CALCULATION OF *****      2.50000    -2.00000     1
SCCSQGRN     10   50020000      099999     0     0   -3     0       0.1000000000D-05
    9     3    32     9     3     1
    1  58.0     2    9.0     2    9.0     2    9.0     2    9.0     3    9.0     3    9.0     3    9.0
    3   9.0
  135.00000     0     0     0.00000     0     0     0.00000     0     0     0.00000
    0
CE HFS ATOM CALC.
    1   500    24
   58.00000    0.70000    40.00000    32.00000     0.00000
   1.0   0.0   0.5   -1514.00000    2.00000
   2.0   0.0   0.5    -221.00000    2.00000
   2.0   1.0   0.5    -209.00000    2.00000
   2.0   1.0   1.5    -209.00000    4.00000
   3.0   0.0   0.5     -47.00000    2.00000
   3.0   1.0   0.5     -42.00000    2.00000
   3.0   1.0   1.5     -42.00000    4.00000
   3.0   2.0   1.5     -33.00000    4.00000
   3.0   2.0   2.5     -33.00000    6.00000
   4.0   0.0   0.5      -9.10000    2.00000
   4.0   1.0   0.5      -7.50000    2.00000
   4.0   1.0   1.5      -7.50000    4.00000
   4.0   2.0   1.5      -4.20000    4.00000
   4.0   2.0   2.5      -4.20000    6.00000
   4.0   3.0   2.5      -0.30000    2.00000
   4.0   3.0   3.5      -0.30000    0.00000
   5.0   0.0   0.5      -1.40000    2.00000
   5.0   1.0   0.5      -0.90000    2.00000
   5.0   1.0   1.5      -0.90000    3.00000
   5.0   2.0   1.5      -0.10000    0.00000
   5.0   2.0   2.5      -0.10000    0.00000
   6.0   0.0   0.5      -0.20000    0.00000
   6.0   1.0   0.5      -0.10000    0.00000
```

```
   6.0    1.0    1.5          -0.10000        0.00000
000000000000000000000000
F  HFS ATOM CALC.
    2   500     4
    9.00000     0.70000    20.00000    32.00000      0.00000
   1.0    0.0    0.5       -25.20000       2.00000
   2.0    0.0    0.5        -1.32000       2.00000
   2.0    1.0    0.5        -0.62000       2.00000
   2.0    1.0    1.5        -0.62000       4.00000
 0000
F  HFS ATOM CALC.
    3   500     4
    9.00000     0.70000    20.00000    32.00000      0.00000
   1.0    0.0    0.5       -25.20000       2.00000
   2.0    0.0    0.5        -1.32000       2.00000
   2.0    1.0    0.5        -0.62000       2.00000
   2.0    1.0    1.5        -0.62000       4.00000
```

F05 내용(계속)

```
      0.00000      2.50000   -2.00000     0.00000     0.00000
    1.0    0.0    0.5       -25.20000     2.00000
    2.0    0.0    0.5        -1.32000     2.00000
    2.0    1.0    0.5        -0.62000     2.00000
    2.0    1.0    1.5        -0.62000     4.00000
      4 9999
      0.00000      2.50000   -2.00000     0.00000     0.00000
    1.0    0.0    0.5       -25.20000     2.00000
    2.0    0.0    0.5        -1.32000     2.00000
    2.0    1.0    0.5        -0.62000     2.00000
    2.0    1.0    1.5        -0.62000     4.00000
WELLSCCS
20000   0.3000000
    0     0     0     0
AAAASCCS
20000   0.3000000
    0     0     0     0
```

F05 내용

비상대론 버전과의 다른 점은 각 원자궤도의 양자수, 궤도에너지, 점유수가 있는 곳, 주양자수(n), 방위양자수(l)에 첨가하여 전각운동량양자수(J)가 생성됩니다. 이것은 스핀-궤도상호작용에 의한 분열로 인해 주양자수와 방위양자수가 같아도, J = l±1/2의 두 가지 상황이 발생하기 때문입니다.(단, s 궤도는 l = 0 이므로 분열이 발생하지 않습니다) 이에 따라 원자궤도의 종류도 비상대론적 계산의 경우보다 많아집니다.

B-3 프로그램의 실행

상대론 DV-Xα 분자궤도 계산은

rdvscat

을 입력하여 실행합니다. 스핀분극의 유무는 F01 파일에서 자동 판별되는데, 작업 클래스는 g 크기(스핀분극 계산의 경우 h 크기)입니다. 비상대론 DV-Xα계산과 마찬가지로

rdvscat n

와 같이 작업 클래스를 사용하여 수행 할 수 있습니다.

계산 결과 F08E

*** M.O. EIGENVALUE

		(RY)	(HR)	(EV)	
1	1 D2	-2957.43989	-1478.71995	-40238.01925	1.00000
2	2 D2	-2957.43989	-1478.71995	-40238.01925	1.00000
3	3 D2	-472.59828	-236.29914	-6430.02709	1.00000
4	4 D2	-472.59828	-236.29914	-6430.02709	1.00000
5	5 D2	-446.00715	-223.00357	-6068.23636	1.00000
6	6 D2	-446.00715	-223.00357	-6068.23636	1.00000
7	7 D2	-413.70816	-206.85408	-5628.78623	1.00000
8	8 D2	-413.70816	-206.85408	-5628.78623	1.00000
9	9 D2	-412.56146	-206.28073	-5613.18457	1.00000
10	10 D2	-412.56146	-206.28073	-5613.18457	1.00000
11	11 D2	-101.09097	-50.54549	-1375.41272	1.00000
12	12 D2	-101.09097	-50.54549	-1375.41272	1.00000
13	13 D2	-89.83482	-44.91741	-1222.26500	1.00000
14	14 D2	-89.83482	-44.91741	-1222.26500	1.00000
15	15 D2	-83.49804	-41.74902	-1136.04865	1.00000
16	16 D2	-83.49804	-41.74902	-1136.04865	1.00000
17	17 D2	-83.23127	-41.61564	-1132.41913	1.00000
18	18 D2	-83.23127	-41.61564	-1132.41913	1.00000
19	19 D2	-63.97584	-31.98792	-870.43564	1.00000

20	20 D2	−63.97584	−31.98792	−870.43564	1.00000
21	21 D2	−63.89455	−31.94728	−869.32968	1.00000
22	22 D2	−63.89455	−31.94728	−869.32968	1.00000
23	23 D2	−62.59050	−31.29525	−851.58717	1.00000
24	24 D2	−62.59050	−31.29525	−851.58717	1.00000
25	25 D2	−62.56015	−31.28008	−851.17422	1.00000
26	26 D2	−62.56015	−31.28008	−851.17422	1.00000
27	27 D2	−62.48092	−31.24046	−850.09624	1.00000
28	28 D2	−62.48092	−31.24046	−850.09624	1.00000
29	29 D2	−47.81607	−23.90804	−650.57081	1.00000
30	30 D2	−47.81607	−23.90804	−650.57081	1.00000
31	31 D2	−47.81489	−23.90745	−650.55475	1.00000
32	32 D2	−47.81489	−23.90745	−650.55475	1.00000
33	33 D2	−47.81212	−23.90606	−650.51706	1.00000

145	145 D2	0.45076	0.22538	6.13287	0.00000
146	146 D2	0.45076	0.22538	6.13287	0.00000
147	147 D2	0.45373	0.22686	6.17331	0.00000
148	148 D2	0.45373	0.22686	6.17331	0.00000
149	149 D2	0.61820	0.30910	8.41107	0.00000
150	150 D2	0.61820	0.30910	8.41107	0.00000
151	151 D2	0.70423	0.35212	9.58159	0.00000
152	152 D2	0.70423	0.35212	9.58159	0.00000
153	153 D2	0.78685	0.39342	10.70558	0.00000
154	154 D2	0.78685	0.39342	10.70558	0.00000
155	155 D2	0.79390	0.39695	10.80150	0.00000
156	156 D2	0.79390	0.39695	10.80150	0.00000
157	157 D2	0.84561	0.42281	11.50515	0.00000
158	158 D2	0.84561	0.42281	11.50515	0.00000
159	159 D2	1.12841	0.56421	15.35281	0.00000
160	160 D2	1.12841	0.56421	15.35281	0.00000
161	161 D2	1.37748	0.68874	18.74156	0.00000
162	162 D2	1.37748	0.68874	18.74156	0.00000
163	163 D2	1.40849	0.70425	19.16352	0.00000
164	164 D2	1.40849	0.70425	19.16352	0.00000
165	165 D2	1.48468	0.74234	20.20009	0.00000
166	166 D2	1.48468	0.74234	20.20009	0.00000

이 경우 C1 대칭성으로 계산을 수행했으므로 모든 궤도의 기약표현은 Γ_2가 됩니다. 상대론 DV-Xα계산 프로그램은 2중군의 기약표현을 위한 베테의 표기를 사용하고 있으

며, 또한 특수 기호를 사용하지 않으려는 이유로 Γ를 D로 나타내도록 하고 있습니다. 따라서 f08 중 "D2"는 기약표현 "Γ_2"를 나타냅니다.

전자의 점유수(가장 오른쪽의 수치)로 부터 135번째 궤도가 HOMO임을 알 수 있습니다. 이 때문에 4f 궤도를 주성분으로 하는 궤도가 135번째 궤도에서 시작되는 것으로 예측됩니다.

B-4 분자궤도의 Popualtion 분석

궤도의 성분을 자세히 분석하는 경우

```
rpopanl
```

를 입력하면 population 결과가 f08p에 출력됩니다.

135~137번째 궤도 데이터를 뽑아 낸 것은 다음과 같습니다.

```
E (135)          5.6509EV
( 1101) -0.0000  ( 1201) -0.0000  ( 1301) -0.0000  ( 1401) -0.0000
( 1501) -0.0000  ( 1601)  0.0000  ( 1211) -0.0000  ( 1311) -0.0000
( 1411) -0.0000  ( 1511)  0.0000  ( 1611)  0.0000  ( 1213) -0.0000
( 1313) -0.0000  ( 1413) -0.0000  ( 1513)  0.0001  ( 1613)  0.0005
( 1323) -0.0000  ( 1423) -0.0000  ( 1523)  0.0001  ( 1325) -0.0000
( 1425) -0.0000  ( 1525)  0.0038  ( 1435)  0.9469  ( 1437)  0.0400
( 2101) -0.0000  ( 2201)  0.0000  ( 2211)  0.0003  ( 2213)  0.0034
( 3101) -0.0000  ( 3201)  0.0001  ( 3211)  0.0002  ( 3213)  0.0047

E (136)          5.6509EV
( 1101) -0.0000  ( 1201) -0.0000  ( 1301) -0.0000  ( 1401) -0.0000
( 1501) -0.0000  ( 1601)  0.0000  ( 1211) -0.0000  ( 1311) -0.0000
( 1411) -0.0000  ( 1511)  0.0000  ( 1611)  0.0000  ( 1213) -0.0000
( 1313) -0.0000  ( 1413) -0.0000  ( 1513)  0.0001  ( 1613)  0.0005
( 1323) -0.0000  ( 1423) -0.0000  ( 1523)  0.0001  ( 1325) -0.0000
( 1425) -0.0000  ( 1525)  0.0038  ( 1435)  0.9469  ( 1437)  0.0400
( 2101) -0.0000  ( 2201)  0.0000  ( 2211)  0.0003  ( 2213)  0.0034
( 3101) -0.0000  ( 3201)  0.0001  ( 3211)  0.0002  ( 3213)  0.0047
```

```
E (137)              5.6799EV
( 1101) -0.0000   ( 1201) -0.0000   ( 1301) -0.0000   ( 1401) -0.0000
( 1501) -0.0000   ( 1601)  0.0001   ( 1211) -0.0000   ( 1311) -0.0000
( 1411) -0.0000   ( 1511)  0.0000   ( 1611)  0.0000   ( 1213) -0.0000
( 1313) -0.0000   ( 1413) -0.0001   ( 1513)  0.0001   ( 1613)  0.0004
( 1323) -0.0000   ( 1423) -0.0000   ( 1523)  0.0002   ( 1325) -0.0000
```

( ) 안의 숫자는, 순서대로 ① 원자 종류 번호 ② 주양자수, ③ 방위양자수, ④ 전각운동량 양자수×2를 나타냅니다. 예를 들어

(1437)

은 1번째 종류인 원자(Ce)의 $4f_{7/2}$ 궤도를 나타내는 것입니다.

이 F08E에서 135~137번째 궤도는 $4f_{5/2}$가 주성분이며, 여기에는 보이지 않지만 141~148번째 궤도는 $4f_{7/2}$가 주성분으로 되어 있는 것을 알 수 있습니다.

B-5 에너지 준위도의 작성

분자궤도의 에너지준위 그림을 그리는 경우는

rmakel04

을 입력하여 L04를 만듭니다. 1) Set all을 선택하면 다음과 같이 L04가 생성됩니다.

```
-25.00000   15.00000   5.00000   1   0   0.00000
 10   0   0   0   0   0   0   0   0   0   0   0   0   0   0   1
  2   0   0   0   3   4   0   0   0   0   5   6   7   0   8   9
 10

  3  1Ce  1Ce  1Ce  1Ce  1Ce  1Ce  1Ce  1Ce  1Ce  1Ce  1Ce  1Ce  1Ce  1Ce  1Ce
1Ce  1Ce  1Ce  1Ce  1Ce  1Ce  1Ce  1Ce  1Ce   2F   2F   2F   2F   3F   3F   3F
 3F
```

L04의 내용은 비상대론의 경우와 기본적으로 동일하므로 필요한 궤도가 표시되도록 편집합니다. 다음으로

```
rlvlshm
```

를 실행하면 L07이 출력되므로

```
dvplot
```

를 실행하여 L07를 선택하면 다음과 같은 에너지 레벨이 표시됩니다.

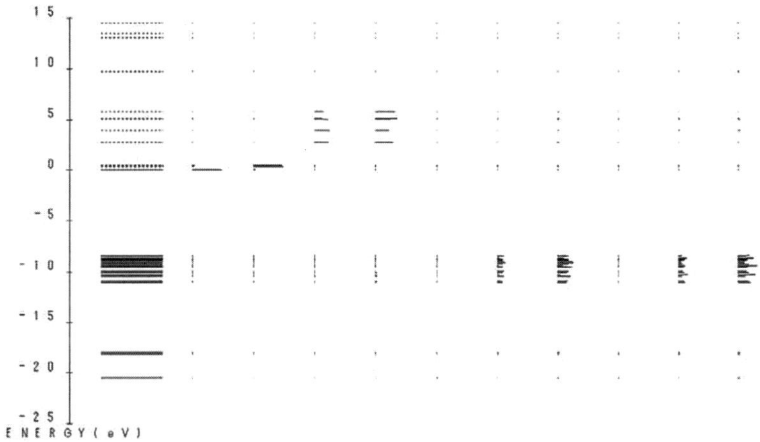

B-6 상태밀도 그림 작성

상태밀도 그림을 작성하는 경우

```
rmaked04
```

를 입력하여 D04를 만듭니다. 1) Set all을 선택하면 다음과 같이 D04가 생성됩니다.

```
GAUS
-25.00000 15.00000  0.20000   1
 0.5      0.5      0.5      0.5      0.5      0.5      0.5      0.5
 0.5      0.5      0.5      0.5      0.5      0.5      0.5      0.5
 0.5      0.5      0.5      0.5      0.5      0.5      0.5      0.5
 0.5      0.5      0.5      0.5      0.5      0.5      0.5      0.5
  10   0   0   0   0   0   0   0   0   0   0   0   0   0   0   1
   2   0   0   0   3   4   0   0   0   0   5   6   7   0   8   9
  10
  0.00000  0.00000  0.00000  0.00000  0.00000  0.00000  0.00000  0.00000
  0.00000  0.00000  0.00000  0.00000  0.00000  0.00000  1.00000  1.00000
  0.00000  0.00000  0.00000  1.00000  1.00000  0.00000  0.00000  0.00000
  0.00000  1.00000  1.00000  1.00000  0.00000  1.00000  1.00000  1.00000

   3  1Ce 1Ce 1Ce 1Ce 1Ce 1Ce 1Ce 1Ce 1Ce 1Ce 1Ce 1Ce 1Ce 1Ce 1Ce
 1Ce 1Ce 1Ce 1Ce 1Ce 1Ce 1Ce 1Ce 1Ce  2F  2F  2F  2F  3F  3F  3F
  3F

 1 Ce 1s  1 Ce 2s  1 Ce 2p  1 Ce 2p  1 Ce 3s  1 Ce 3p  1 Ce 3p  1 Ce 3d
 1 Ce 3d  1 Ce 4s  1 Ce 4p  1 Ce 4p  1 Ce 4d  1 Ce 4d  1 Ce 4f  1 Ce 4f
 1 Ce 5s  1 Ce 5p  1 Ce 5p  1 Ce 5d  1 Ce 5d  1 Ce 6s  1 Ce 6p  1 Ce 6p
 2 F  1s  2 F  2s  2 F  2p  2 F  2p  3 F  1s  3 F  2s  3 F  2p  3 F  2p
```

D04의 내용은 비상대론의 경우와 기본적으로 동일하므로 필요한 궤도가 표시되도록 편집합니다.

```
rdos
```

를 실행하면 D07이 출력되므로

```
dvplot
```

를 실행하여 D07을 선택하면 다음과 같은 상태밀도 그림이 표시됩니다.

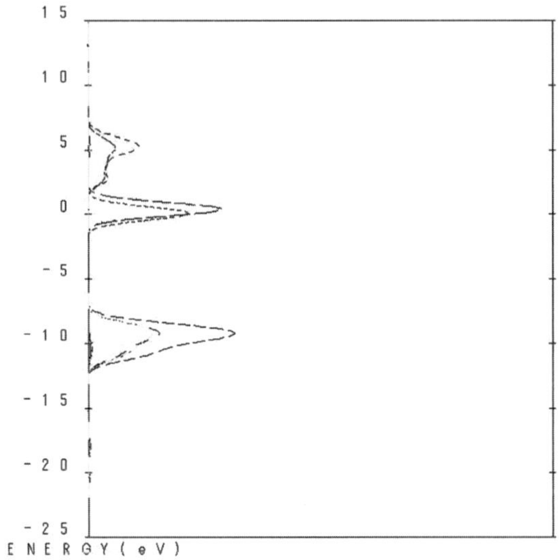

B-7 유효공유결합전하

유효공유결합전하는

rbndodr

을 입력하면 BN8에 출력됩니다.

BOND OVERLAP POPULATION BETWEEN ATOMS

	(1CE)	(2F)	(3F)	(4F)	(5F)	(6F)	(7F)	(8F)
(1)	55.9028							
(2)	0.0005	9.8914						
(3)	−0.0204	−0.0001	9.9114					
(4)	−0.0023	0.0002	0.0001	9.8984				
(5)	−0.0158	0.0001	0.0002	−0.0001	9.9088			
(6)	−0.0027	−0.0176	−0.0084	−0.0078	−0.0002	9.9200		
(7)	−0.0056	−0.0086	−0.0175	−0.0003	−0.0075	−0.0065	9.9261	
(8)	0.0048	−0.0002	−0.0074	−0.0185	−0.0083	−0.0001	−0.0001	9.9133
(9)	0.0073	0.0075	0.0003	0.0090	0.0179	0.0001	0.0001	0.0064

	(9F)	(
(9)	9.9116	

B-8 유효전하

유효전하는

```
rnetc
```

를 입력하면 i08로 출력됩니다.

EFFECTIVE CHARGE

LO			NET CHARGE
1	CE	55.88574	2.11426
2	F	9.88074	-0.88074
3	F	9.89782	-0.89782

[부록 C] 비상대론 버전 DVME법

DVME법은 DV-Xα 분자궤도법의 계산 결과를 이용하여, 다전자의 파동함수와 에너지 준위를 정확히 계산하기 위해 배치간 상호작용 계산을 수행하는 방법입니다. DVME법의 프로그램을 이용하면, 결정중의 전이금속이온과 희토류이온의 다중항 에너지 준위와 흡수 스펙트럼의 계산이 가능합니다. 여기에서는 루비의 흡수 스펙트럼의 계산을 예로 DVME법의 사용법을 설명합니다.

C-1 프로그램 설치

폴더 DVME_beta 중 다음 폴더의 파일을 DV-Xα 분자궤도 계산 프로그램의 해당 폴더에 복사합니다.

exec

object

calc

C-2 실행하는 프로그램과 순서

DVME법에서 사용하는 프로그램은 다음과 같습니다.

optf05sp	샘플점의 배분을 설정
dvscat(g)	분자궤도 계산을 행함
makcmp04	DVME법의 입력파일(mp04) 만들기
dvme	DVME법의 계산(배열 상호작용 계산)을 행함

makeint04　스펙트럼 계산의 입력파일(int04) 만들기

dvmespec　스펙트럼 계산을 행함

C-3 구체적인 계산 절차

C-3-1) 일반 DV-Xα 분자궤도 계산의 입력파일 준비

f01, f05 및 f03(점전하를 갖는 경우), f25(대칭성을 사용하는 경우)를 준비합니다. 여기에서는 아래의 f01을 이용한 루비의 계산 예에 대해 설명합니다.

이 클러스터는 Cr^{3+} 이온을 중심(원점)으로 놓고 그 주위에 O^{2-}가 6개 배위한 것입니다. Cr-O 사이의 결합거리가 2종류이기 때문에 산소 이온은 2종류로 구분되어 있습니다.

```
| Z  || NEQ ||    X     ||    Y     ||    Z     |
  24     1      0.00000    0.00000    0.00000
   8     2      1.65145    0.11123   -0.83857
   8     2     -0.92205    1.37458   -0.83857
   8     2     -0.72940   -1.48581   -0.83857
   8     3     -1.45879    0.00000    1.32793
   8     3      0.72939   -1.26335    1.32793
   8     3      0.72939    1.26335    1.32793
-------------------------------------------------------
| NEQ ||  CHG  || U/D ||  RD  ||  VD  |  1
-------------------------------------------------------
   1     3.00000
   2    -2.00000
   3    -2.00000
-------------------------------------------------------
   0   Unit          (0 : angstrom   1 : atomic)
   0   Spin          (0 : non-spin   1 : spin)
   1   M.P.          (0 : No         1 : Yes)
20000  Sample Point  (<100000,  =0 autoset)

Deviation of Coordination Number : 10%
Deviation of Length from Center : 10%
```

F01 내용

C-3-2) 샘플점의 배분방법을 설정

DVME법에서는 전자간의 쿨롱 반발의 2중적분을 정밀하게 계산하기 위해 일반

DV-Xα법보다 더 많은 샘플점이 필요합니다. 따라서 dvscat을 행하기 전에 샘플점의 배분을 설정합니다. 천이금속 이온 및 희토류 이온의 다중항 계산을 할 경우에는 그 이온에 특히 많은 샘플점을 지정해야합니다. 다음의 절차대로 수행합니다.

optf05sp을 실행하고 다음과 같이 입력합니다.

0 ← Manual을 선택합니다.
이번에는 연습이므로 즉시 결과를 확인할 수 있도록 적은 샘플점으로 계산합니다.
보통은 Medium을 선택하십시오.

14000 ← 1종류째 원자에 할당하는 샘플점수

1000 ← 2종류째 원자에 할당하는 샘플점수

1000 ← 3종류째 원자에 할당하는 샘플점수

y ← 확인

이것으로 f05 중의 샘플점의 배분이 변경되었습니다.
샘플점의 배분 내용은 파일 SPlog에 출력되므로 확인하면 됩니다.

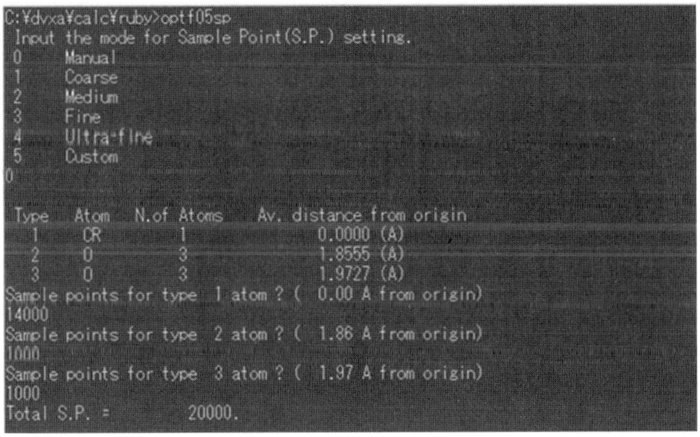

```
Type   Atom   N.of Atoms       S.P.     Av. distance from origin
  1     CR         1          14000.          0.0000 (A)
  2     O          3           1000.          1.8555 (A)
  3     O          3           1000.          1.9727 (A)
Total S.P. =                  20000.

 Is this setting OK ? (Y/N)
y
 f05 was changed !
```

Type	N.of Atoms	S.P.	Av. distance from origin
1	1	14000.	0.0000 (A)
2	3	1000.	1.8555 (A)
3	3	1000.	1.9727 (A)
Total S.P. =		20000.	

SPlog 내용

C-3-3) DV-Xα 분자궤도 계산을 수행

dvscat을 실행합니다.

```
C:¥dvxa¥calc¥ruby>dvscat
C:¥dvxa¥calc¥ruby
          PROGRAM RUN
    1    1 / 100.  Convergence:   0.13711.  Mixing Prarameter:   0.33148
    2    2 / 100.  Convergence:   0.04877.  Mixing Prarameter:   0.33148
    3    3 / 100.  Convergence:   0.02477.  Mixing Prarameter:   0.29833
    4    4 / 100.  Convergence:   0.02047.  Mixing Prarameter:   0.29833
    5    5 / 100.  Convergence:   0.01557.  Mixing Prarameter:   0.29833
    6    6 / 100.  Convergence:   0.01154.  Mixing Prarameter:   0.30430
    7    7 / 100.  Convergence:   0.00838.  Mixing Prarameter:   0.31038
    8    8 / 100.  Convergence:   0.00598.  Mixing Prarameter:   0.31659
    9    9 / 100.  Convergence:   0.00420.  Mixing Prarameter:   0.32292
   10   10 / 100.  Convergence:   0.00294.  Mixing Prarameter:   0.32938
   11   11 / 100.  Convergence:   0.00203.  Mixing Prarameter:   0.33597
   12   12 / 100.  Convergence:   0.00138.  Mixing Prarameter:   0.34269
   13   13 / 100.  Convergence:   0.00092.  Mixing Prarameter:   0.34954
   14   14 / 100.  Convergence:   0.00061.  Mixing Prarameter:   0.35653
   15   15 / 100.  Convergence:   0.00040.  Mixing Prarameter:   0.36366
   16   16 / 100.  Convergence:   0.00026.  Mixing Prarameter:   0.37093
   17   17 / 100.  Convergence:   0.00017.  Mixing Prarameter:   0.37835
   18   18 / 100.  Convergence:   0.00011.  Mixing Prarameter:   0.38592
   19   19 / 100.  Convergence:   0.00007.  Mixing Prarameter:   0.39364
   20   20 / 100.  Convergence:   0.00004.  Mixing Prarameter:   0.35427
   21   21 / 100.  Convergence:   0.00003.  Mixing Prarameter:   0.36136
   22   22 / 100.  Convergence:   0.00002.  Mixing Prarameter:   0.36859
   23   23 / 100.  Convergence:   0.00001.  Mixing Prarameter:   0.33173
```

이번에는 Cr^{3+}이온의 3d 주성분궤도 (t_{2g}, e_g)를 점유하는 3개 전자에 대한 다중항을 계산하기 때문에 f08e 결과에서 다중항 계산에 필요한 궤도의 번호를 확인합니다.

38	23 e /	0.54367	0.27183	7.39582	2.00000	
39	24 e /	0.55141	0.27570	7.50111	2.00000	
40	25 e /	1.01820	0.50910	13.85116	2.00000 ←	t_{2g}
41	26 e /	1.01845	0.50923	13.85453	1.00000 ←	t_{2g}
42	16 a /	1.02096	0.51048	13.88862	0.00000 ←	t_{2g}
43	27 e /	1.17639	0.58819	16.00299	0.00000 ←	e_g
44	28 e /	1.17671	0.58835	16.00735	0.00000 ←	e_g
45	17 a /	1.99769	0.99884	27.17560	0.00000	
46	18 a /	2.24142	1.12071	30.49125	0.00000	
47	29 e /	2.28844	1.14422	31.13087	0.00000	
48	30 e /	2.29438	1.14719	31.21166	0.00000	

계산으로 얻은 f08e 내용

이 경우 가장 에너지가 높은 3개의 전자가 Cr의 3d 주성분 궤도에 들어있는 것입니다. 따라서 이 결과에서 40번째로부터 3개의 t_{2g} 궤도, 43번째로부터 2개의 e_g 궤도임을 알 수 있습니다. 성분을 이해하기 어려운 경우에는 f08p에서 확인할 수 있습니다.

C-3-4) DVME법의 입력파일(mp04) 만들기

이번에는 t_{2g} 궤도와 e_g 궤도에 맞게 3개의 전자가 들어있는 경우 다중항을 계산하기 때문에 makemp04을 실행하여 다음과 같이 입력합니다.

1 ← 보통 Sequential을 선택합니다. 연속하지 않은 궤도를 선택할 경우 Direct로 합니다.

2 ← 궤도 그룹의 수를 입력합니다. 이번에는 t_{2g} 궤도와 e_g 궤도로 두 가지입니다.

40 ← 첫 번째 그룹의 첫 번째 그룹 번호

3 ← 첫 번째 그룹의 궤도 수

43 ← 두 번째 그룹의 첫 번째 그룹 번호

2 ← 두 번째 그룹의 궤도 수

1 ← 확인

3 ← 전자수

4 ← 전자배치 수

3 0 ← 최초의 전자배치(t_{2g} 궤도에 3개, e_g 궤도에 0개)

2 1 ← 두 번째의 전자배치(t_{2g} 궤도에 2개, e_g 궤도에 1개)

1 2 ← 세 번째 전자배치(t_{2g} 궤도에 1개, e_g 궤도에 2개)

0 3 ← 네 번째 전자배치(t_{2g} 궤도에 0개, e_g 궤도에 3개)

1 ← 확인

```
C:¥dvxa¥calc¥ruby>makemp04

C:¥dvxa¥calc¥ruby>c:¥dvxa¥object¥makemp04.exe
 Make mp04 for GEMCALC calculation

 Choose input mode    1:Sequential   2:Direct
1
 How many groups of orbitals ?
2
 Number of the first orbital ?
40
Group  1 : How many orbitals ?
3
 Number of the first orbital ?
43
Group  2 : How many orbitals ?
2
 Number of orbitals           5
 Orbital numbers
Group  1  :   40   41   42
Group  2  :   43   44
 Correct ?   1:Yes   2:No
1
 Number of electrons ?
3
There are   2 groups of orbitals
 How many configurations ?
4
```

```
Conf.  1:   Electron numbers for each orbital ? (divided by space)
3 0
Conf.  2:   Electron numbers for each orbital ? (divided by space)
2 1
Conf.  3:   Electron numbers for each orbital ? (divided by space)
1 2
Conf.  4:   Electron numbers for each orbital ? (divided by space)
0 3
 # of configurations:    4
    3   0
    2   1
    1   2
    0   3
 Correct ?   1:Yes   2:No
1

C:¥dvxa¥calc¥ruby>
```

작성된 mp04 내용

5 40 41 42 43 44 ← 궤도수와 궤도번호

3 ← 전자수

2 1 1 1 2 2 ← 궤도종류의 수와 궤도 종류번호

4 ← 전자배치 수

3 0 ← 최초 전자배치

2 1 ← 두 번째 전자배치

1 2 ← 세 번째 전자배치

0 3 ← 네 번째 전자배치

makemp04을 실행하는 대신 편집기를 사용하여 mp04을 만들 수 있습니다.

C-3-5) DVME 계산(배치간 상호작용 계산)의 실행

dvme을 실행합니다.

파동함수의 추출

1전자적분

2전자적분

대각화

의 순서로 계산이 이루어집니다.

```
C:¥dvxa¥calc¥ruby>dvme
Extracting wavefunctions...
Calculating single integrals...
Calculating double integrals...
 NMAXK=        20000  (nmax  :          20000  )
 NORB =            5  (maxorb:              5  )
 Nqorb=          140  (Nqorb :            375  )
          40          41           42           43           44
1st integral (      2000th point  )      20131102     01:45:52
1st integral (      4000th point  )      20131102     01:45:57
1st integral (      6000th point  )      20131102     01:46:02
1st integral (      8000th point  )      20131102     01:46:06
1st integral (     10000th point  )      20131102     01:46:11
1st integral (     12000th point  )      20131102     01:46:16
1st integral (     14000th point  )      20131102     01:46:21
1st integral (     16000th point  )      20131102     01:46:25
1st integral (     18000th point  )      20131102     01:46:30
1st integral (     20000th point  )      20131102     01:46:35
2nd integral (      2000th point  )      20131102     01:46:35
2nd integral (      4000th point  )      20131102     01:46:35
2nd integral (      6000th point  )      20131102     01:46:35
2nd integral (      8000th point  )      20131102     01:46:35
2nd integral (     10000th point  )      20131102     01:46:35
2nd integral (     12000th point  )      20131102     01:46:35
2nd integral (     14000th point  )      20131102     01:46:35
2nd integral (     16000th point  )      20131102     01:46:35
2nd integral (     18000th point  )      20131102     01:46:35
2nd integral (     20000th point  )      20131102     01:46:35
Diagonalizing...
Finished !
```

다중항 에너지는 mp08s에 출력됩니다.

50						
1	1	4A	1	0.000000000000000	4	4
2	2	4A	1	2.514166213332899	4	8
45	35	2A	1	8.793496294551993	2	110
46	36	2A	1	11.298677833194059	2	112
47	37	2A	1	11.343298705575265	2	114
48	38	2A	1	11.360947272514775	2	116
49	39	2A	1	11.509240491142439	2	118
50	40	2A	1	11.564228600283023	2	120
①	②	③	④	⑤	⑥	⑦

첫 번째는 에너지준위의 수입니다.

두 번째 행 이하는 왼쪽에서 오른쪽으로, ① 에너지준위의 번호 ② 동일한 스핀다중도 및 기약표현을 갖는 항안에서의 번호, ③ 스핀다중도 및 기약표현, ④ 기약표현의 번호 ⑤ 에너지 값(eV), ⑥ 축퇴도, ⑦ 축퇴를 고려한 준위의 총 갯수.

C-3-6) 스펙트럼 계산의 입력 파일(int04) 만들기

makeint04를 실행합니다. 생성되는 int04는 다음과 같습니다.

작성된 int0내용

4	←	천이 시작상태 수
1 2 3 4	←	천이 시작상태(축퇴하고 있는 것을 구분)
0.0000 12.0000	←	고려하는 준위의 범위(eV)
0.0000 0.0000 0.0000	←	사용하지 않음
1 0.2000	←	폭 붙이기(1:Gaussian, 2: Lorentzian) 반치폭(HWHM)(eV)
0.0000 0.0000 0.0000	←	스펙트럼 계산범위와 스텝(eV)
-1.0	←	온도(K), -(마이너스) 값을 입력하면 절대영도
1 0 0 0	←	사용하지 않음

makeint04를 실행하는 대신 편집기를 사용하여 int04를 만들 수 있습니다.

C-3-7) 스펙트럼 계산

dvmespec을 실행하여 스펙트럼 계산을 하면 스펙트럼이 int08로 출력됩니다.

int08 내용

Energy	I_x	I_y	I_z	I_total
0.01000	0.000000000000000	0.000000000000000	0.000000000000000	0.000000000000000
0.02000	0.000000000000000	0.000000000000000	0.000000000000000	0.000000000000000
0.03000	0.000000000000000	0.000000000000000	0.000000000000000	0.000000000000000
①	②	③	④	⑤

첫 번째 열은 라벨

두 번째 이후는 왼쪽에서 오른쪽으로 ① 천이 에너지, ② 입사광의 전기장 벡터가 x 방향으로 편광하는 경우의 스펙트럼, ③ 입사광의 전기장 벡터가 y 방향으로 편광하는 경우의 스펙트럼, ④ 입사광의 전기장 벡터가 z방향으로 편광하는 경우의 스펙트럼, ⑤ 입사광이 무 편광의 경우 스펙트럼입니다.

그래프 소프트에서 int08을 이용하여 스펙트럼을 그릴 수 있습니다.

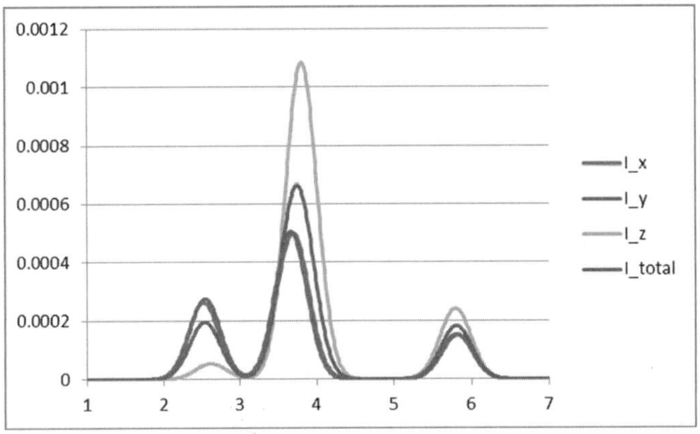

또한, 다전자 파동함수의 성분 분석 데이터는 mp08p에 출력됩니다.

계산 결과 mp08p 내용

①	②	③	④	⑤	⑥
11.50924	1	0.00678	0.26536	0.04640	0.68146
11.50924	1	0.00678	0.26536	0.04640	0.68146
11.56423	1	0.00889	0.26195	0.09190	0.63725
11.56423	1	0.00889	0.26195	0.09190	0.63725

왼쪽에서 오른쪽으로, ① 에너지값(eV), ② 기약표현의 번호 ③ 1번째 전자배치의 성분, ④ 2번째 전자배치의 성분, ⑤ 3번째 전자배치의 성분, ⑥ 4번째 전자배치의 성분을 나타냅니다.

[부록 D] 입출력 파일의 보충 설명

D-1 SCAT의 입출력 파일 목록

DV-Xα 분자궤도 계산을 하면 본문에 설명된 것 이외의 파일들도 생성됩니다.
아래에 DV-Xα 분자궤도 계산의 입출력 파일들을 정리해 둡니다.

[입력파일]

F01 MAKEF05용 입력파일(DV-Xα 분자궤도 계산 자체에는 이용되지 않는다)

F03 Madelung Potential을 사용하는 경우에만 필요

F05 메인 입력파일(MAKEF05을 실행하여 작성)

F25 대칭궤도 데이터(대칭궤도를 사용하는 경우에만 필요)

F27 원자의 전하밀도(준비는 필요 없음)

[출력파일]

F05.IN DV-Xα 분자궤도 계산을 실시하기 전의 F05. F05은 Orbital Population 부분이 업데이트된다

F06 계산시 로그(오류 메시지 등)

F06Z 수렴 상황 → 부록 F 참조

F06ZP 수렴에 관한 파라미터 → 부록 F 참조

F07 F05의 복사본(계산 중에 이용됨)

F08 메인 출력파일. 기본적인 계산 결과를 조사하는 경우는 볼 필요는 없다.

F08E 에너지 고유 값(F08의 일부)

F09 고유 벡터 C_{ij} 값(바이너리 형식)

F15 work 파일(계산 종료 후 자동으로 삭제된다)

F17 다음 iteration시 F27로 사용

F26 다음 iteration시 F05로 사용

F36 Orbital Population

F39 전변수배열값(바이너리형식)

D-2 입력파일 F05에 대해

DV-Xα 분자궤도 계산의 입력파일 F05은 복잡한 형태를 하고 있습니다. 사실, F05을 스스로 직접 만들 필요는 없고, 간단한 형식인 F01과 MAKEF05를 사용하여 F05를 만들 수 있습니다. F05의 내용을 몰라도 별 문제가 없지만, 여기에서는 H_2O의 입력파일 F05를 예로 들어, F05의 주요 부분에 대해 간략하게 설명합니다.

계산을 하면 전자배치(Orbital Population) 부분이 계산 후 전자배치로 갱신되어 다음 번 계산시 입력파일이 됩니다. 전자배치의 설명은 좌표 전후에 2개가 있는데, 내용은 동일합니다. 스핀 분극을 고려한 계산을 할 경우, 전자 배치의 기술은 Up Spin과 Down Spin로 나누어져 있습니다.

```
    8
   MOLECULAR CALCULATION OF *****        2.50000     -2.00000       1
SCCSQGRN    10   300  1500       099999     0      0   -3     0        0.1000000000D-05
                     샘플점수 (500 x 3 원자)

    3     2     4     3     2     0
 원자수        원자궤도수 (H 1s, O s, 2s, 2p)
    종류나누기 수
    1   8.0     2   1.0     2   1.0
 1원자째는 1종류째의 산소, 2원자째와 3원자째는 2종류째의 수소

   10.00000     0     0    0.00000     0     0    0.00000     0     0    0.00000


    0
O HFS ATOM CALC.
    1   300     3
    8.00000    0.70000    20.00000    32.00000    0.00000
   1.0   0.0          -19.720000     2.00000  ┐
   2.0   0.0           -1.070000     2.00000  ┤
   2.0   1.0           -0.520000     4.00000  ┘
000                                             │
H  HFS ATOM CALC.                               │  전자배치 (Orbital Population)
    2   300     1                               │
    1.00000    0.70000    20.00000    32.00000  │ 0.00000
   1.0   0.0           -0.300000     1.00000  ──┘
```

```
0
1
1                                                                         종류나누기 (NEQ)
0.0000000000D+00    0.0000000000D+00     0.0000000000D+00                  1
0.1429940000D+01    0.0000000000D+00    -0.1107170000D+01                  2
-0.1429940000D+01   0.0000000000D+00    -0.1107170000D+01                  2
0.7000000000D+00
0.0000000000D+00    0.0000000000D+00     0.0000000000D+00
0.3900959446D+00    0.1000000000D+01     0.1500000000D+01
0.6950479723D+00    0.1000000000D+01     0.1500000000D+01
0.1000000000D+01    0.1000000000D+01     0.1500000000D+01

  1    1
  3  100
  0.00000    2.00000   -2.00000    0.00000    0.00000
1.0   0.0         -19.720000      2.00000 ┐
2.0   0.0          -1.070000      2.00000 │
2.0   1.0          -0.520000      4.00000 ┘
  1  100                                    전자배치(Orbital Population)
  0.00000    1.50000   -2.00000    0.00000    0.00000
1.0   0.0           0.300000      1.00000
WELLSCCS
 1500     0.3000000
샘플점수       Mixing Parameter
```

D-3 LVLSHM의 입력 파일 L04 대하여

LVLSHM의 입력파일인 L04에 대해 설명합니다. GUI를 사용하는 경우, 입력파일을 직접 편집할 필요가 없습니다. 각 항목의 마지막에 나와 있는 것은 숫자 형식입니다.

[제1블록] 그릴 에너지의 범위 등에 관한 설정(3F10.5, I5)

왼쪽에서 오른쪽으로 그릴 에너지 범위의 하한값, 상한값, 눈금 간격입니다. 마지막 숫자는 0eV를 어떤 분자궤도의 에너지 고유치로 할 것인가에 대한 설정입니다. 0의 경우는 계산 값의 에너지 고유값을 그대로 그리는데, 1로 하면 HOMO의 에너지가 0eV가 되도록 그려집니다.

[제2블록] 출력하는 성분에 대한 설정(16I5)

첫 번째 숫자는 출력 플롯의 수를 나타냅니다. 이후에는 계산에 사용된 원자궤도의 수만큼 숫자가 출력되고 어떤 원자궤도를 어떤 플롯에 출력할 것인지를 나타냅니다.

$Ti_{14}C_{13}$ 클러스터의 경우는 Ti를 2종류, C를 2종류로 계산하고, Ti는 1s~4p까지 8개 궤도, 탄소는 1s~2p 3개이므로 총 22개의 원자궤도가 사용됩니다. 0의 경우는 어떤 플롯도 출력되지 않습니다.

[제3, 4블록] 궤도 라벨

3블록 이후는 입력 데이터로는 사용되지 않습니다. 제3블록은 제2블록의 원자궤도에 대응하는 라벨이며, 첫 번째 숫자가 원자궤도의 종류 수, 이후의 숫자는 몇 종류째에 어떤 원자인지를 나타냅니다. 제4블록은 원자의 종류에, 궤도의 종류도 표시되어 있습니다.

[제1블록] -15.00000 10.00000 5.00000 1

[제2블록] 5 0 1 2 0 0 0 0 0 0 3 4 5 0 0 0 0
0 0 0 0 0 0 0

[제3블록] 4 1 C 1 C 1 C 2Ti 2Ti 2Ti 2Ti 2Ti 2Ti 2Ti 2Ti 3 C 3 C 3 C
4Ti 4Ti 4Ti 4Ti 4Ti 4Ti 4Ti 4Ti

[제4블록] 1 C 1s 1 C 2s 1 C 2p 2 Ti 1s 2 Ti 2s 2 Ti 2p
2 Ti 3s 2 Ti 3p 2 Ti 3d 2 Ti 4s 2 Ti 4p 3 C 1s
3 C 2s 3 C 2p 4 Ti 1s 4 Ti 2s 4 Ti 2p 4 Ti 3s
4 Ti 3p 4 Ti 3d 4 Ti 4s 4 Ti 4p

D-4 DOS 입력파일 D04에 대해

DOS의 입력파일인 D04에 대해 설명합니다. GUI를 사용하는 경우, 입력파일을 직접 편집할 필요가 없습니다. 각 항목의 마지막에 나와 있는 것은 숫자 형식입니다.

[제1블록] 분포함수의 지정(A4)

상태밀도의 폭을 지정하는 데 사용하는 분포함수의 종류를 지정합니다. 초기값은

GAUS로 가우스 함수가 사용되며, LORE 라고 쓰면 로렌츠 함수가 사용됩니다.

[제2블록] 그릴 에너지의 범위 등에 관한 설정(3F10.5, I5)

왼쪽에서 첫 번째와 두 번째 숫자는 그릴 에너지 범위의 하한값, 상한값입니다. 세 번째 숫자는 상태밀도를 계산할 단위 폭입니다. 마지막 숫자는 0eV를 어느 분자궤도의 에너지 고유치로 할 것인가에 대한 설정입니다. 0의 경우는 계산 값이 에너지 고유값 그대로 그려지는데, 1로 하면 HOMO가 0eV가 되도록 그려집니다.

[제3블록] 각 원자궤도의 반치폭 설정(8F10.5)

분포함수로 각 원자궤도에 폭을 지정할 때 사용하는 반치폭 설정으로 초기값은 0.5입니다. $Ti_{14}C_{13}$ 클러스터의 경우 22개 숫자가 늘어서 있는데, 이것은 계산에 사용된 원자궤도에 대응합니다. 각각 다른 값을 지정할 수 있지만, 일반적으로 동일한 값을 지정합니다.

[제4블록] 출력하는 성분에 대한 설정(16I5)

LVLSHM의 입력파일 L04의 제2블록 설정과 동일합니다. 첫 번째 숫자는 출력 플롯의 수를 나타냅니다. 그 다음에는 계산에 사용된 원자궤도의 수만큼 숫자가 출력되고 어떤 원자궤도를 어떤 플롯에 출력할 것인지를 나타냅니다.

[제5블록] 각 원자궤도의 가중치 설정(8F10.5)

4-1-3-1절에 설명된 상태밀도를 계산할 때 각 원자궤도에 대한 가중치를 나타내며, 제3블록의 반치폭 설정과 같은 형식으로 출력되어 있습니다.

[제6, 7블록] 궤도 라벨

제6블록 이후는 입력 데이터로는 사용되지 않습니다. 제6블록은 제4블록의 원자궤도에 대응하는 라벨이며, 첫 번째 숫자가 원자궤도의 가짓수, 이후의 숫자는 몇 종류째에 어떤 원자인지를 나타냅니다. 제7블록 3블록의 반치폭 및 제5블록의 가중치에 대응하는 라벨로 원자의 종류뿐만 아니라, 궤도의 종류도 표시되어 있습니다.

[제1블록] GAUS

[제2블록] -15.00000 10.00000 0.10000 1

[제3블록] 0.50000 0.50000 0.50000 0.50000 0.50000 0.50000 0.50000
0.50000 0.50000 0.50000 0.50000 0.50000 0.50000 0.50000
0.50000 0.50000 0.50000 0.50000 0.50000 0.50000 0.50000
0.50000

[제4블록] 4 0 1 2 0 0 0 0 0 3 4 4 0 0 0 0
0 0 0 0 0 0 0

[제5블록] 0.00000 2.00000 2.00000 0.00000 0.00000 0.00000 0.00000
0.00000 0.33333 0.33333 0.33333 0.00000 0.00000 0.00000
0.00000 0.00000 0.00000 0.00000 0.00000 0.00000 0.00000
0.00000

[제6블록] 4 1 C 1 C 1 C 2Ti 2Ti 2Ti 2Ti 2Ti 2Ti 2Ti 2Ti 3 C 3 C 3 C
4Ti 4Ti 4Ti 4Ti 4Ti 4Ti 4Ti 4Ti

[제7블록] 1 C 1s 1 C 2s 1 C 2p 2 Ti 1s 2 Ti 2s 2 Ti 2p
2 Ti 3s 2 Ti 3p 2 Ti 3d 2 Ti 4s 2 Ti 4p 3 C 1s
3 C 2s 3 C 2p 4 Ti 1s 4 Ti 2s 4 Ti 2p 4 Ti 3s
4 Ti 3p 4 Ti 3d 4 Ti 4s 4 Ti 4p

D-5 LVLBNDS의 입력파일 LB4S 및 LB5S 대해

LVLBNDS의 입력파일인 LB4S과 LB5S에 대해 설명합니다. GUI를 사용하는 경우, 입력파일을 직접 편집할 필요는 없습니다. 각 항목의 마지막에 나와 있는 것은 숫자 형식입니다.

LB4S는 원자간 Overlap Population Diagram을 설정합니다.

[제1블록] 만들 Overlap Population Diagram 갯수(I5)

[제2블록] 더해진 결합의 갯수와 합산된 Overlap Population을 나누는 수(2I5)

대칭궤도를 이용한 경우, 등가 결합은 대표 원자끼리의 Overlap Population 값만 보입니다. 예를 들어 $Ti_{14}C_{13}$ 클러스터에서 O_h 대칭을 이용한 경우에는 Ti-C 사이의 결합은 2종류의 결합만 보이지만 결국은 6개가 결합된 Overlap Population이 들어간 것입니다.(D-7의 BN8 참조)

[제3블록] 결합의 지정(10(2X, 2I X, 2I))

더해진 결합을 2원자 쌍으로 지정합니다. $Ti_{14}C_{13}$ 클러스터에서 O_h 대칭을 이용하면 1번 C와 2번 Ti 사이의 결합, 1번 C와 4번 Ti 사이의 결합을 지정합니다. 어떤 원자가 대표 원자되어 있는지 확인하는 방법은 4-2에 설명되어 있습니다. 이후는 만들 Overlap Population Diagram만큼 제2블록과 3블록을 반복합니다. 마지막 블록은 라벨이며 결합 종류, 결합 거리, 등가인 결합의 수를 보여줍니다.

[제1블록]　2

[제2블록]　2 6

[제3블록]　1-2 1-4

[제2블록]　2 24

[제3블록]　2-20 4-20

[제4블록]　1 : Ti-C(2.1635/6)

　　　　　2 : Ti-Ti(3.0597/24)

LB5S는 Overlap Population Diagram의 형식을 지정합니다.

[제1블록] 그릴 에너지의 범위 등에 관한 설정(3F10.5, I5)

왼쪽에서 첫 번째와 두 번째 숫자는 그릴 에너지 범위의 하한값, 상한값입니다. 세 번째 숫자는 Overlap Population 값에 분포함수 폭을 붙일 때 사용하는 단위 폭입니다. 마지막 숫자는 0eV를 어떤 분자궤도의 에너지 고유치로 할 것인가에 대한 설정입니다. 0의 경우는 에너지 고유값이 그대로 그려지고, 1로 하면 HOMO가 0eV가 되도록 그려집니다.

[제2, 제4블록] DVPLOT의 출력파일 설정

제2, 제4블록은 명령 프롬프트에서 계산 결과를 표시하는 DVPLOT의 출력파일 LB7S 형식의 설정으로 GUI는 사용할 수 없습니다.

[제3블록] 분포 함수와 반치폭 설정

초기값은 GAUS로 가우스 함수가 사용됩니다. LORE에서 로렌츠 함수를 사용할 수 있습니다. 반치폭의 초기 값은 0.5입니다. 분포함수와 반치폭은 GUI에서는 변경할 수 없으므로 변경하려면 직접 LB5S 값을 변경하고 [Lvlbnds 재계산]을 클릭합니다.

```
[제1블록]   -15.00000 10.00000 0.20000 1
[제2블록]   100.0,220.0,5.0
            10,30,20
[제3블록]   GAUS
            0.5
[제4블록]   1 0 4 1 1 0 0 0
            0.50000
            1.00000 1.00000
            2 1
```

D-6 CONTR의 입력 파일 C04에 대해

CONTR의 입력파일인 C04에 대해 설명합니다. GUI를 사용하는 경우, 입력파일을 직접 편집할 필요가 없습니다. 각 항목의 마지막에 나와 있는 것은 숫자 형식입니다.

[제1블록] GUI는 사용할 수 없습니다.

[제2블록] 세로 방향과 가로 방향의 메쉬 수(2I5)

[제3블록] 단면 설정(3D20.10)

1행째가 시점의 좌표, 두 번째 줄이 가로 방향으로 증가분, 세 번째 줄이 세로 방향의 증가분입니다. GUI에서는 길이의 단위는 Å이며, C04은 원자 단위를 사용합니다.

[제4블록] 출력하는 파동함수의 갯수와 번호의 지정(16I5)

```
[제1블록]  -3 2 3 0
[제2블록]  51 51
[제3블록]  -0.9448634389D+01 -0.9448634389D+01 0.1000000000D-03
           0.3779453756D+00 0.0000000000D+00 0.0000000000D+00
           0.0000000000D+00 0.3779453756D+00 0.0000000000D+00
[제4블록]  5 14 199 230 261 13
```

D-7 Population 분석 결과인 BN8 및 F08P

각 분자궤도가 어떤 원자궤도로 구성되어 있는지, 또한 그 원자궤도가 원자간 공유결합에 어느 정도 기여하고 있는지 등의 분석을 Population 분석이라고 합니다. DV-Xα 분자궤도 계산에 있어서 Population 분석은 각각의 분자궤도에 있어서 각 원자궤도의 계수와 각 원자궤도의 공간적 중복을 나타내는 중첩적분을 사용하는 Mulliken이 제안한 Population을 분석하는 방식으로 이루어집니다.

D-7-1) 대칭궤도를 이용한 경우의 Population 분석

대칭궤도를 이용한 경우, 등가인 결합의 정보는 대표 원자 간의 결합값으로 정리해서 표시됩니다. Population 분석 결과를 직접 출력 파일에서 확인할 경우, 이 점을 이해하고 분석을 진행해야합니다. GUI의 Structure와 LVLBNDS는 자동으로 각 결합에 값이 배분되어 1결합당 값으로 변환되어 표시되므로 주의할 필요는 없습니다. 여기에서는 명령 프롬프트에서 실행하는 원자의 유효공유결합전하(BOP)를 구하는 프로그램 BNDODR의 출력파일 BN8를 사용하여 대칭궤도를 이용한 경우의 분석 방법에 대해 설명합니다.

$Ti_{14}C_{13}$ 클러스터의 O_h 대칭을 이용한 경우 BN8은 다음과 같습니다.

BOND OVERLAP POPULATION BETWEEN ATOMS

	(1C)	(2TI)	(3TI)	(4TI)	(5TI)	(6TI)	(7TI)	(8C)
(1)	5.6053							
(2)	1.7491	68.2884						
(3)	0.0000	0.0000	0.0000					
(4)	0.3938	0.3307	0.0000	52.7714				
(5)	0.0000	0.0000	0.0000	0.0000	0.0000			
(6)	0.0000	0.0000	0.0000	0.0000	0.0000	0.0000		
(7)	0.0000	0.0000	0.0000	0.0000	0.0000	0.0000	0.0000	
(8)	−0.1361	4.9889	0.0000	1.8966	0.0000	0.0000	0.0000	48.9496
(9)	0.0000	0.0000	0.0000	0.0000	0.0000	0.0000	0.0000	0.0000
(10)	0.0000	0.0000	0.0000	0.0000	0.0000	0.0000	0.0000	0.0000

BN8에서는 각 원자의 BOP가 삼각 행렬로 표시되어 많은 부분이 0으로 되어 있습니다. 이것은 대칭 궤도 그룹의 대표 원자간 결합으로 값이 정리되기 때문입니다. 예를 들어, 중심의 C 원자와 주변의 6개 Ti 원자 사이의 결합을 생각하면 2-7 Ti 원자의 대표 원자는 2와 4의 Ti 원자이며, 2와 4의 Ti 원자의 컬럼만 값이 있는 것을 알 수 있습니다.

Ti-C 결합의 BOP를 구하려면, (1 C-2)와 (1 C-4)의 컬럼에 있는 값을 더해 결합수 6으로 나눕니다. 즉

$$(1.7491+0.3938) \div 6=0.3572$$

입니다. 그러나 동일한 대칭궤도 그룹에 속하는 원자의 BOP는 구할 수 없습니다.

대칭궤도의 그룹 나누기는 대칭궤도 데이터가 기술되어있는 F25의 마지막 부분에 출력되어 있습니다.

다음 그림에서 1번째 오른쪽의 숫자는 원자의 일련 번호, 오른쪽에서 두 번째 숫자가 대칭궤도 그룹의 번호입니다. 이 예에서는 대칭궤도 그룹과 원자의 종류 분류(NEQ)는 일치하고 있지만 다른 경우도 있습니다. 같은 대칭궤도 그룹에 속하는 원자의 BOP는 계산되지 않기 때문에 대칭성을 낮게 해서 계산하는 경우가 있습니다. 예를 들어, $Ti_{14}C_{13}$ 클러스터에서 2-7 Ti 사이의 결합을 확인하려면 D_{4h} 대칭을 이용하면 2-3과 4-7이 다른 그룹이 되기 때문에, BOP를 계산할 수 있습니다. 이 경우 2-3과 4-7의 Ti 원자를 같은 NEQ로 해도 문제는 없습니다. 반대로 같은 대칭궤도 그룹의 원자는 같은 NEQ이어야합니다.

```
Oh Positions of atoms
27
     0.0000000000     0.0000000000     0.0000000000    1   1
     4.0884240988     0.0000000000     0.0000000000    2   2
    -4.0884240988     0.0000000000     0.0000000000    2   3
     0.0000000000     4.0884240988     0.0000000000    2   4
     0.0000000000    -4.0884240988     0.0000000000    2   5
     0.0000000000     0.0000000000     4.0884240988    2   6
     0.0000000000     0.0000000000    -4.0884240988    2   7
     4.0884240988     4.0884240988     0.0000000000    3   8
     4.0884240988    -4.0884240988     0.0000000000    3   9
    -4.0884240988     4.0884240988     0.0000000000    3  10
    -4.0884240988    -4.0884240988     0.0000000000    3  11
     0.0000000000     4.0884240988     4.0884240988    3  12
     0.0000000000     4.0884240988    -4.0884240988    3  13
     0.0000000000    -4.0884240988     4.0884240988    3  14
     0.0000000000    -4.0884240988    -4.0884240988    3  15
     4.0884240988     0.0000000000     4.0884240988    3  16
     4.0884240988     0.0000000000    -4.0884240988    3  17
```

−4.0884240988	0.0000000000	−4.0884240988	3	18
−4.0884240988	0.0000000000	4.0884240988	3	19
4.0884240988	4.0884240988	4.0884240988	4	20
4.0884240988	−4.0884240988	−4.0884240988	4	21
−4.0884240988	4.0884240988	−4.0884240988	4	22
−4.0884240988	−4.0884240988	4.0884240988	4	23
4.0884240988	4.0884240988	−4.0884240988	4	24
−4.0884240988	−4.0884240988	−4.0884240988	4	25
4.0884240988	−4.0884240988	4.0884240988	4	26
−4.0884240988	4.0884240988	4.0884240988	4	27

D-7-2) 각 분자궤도의 Population 분석

BNDODR로 구한 원자간 BOP는 각 분자궤도 사이의 Overlap Population에 전자의 점유수를 곱해 더한 것입니다. 각 분자궤도의 Population 분석은 그림 4-16과 같이 GUI의 CONTR에서 할 수 있습니다. 여기에서는 명령 프롬프트에서 모든 분자궤도에 대해 Population 분석을 하는 POPANL과 POPANLS를 소개합니다. POPANL은 GUI의 CONTR에서 행할 수 있는 Population 분석과 얻어진 정보는 거의 동일하기 때문에 POPANL 출력 이외에 Overlap Population 정보도 출력되는 POPANLS에 대해 설명합니다.

POPANLS을 실행하면 출력파일 F08P에 모든 분자궤도에 관한 Population 분석 결과가 출력됩니다. 4-1-5절의 CONTR의 출력의 예에서 살펴본 $Ti_{14}C_{13}$ 클러스터에서 O_h 대칭을 이용한 경우의 17 t_{1u}(t_{1u} 블록의 17번째 궤도)에 주목하면 t_{1u} 블록에 속한 각 원자궤도 간의 Overlap Population이 다음과 같이 삼각 행렬로 표시됩니다.

		1 2p 1	2 1s 0	2 2s 0	2 3s 0	2 4s 0	2 2p 1	2 3p 1	2 4p 1
1	2p 1	0.1884							
2	1s 0	0.0000	0.0000						
2	2s 0	−0.0001	0.0000	0.0001					
2	3s 0	−0.0040	0.0000	0.0000	0.0086				
2	4s 0	0.0321	0.0000	0.0000	0.0001	0.0562			
2	2p 1	0.0000	0.0000	0.0000	0.0000	0.0000	0.0000		
2	3p 1	−0.0062	0.0000	0.0000	0.0000	0.0000	0.0000	0.0103	
2	4p 1	0.0222	0.0000	0.0000	0.0000	−0.0003	0.0000	0.0001	0.0135
4	2p 1	0.0000	0.0000	0.0000	0.0000	0.0000	0.0000	0.0000	0.0000
4	3p 1	−0.0008	0.0000	0.0000	0.0000	−0.0005	0.0000	0.0000	−0.0003
4	4p 1	0.0065	0.0000	0.0000	−0.0004	0.0053	0.0000	−0.0004	0.0022
2	3d 0	0.0125	0.0000	0.0000	0.0000	−0.0005	0.0000	−0.0002	−0.0001
4	3d 1	0.0203	0.0000	0.0000	−0.0006	0.0096	0.0000	−0.0008	0.0057

삼각행렬의 라벨에는 원자번호, 원자궤도 이름, 자기양자수가 표시되며, 중심 C 원자와 주변의 6개 Ti 원자의 Overlap Population은 1번째 왼쪽 줄에 표시되어 있습니다. 이러한 값의 합을 취하면 0.0825이 되는데, 17 t_{1u}의 Ti-C 사이의 Overlap Population 값은 GUI의 CONTR로 조사한 그림 4-15의 값과 LVLBNDS 출력 파일 LB8S는 0.0550로 되어 있습니다. 먼저 F08P는 대칭궤도 그룹 간의 결합으로 표시되므로 중심의 C 원자와 주변의 6개의 Ti 원자의 Overlap Population의 합으로 표시됩니다. 또한 F08P에는 점유 전자수는 고려되지 않습니다. 또한 원자간 결합을 생각하면, 삼각 행렬의 반대편에 있어야 할 값도 고려해야 합니다. 즉, 양자의 값의 관계는

$$0.0825 \div 6(\text{결합수}) \times 2(\text{전자의 점유수}) \times 2(\text{삼각 행렬의 반대 값}) = 0.0550$$

이 됩니다. 또한 t_{1u}를 포함한 t로 시작하는 대칭궤도 블록은 3중축퇴하고 있는 궤도이므로 BOP에 대한 기여를 생각한다면, 3배가 되어야 합니다. 또한 e_u와 e_g 등 e로 시작하는 대칭궤도 블록은 2중축퇴한 궤도입니다.

[부록 E] 원자 단위계에 대해

이 책에서 종종 원자 단위계가 등장하는데 친밀하지 않을 수도 있습니다. 하지만 이 원자 단위계는 전자상태를 계산할 때 편리하여 이 책 이외에도 자주 이용되고 있습니다. 이 단위계에서는

1. 길이의 단위를 수소 원자의 보어 반지름 a_0로 한다.

$$a_0 = \frac{h^2}{4\pi^2 me^2} = 5.29177 \times 10^{-11}\,\mathrm{m}$$

이 단위는 Atomic Unit(a.u)로 표기되는 경우가 많다. 1 a.u. = 0.529177Å

2. 전하의 단위 e는 양성자의 전하로 한다.

$$e = 1.60219 \times 10^{-19}\,\mathrm{C}$$

3. 에너지의 단위는 단위거리 a_0 떨어진 단위전하 e 사이에 작용하는 정전에너지 ε_0로 한다.

$$\varepsilon_0 = \frac{e^2}{a_0} = 4.359814 \times 10^{-18}\,\mathrm{J} = 27.211605\,\mathrm{eV}$$

이 단위는 Hartree(H)로 불린다. 1 H = 27.211605eV

마찬가지로 원자 단위로 Rydberg(Ry)가 있으며 1 Ry = 13.605803eV이다.

4. 질량의 단위는 전자의 질량 m으로 한다.

$$m = 9.10956 \times 10^{-31}\,\mathrm{kg}$$

이 때

$$\hbar = \frac{h}{2\pi} = 1$$

[부록 F] 수렴에 관한 파라미터

F-1 Mixing Parameter에 대해

DV-Xα 분자궤도 계산은 각 궤도의 전자수(Orbital Population)가 계산 전·후가 동일(self-consistent된다) 하도록 반복 계산이 이루어집니다. 이 때 초기 값으로 사용되는 각 궤도 전자수는 계산에 의해 변화하는 전자수의 비율을 이전 계산의 초기 값에 더한 것을 사용합니다. 그 비율을 Mixing Parameter 라고 합니다. 즉, 초기 값은 다음과 같습니다.

초기 값=이전 계산의 초기 값
+(Mixing Parameter)×(이전 계산 마감-마지막 계산의 초기 값)

이 Mixing Parameter는 대체로 큰 값이 빨리 수렴하지만 너무 크면 전자수가 진동하거나 발산하기도 해서 수렴이 되지 않기도 합니다. DV-Xα 분자궤도 계산에서는 전자수의 초기 값과 마지막 값의 변화에서 수렴 상황을 판단하여 Mixing Parameter의 값을 자동으로 변화시킬 수 있게 되어 있습니다. 수렴 상황의 판단에는

(1) 전자의 이동(각 궤도 전자수의 초기 값과 마지막 값의 차이의 절대 값의 합)
(2) 수렴을 향해 가는 궤도의 비율(초기 값에 대한 마지막 값의 증가가 이전 iteration과 같은 부호 때 수렴을 향해 있다고 판단)을 이용하고 있습니다.

반드시 체크할 것은 [self-consistent된다]=[전자의 이동량이 0이 된다] 이므로(1)의 조건만 확인하여 Mixing Parameter를 조정하면 좋을 것 같은데, 효율적으로 수렴시키기 위해서는 쉽지는 않습니다. 예를 들어, 금속 클러스터 등의 계산에서는 Mixing Parameter를 작게 하지 않으면 가전자대 궤도의 전자가 진동하게 되는데, 너무 작게 하여도 궤도의 수렴이 매우 늦어져 버립니다. 진동하는 궤도가 있으면 전자의 이동량은 별

로 줄어들지 않아, 경우에 따라서는 늘어날 수도 있지만 수렴을 향해 궤도를 빨리 수렴시켜 버린다는 의미에서 전자의 이동량이 감소하지 않아도 Mixing Parameter 계산을 계속하는 것이 좋을 수 있습니다.

F-2 수속에 관한 파일

계산을 수행하면 수렴에 관한 다음의 2개 파일이 자동으로 생성됩니다.

F06Z 수렴 상황을 출력한 파일

F06ZP Mixing Parameter를 자동으로 변화시킬 때 사용하는 파라미터를 포함하는 파일

F-2-1) F06ZP 내용

다음에 CO의 계산을 실시했을 경우의 F06Z(₩DVXA₩ex₩co₩F06ZP)를 보여줍니다.

첫 번째 행의 첫 번째 숫자 "21"은 몇 번 반복 계산을 수행했는지를 보여줍니다. 또한 첫 번째 줄의 "Converged"는 계산이 수렴한 것을 보여줍니다. F06Z에 "Converged"라고 적혀 있으면 DVFILE에 작업을 수행할 수 있도록 입력을 해도 DVSCAT2에서 계산이 진행되지 않습니다. 필요에 의해 계산을 더 해야 하는 경우 "Converged"을 삭제하고 계산하십시오. 2행째부터 각 회 계산의 정보를 보여줍니다. 왼쪽부터 순서대로 다음과 같이 되어 있습니다.

(A)	(B)	(C)	(D)		(E)	(F)
21	Converged					
1,	1.29017,	0.30000,	0.00000,	.	0.13259,	1
2,	0.82874,	0.30000,	0.83333,	.	0.39324,	2
3,	0.57551,	0.30000,	1.00000,	.	0.22597,	3
4,	0.40070,	0.30600,	1.00000,	.	0.18698,	4
5,	0.27536,	0.31212,	1.00000,	.	0.13952,	5
6,	0.18791,	0.31836,	1.00000,	.	0.10731,	6
7,	0.12694,	0.32473,	1.00000,	.	0.07936,	7
8,	0.08498,	0.33122,	1.00000,	.	0.05800,	8
9,	0.05632,	0.33785,	1.00000,	.	0.04153,	9
10,	0.03695,	0.34461,	1.00000,	.	0.02936,	10
11,	0.02399,	0.35150,	1.00000,	.	0.02043,	11
12,	0.01541,	0.35853,	1.00000,	.	0.01405,	12
13,	0.00979,	0.36570,	1.00000,	.	0.00953,	13
14,	0.00614,	0.37301,	1.00000,	.	0.00638,	14
15,	0.00381,	0.38047,	1.00000,	.	0.00422,	15
16,	0.00234,	0.38808,	1.00000,	.	0.00276,	16
17,	0.00141,	0.39584,	1.00000,	.	0.00178,	17
18,	0.00084,	0.40376,	1.00000,	.	0.00113,	18
19,	0.00050,	0.41184,	1.00000,	.	0.00071,	19
20,	0.00029,	0.42007,	1.00000,	.	0.00044,	20
21,	0.00017,	0.42847,	1.00000,	.	0.00027,	21

(A) 총 반복(iteration) 횟수 (D) 수렴해가는 궤도의 비율
(B) 전자의 이동 (E) 원자의 전하분포의 최대 변동값
(C) Mixing Parameter (F) 1회 계산시 반복 횟수

첫 번째 왼쪽 (A)는 전체적으로 몇 번째 반복 계산을 하고 있는지를 보여줍니다. DV-Xα 분자궤도 계산은 한 번 계산을 실행하면 여러 번 반복 계산(DvMenu의 MAKEF05을 이용한 경우의 기본 설정 횟수는 100회)이 이루어지는데, 가장 오른쪽 (F)은 계산의 반복 횟수를 보여줍니다. 왼쪽에서 두 번째 (B)는 앞 절에서 상술한 (1) 전자의 이동을 보여줍니다. 왼쪽에서 세 번째 (C)는 Mixing Parameter를 보여줍니다. Mixing Parameter의 초기값은 0.3입니다. 왼쪽에서 네 번째 (D)는 앞에서 (2)에 설명한 한 바와 같이 수렴해 가는 궤도의 비율을 보여줍니다. 그러나 각 계산의 1회째 계산시(F가 1일 때)는 이전 정보가 없기 때문에 0으로 되어 있습니다. 오른쪽에서 두 번째 (E)는 원자의 전하분포의 최대 변동값을 보여줍니다. 이 값은 수렴이 되고 있으면 0에 가까운 값이 되므로 특별히 신경쓸 필요가 없습니다.

여기에 표시한 CO의 수렴 상황을 보면, 전자의 이동량이 점차 감소하고 있는 것을 알 수 있습니다. 또한 수렴을 향해가는 궤도의 비율은 3번째 이후부터 1.0으로 되며 모든 궤도가 수렴을 향해 가고 있습니다. 다음 절에 자세히 설명하겠지만, 모든 궤도가 수렴해 가는 경우 수렴을 빨리하기 위해 Mixing Parameter 확대 기능이 작동합니다. 따라서 Mixing Parameter는 점차 커지고 있습니다. 반대로 전자의 이동량이 증가하거나 수렴해 가는 궤도의 비율이 적은 경우에는 Mixing Parameter를 작게하는 기능이 작동합니다.

F-2-2) F06ZP 매개 변수에 대한 설명

파라미터의 의미에 대해서는 전혀 몰라도 기본 값 그대로 계산을 하면 많은 경우 수렴이 됩니다. 그러나 최적의 값은 계산하는 클러스터 모델의 성질(이온결합성 또는 금속결합성 여부 등) 등에 따라 다르기 때문에, 파라미터 값을 바꾸면서 여러 가지 계산을 시도할 수 있습니다. 계산을 시작할 때 F06ZP가 없는 경우는 자동으로 기본 설정값으로 작성된 F06ZP가 생성되지만 미리 F06ZP를 준비해 두면 그 설정값을 읽어들입니다. 또한 DvMenu의 MAKEF05와 Convergence에서는 모든 설정값을 기본값으로 저장할 수 있습니다. F06ZP 매개변수의 값은 DV-Xα 분자궤도 계산 도중에도 변경이 가능하고, 다음번 반복 계산에서 사용됩니다. DvMenu의 MAKEF05에서 F05를 작성한 경우

F06ZP의 기본값은 다음과 같이 되어 있습니다.

ncycm	pdec	pinc	phmx	fcvj	phmt
100	0.90	1.02	0.50	0.60	0.00000
jtd	ftd				
2	0.20				
jsw	fsw	jswc	nkp	tdxm	phsw
0	0.80	0	5	5.00000	0.01000
cvj	jch	chj			
0.0000100	0	0.0010000			

ncycm 1회 계산에서 반복되는 횟수입니다. 기본 값은 100회.(명령 프롬프트에서 MAKEF05를 실행하면 10회) 매개변수의 변경은 계산 도중에도 다음 반복 계산에서 사용됩니다. 반복을 연장하거나 현재 반복 횟수보다 적은 횟수를 넣는 것으로, 그 반복 계산을 종료할 수 있습니다. 이 값에 제한은 없지만, 출력파일 F08 파일 크기도 이 값에 비례하여 커지므로 주의가 필요합니다.

pdec Mixing Parameter를 작게할 때 매개변수. 기본값은 0.9. Mixing Parameter를 작게하면(현재 Mixing Parameter)×pdec가 다음 Mixing Parameter가 됩니다.

pinc Mixing Parameter를 크게할 때 매개 변수. 기본값은 1.02. Mixing Parameter를 늘리려면(현재 Mixing Parameter)×pinc가 다음 Mixing Parameter가 됩니다.

phmx Mixing Parameter의 최대 값. 기본값은 0.5.

fcvj 수렴해 갈 때 궤도의 비율에 대해서, Mixing Parameter를 작게 할때의 기준값. 기본값은 0.6. 수렴해 갈 때 궤도의 비율이 1.0의 경우, 즉 모든 궤도가 수렴해 갈 때 Mixing Parameter를 크게 하고, 1.0보다 작으며 기본값이상의 경우는 그대로 둡니다. fcvj 미만의 경우는 Mixing Parameter를 줄입니다.

jtd 전자의 이동량 확인에 필요한 매개 변수. 0의 경우는 전자의 이동량을 확인하지 않고 위의 수렴해 가는 궤도의 비율만으로 Mixing Parameter를 변화시킵니다. 1의 경우는 아래의 파라미터 ftd에 의해, 전자의 이동량이(이전의 전자의 이동량)×(1+ftd)보다 커진 경우 수렴해가는 궤도의 비율에 관계없이 Mixing Parameter를 작게 합니다. 2의 경우에는 1조건 이외에 전자의 이동량이 커져도 모든 궤도가 수렴해 가는 경우는 Mixing Parameter를 그대로 둡니다. 기본값은 2.

ftd 전자의 이동량의 허용 범위에 대한 매개 변수. jtd가 0일 때는 무효. ftd을 0으로 하면 전자의 이동량이 이전보다 커진 경우, Mixing Parameter는 항상 작아집니다. 그러나 전체적으로 수렴해 가는 경우에도 전자의 이동량이 미묘하게 증감하는 경우가 있고, 이런 경우 Mixing Parameter가 불필요하게 작아질 수 있기 때문에, 전자의 이동량을 확인하는 경우에도 이 매개 변수를 사용하여 전자의 이동량에 허용 범위를 갖게 합니다. 기본값은 0.2.(20% 이내에서 증가하면 Mixing Parameter를 작게 하지 않는다)

phmt 어떤 이유로 Mixing Parameter가 원하지 않는 값이 되었을 때, phmt에 값을 넣으면 그 값이 강제로 Mixing Parameter로 사용됩니다. 0의 경우 phmt은 무효가 됩니다. 기본값은 0. 또한, 여기에 값을 넣으면 수렴 여부에 관계없이 매번 이 값이 참조되기 때문에 주의 해야 합니다.

cvj 수렴 조건. 모든 궤도의 전자수에 대해서 | 마지막 값-초기 값 | ≦ cvj 된 경우에, 수렴으로 판정합니다. 기본값은 0.0001.(명령 프롬프트에서 MAKEF05을 실행 한 경우 0.00001) 실용적으로는 0.001 정도도 충분합니다.

jsw, fsw, jswc, nkp, tdxm, phsw, jch, chj 비사용.

F-3 여러 가지 계산의 수렴 여부

계산의 수렴 여부는 계산 대상이 되는 물질에 따라 달라집니다. 여기에서는 MgO, TiC, TiO 계산의 수렴 상황을 보여줍니다. 이들 화합물은 모두 NaCl형 구조이고, 계산은 모두 27개의 원자로 이루어진 클러스터 모델을 사용하고 $(Mg_{14}O_{13})^{2+}$, $Ti_{14}C_{13}$, $(Ti_{14}O_{13})^{2+}$입니다. 그림 F-1에 Mixing Parameter의 변화, 그림 F-2에 전자의 이동량의 변화를 보여줍니다. 수렴에 대한 매개 변수는 모두 기본적으로 생성되는 F06ZP을 사용하고 있습니다.

우선, MgO에 주목 해 보면 Mixing Parameter는 커지는 경향이 있고, 가장 빨리 수렴합니다. MgO를 비롯한 7장에서 다룬 $BaTiO_3$ 등 밴드갭을 갖는 이온결합성 화합물의 경우, 계산은 매우 빨리 수렴합니다. TiC는 MgO 같이 밴드갭이 있지 않지만, 페르미 준위가 상태 밀도에서 낮은 곳에 있습니다. 한편, 금속과 같이 페르미 준위 근처의 상태 밀도가 높은 것은 Mixing Parameter를 작게 해야하는데 수렴은 매우 느립니다. TiO은 산화물이지만 페르미 준위가 Ti의 3d 밴드중에 있어, 금속적인 성격이 강합니다. 따라서 Mixing Parameter는 작아지고, 수렴도 매우 늦어지고 있습니다. 이상과 같이 동일한 결정 구조를 가진 화합물을 동일한 클러스터 모델에서 계산을 해도 그 화합물의 전자 상태에 따라 계산 수렴의 용이성은 크게 다릅니다.

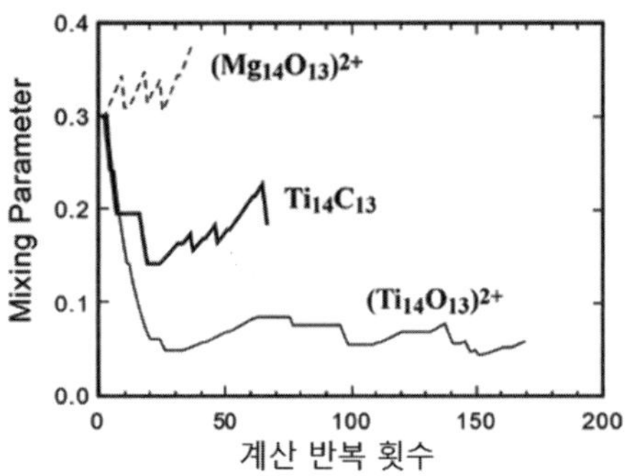

그림 F-1. Mixing Parameter 변화

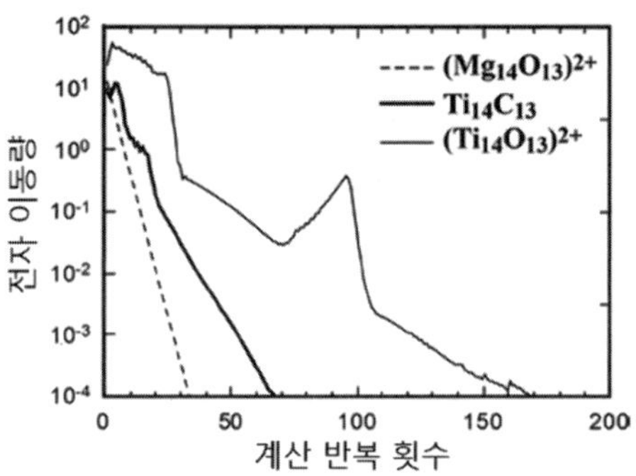

그림 F-2. 전자이동량의 변화

F-4 계산이 수렴되지 않을 경우 대처 방법

금속과 금속간 화합물 등 페르미 준위 부근에 분자궤도가 조밀하게 존재하는 물질의 계산에서는 Mixing Parameter를 작게하는 것만으로는 계산이 수렴하지 않을 수 있습니다. 이것은 반복 계산에서 페르미 준위 부근의 에너지 레벨이 바뀌게 되어 궤도의 점유 상태가 변화하는 것에 기인하고 있습니다.

이러한 상황을 해결하는 방법으로 페르미 준위 부근의 전자의 점유수에 분포함수를 사용하여 폭을 붙이는 것으로, 비점유궤도에도 전자를 분배하여 에너지 준위의 교체를 막아 수렴을 향상시키는 방법이 있습니다. 이것은 Gaussian Smearing으로 불리는 방식으로 전자상태계산에서 일반적으로 사용되는 방법입니다. DV-Xα 분자궤도 계산도 Gaussian Smearing을 사용할 수 있습니다. 자세한 내용은 7-1-2절 TiFe 수소화물에서 Gaussian Smearing의 적용 예를 참고하십시오.

DvMenu의 MAKEF05 또는 Convergence의 Gaussian Smearing에 값을 넣으면 F06ZP에 다음 행이 추가됩니다. sig1이 분포폭이며 단위는 eV입니다. 전자의 이동량에 진동이 발생하는 경우, 0.01eV 정도로도 효과가 있습니다. Gaussian Smearing를 이용하는 경우 mdst를 1로 합니다. F06ZP을 직접 편집하여 tdxc1과 tdxc2를 이용하면 전자의 이동량에 따라 sig1, sig2, sig3를 구사할 수 있지만 대부분의 경우 sig1만 설정해도 문제가 없습니다.

sig1	sig2	sig3
0.01000	0.00000	0.00000
tdxc1	tdxc2	mdst
0.00000	0.00000	1

참고서

DV-Xα 분자궤도법과 관계가 있는 참고서입니다.

[1] H. Adachi(김양수 역), 양자재료화학입문, 한림원

[2] H. Adachi, I. Tanaka(김양수 역), 양자재료학의 기초, 한림원

[3] H. Adachi, T. Mukoyama, J. Kawai, Hartree-Fock-Slater Method for Materials Science, Springer

[4] T. Ishii, H. Wakita, K. Ogasawara, Y.-S. Kim, The DV-Xα Molecular Orbital Calculation Method, Springer

[5] A. Vincent,(최종하 역), 분자대칭성과 군론

[6] R. Hoffmann, SOLIDS and SURFACES

[7] H. Adachi,(한국어 근간), 양자재료화학의 기초

색인

ㅅ

ㅇ

ㅈ

ㅊ

原題: 新版 はじめての電子状態計算
足立裕彦, 小笠原一禎, 小和田善之, 坂根弦太, 水野正隆／著

신판 처음 배우는 전자상태 계산

DV-Xα 분자궤도법 입문

지은이 아다치 히로히코, 오가사와라 카즈요시, 코와다 요시유키, 사카네 겐타, 미즈노 마사타카
옮긴이 김양수, 김영민, 송호준, 조덕용
펴낸이 김동원
펴낸곳 전북대학교출판문화원

초판 1쇄 인쇄 2019. 9. 25
초판 1쇄 발행 2019. 9. 30

전북대학교출판문화원 전라북도 전주시 완산구 어진길 32 (풍남동2가)
전화 (063) 219-5322
FAX (063) 219-5323
출판등록 2012년 8월 20일 제465-2012-000021호

값 18,000원

ISBN 979-11-6372-043-0 93500

이 도서의 국립중앙도서관 출판예정도서목록(CIP)은 서지정보유통지원시스템 홈페이지(http://seoji.nl.go.kr)와 국가자료종합목록 구축시스템(http://kolis-net.nl.go.kr)에서 이용하실 수 있습니다. (CIP제어번호 : CIP2019035092)